U0228616

·新闻与传播系列教材·

网络传播心理学

申凡 等 著

清华大学出版社
北京

内 容 简 介

网络把这个世界上的人们以一种新的方式连接在一起,使之既是生存的工具,又是生存的空间。本书探讨了网络传播中的各种心理现象及其规律,包括网络环境给传播心理研究带来哪些新课题,网络传播主体在这一技术平台与虚拟社会的情境下发生了哪些心理变化,现实社会中的传播形态在网络中如何影响传播心理,各种传播关系上网后产生了何种变异并有怎样的心理效应等。

教育部社科研究规划基金项目

图书在版编目(CIP)数据

网络传播心理学/申凡等著. —北京:清华大学出版社,2013(2025.1重印)
(新闻与传播系列教材)
ISBN 978-7-302-34380-6

Ⅰ. ①网… Ⅱ. ①申… Ⅲ. ①计算机网络—传播学—应用心理学—高等学校—教材 Ⅳ. ①G206.2-05
②TP393

中国版本图书馆 CIP 数据核字(2013)第 260146 号

责任编辑:纪海虹
封面设计:傅瑞学
责任校对:宋玉莲
责任印制:丛怀宇

出版发行:清华大学出版社
　　　　　网　　　址:https://www.tup.com.cn,https://www.wqxuetang.com
　　　　　地　　　址:北京清华大学学研大厦 A 座　　　　　邮　　编:100084
　　　　　社 总 机:010-83470000　　　　　邮　　购:010-62786544
　　　　　投稿与读者服务:010-62776969,c-service@tup.tsinghua.edu.cn
　　　　　质量反馈:010-62772015,zhiliang@tup.tsinghua.edu.cn
印 装 者:三河市铭诚印务有限公司
经　　销:全国新华书店
开　　本:185mm×235mm　　　**印　张:**17　　　**字　数:**337 千字
版　　次:2013 年 12 月第 1 版　　　**印　次:**2025 年 1 月第 10 次印刷
定　　价:58.00 元

产品编号:054997-03

前言

传播是人类不可或缺的行为,而任何行为都有心理活动的伴随。

传播又离不开媒介(哪怕是口语媒介),因而任何传播心理的研究又总是同具体的媒介形态分不开,或者说研究的都是某一具体媒介形态基础上的传播心理。

从媒介发展的角度来看,人类的发展总是与媒介的发展互为表里。从古老的口头传播、手写文字传播到机械印刷传播、音像传播,每种新媒介的出现都推动了社会文明的发展,也都从不同角度影响了使用者的心理。正因为如此,加拿大著名学者麦克卢汉才说"媒介是人体的延伸",像文字是人们视觉的延伸,无线电通信是人们耳朵的延伸,电视机是耳朵和眼睛的同时延伸。他指出任何一种新媒介的产生都会使人的感觉器官的平衡状态发生变动,产生心理上和社会上的影响,"一切媒介作为人的延伸,都能提供转换事物的新视野和新知觉"①。

就像我们刚刚经历的 20 世纪计算机与互联网的出现,它把世界历史推向了一个数字化的新时代,网络把这个世界上的人们以一种新的方式连接在一起,它既是沟通的工具,又是生存的空间,人们可以在这里结社建群、讨论社会问题、交易购物,以至于交友"网恋"等。这些网络使用者——网民的传播心理也发生了极大的变化。在这个空间活动的网民既要面对计算机屏幕、键盘这些物质的实体,作人机互动;又要面对网络传播中的字符、图片、声音等,进行解码与编码;还要对网上传播的人和事作出理解、判断、回应,这些不仅影响了个体的认知、情感、意志和人格,也影响了群体心理、社会心理,这些心理上的变化不仅给传播学研究带来了新的课题,也给心理学研究带来了新的课题。

有鉴于此,本书研究的目的就是要探讨网络传播中的各种心理现象及其规律,包括网络环境给传播心理研究带来哪些新课题,网络传播主体在这一技术平台与虚拟社会的情境下发生了哪些心理变化,现实社会中

---

① [加]马歇尔·麦克卢汉. 理解媒介——论人的延伸.何道宽译,北京:商务印书馆,2000.96.

的传播形态在网络中发生了什么变化并如何影响传播心理,各种传播关系上网后产生了何种变异并有怎样的心理效应等。

正是出于这样的考虑,我们组织团队进行了为期5年的研究,并在2009年年底将这一研究立项为教育部社科研究规划基金项目。

在研究中我们遇到的第一个问题是20世纪中叶传播学创立后提出的传播类型划分,在网络这种新的媒介形态上的失效。因为网络传播兼具了大众传播、人际传播、群体传播等形式,或者说在网络的形式中常常是几者交叉存在的。因此,我们首先追根溯源,考察出传播学类型划分的依据——传播范围,并论证了它在网络媒介上失效的原因。在此基础上,我们提出了新的网络传播划分标准——传播者参加网络传播的目的,就此划分出五种网络传播的形式:网络交往型传播、网络广场型传播、网络组织型传播、网络公告型传播、网络检索型传播。

随后,我们就对这五种网络传播类型中的传播心理进行逐一的研究。

在第二章的网络交往型传播心理研究中,我们分析了网络交往型传播的隐匿性、去身体性、去中心性的特征,以及这些特征如何影响网络交往的心理过程,网民在网络交往关系建立阶段的传播心理、关系发展阶段的传播心理、关系稳固或瓦解阶段的传播心理有何不同,网络交往参与者之间的心理是如何互动的;研究了在网络中交往者的动机、观念和他们的人格发展受到的影响;也研究了网恋、网婚这些网络亲密交往中的种种心理。

在第三章的网络广场型传播心理中,我们研究了这种以讨论话题、交换意见为目的的传播的偶发性、模糊性、开放性的特点,研究了它的各种类型以及介入这种传播的各种人员及其角色心理,研究了网络广场型传播中各方介入与互动的心理过程,研究了网络广场型传播心理效应,包括网络广场传播的从众心理效应、权威者心理效应、沉默螺旋心理效应等。

在第四章网络组织型传播心理中,我们重点研究了通过网上活动而组建的典型的网络组织,即网络趣缘组织的传播心理。研究了这种网络趣缘组织网上以平行传播为主,组织成员身份隐蔽,组织内部关系平等,活动的组织性与自由、灵活性相统一的特点。我们用实证研究方法对网络趣缘组织内人际关系进行了测量,又分析了网络趣缘组织的形成参与心理、组织领袖产生与成员的接纳心理、组织的决策过程与执行心理、组织的凝聚心理等,并归纳了这种网络趣缘组织的传播心理特征。

在第五章至第七章的网络公告型传播心理中,我们研究了这种以网上发布信息为目的的传播类型,即经由网络所进行的告知性、发布性的信息传递活动。主要研究网络新闻、网络广告、网络博客的传播心理。在网络新闻传播心理方面,我们重点研究网络新技术对编辑发布新闻、网络受众接收新闻的心理影响,研究了新技术形态下这种新闻传播过程中的心理规律,对其中的网络新闻阅读行为链的心理进行了深入的剖析;在网络广告传播心理方面,我们研究了新媒介形态下广告主、制作人的投放与制作心理,受众接受广告中的认知、情感、意向受到的影响;在网络博客传播心理方面,我们分别研究了博客的写作心理、阅读心理和留言心理,从理论上探讨了博客中的自我暴露心理。

在第八章的网络检索型传播心理中,我们研究了网民借助网络信息平台进行检索,用于满足自己的信息需求。其特点是具有便捷性、个性化、黏合性和人机交互性特征。研究从网络检索需求心理的激发模式、实现心理的表达模式、选择心理的执行模式和反馈心理的互动模式探讨了网络检索型传播的心理过程;进一步研究了网络检索的三重属性,并对影响网民的心理因素进行了分析。

本课题是团队研究的成果,我的博士生、硕士生都参加了工作。全书提纲由我确定,各章写作分工如下:第一章由申凡、步平平撰写,第二章由邬心云撰写,第三章由吴志文、申凡撰写,第四章由钟云撰写,第五章由谢亮辉、袁会撰写,第六章由朱丽娜、魏艾撰写,第七章由肖丹、李莹莹撰写,第八章由甘泉撰写。方艳、张希为还分别参与了第一章和第三章的撰写。

本书在写作中借鉴了学界和业界大量的研究成果与资料,在这里表示衷心的感谢。

由于水平所限,书中难免有不当之处,恳请学界同仁和广大读者批评指正。

申　凡

2013 年 7 月于喻家山

目 录

第三章　网络广场型传播心理　　48

第四章　网络组织型传播心理　　73

第一章

网络传播与网络传播心理

第一节　网络传播及其独特的类型

一、网络传播的定义与要素

　　毫无疑问,互联网是 20 世纪人类社会最伟大的发明之一,它的出现对人们的生活产生了巨大的影响,也带来了极大的便利:人们使用它检索文献,查阅资料,与人交际,讨论问题……这就是互联网上的传播了。网络传播就是网民在互联网上发布信息与收集信息的传播活动,它是人类扩展自身活动空间的一种新的创造性行为。

　　网络是一种传播工具,人们利用它使自己的传播具有了即时性、互动性、超空间性等优点,由此网民可以和千里之外的友人对话,可以走进网络书库阅读,可以在网络社区中争论国事社情。正因为如此便捷,所以网络一经产生便迅速发展起来,马上就被千千万万人用来当作传播的工具。但是,网络又不是一般的传播工具,它构成了一种独特的网络环境,无论是传播信息的传者还是受者都可以"走"进网络——上网活动,在这样的网络环境中展示自己,与人沟通,发表观点,讨论大事小事。在网络构成的世界里人人可以传播,人人也可以被传播,这同以传者为主导的大众传播媒体是不同的。那里是传者的地盘,受众没有多少人能登报,进入广播与电视之中。所以说,网络才使传播真正实现了"传者中心主义"的解体。

　　由此来看,网络传播的要素就有网民、网络环境、传播内容与传播过程。

　　网民——是传播的主体。他们既是传播者,又是接受者。可以在互动传播中随时转换角色。比如 BBS 上的聊天,QQ 群中的谈话,论坛里的讨论，一个说完了，另一个来说。先前你是传者，后来你又成了受众。这就形成了自由、平等与互动的传播情境。

网络环境——既是传播的渠道又是传播的场合。互联网上的任何传播都是在某一网站、网页、栏目中进行的，在这里无论是留帖子、发邮件、播放视频，或是接受这些传播内容，都要在具体的网络项目中才能完成。而不同的网站、不同的网页、不同的栏目传播环境不同，往往传播的方式是有差异的。在这里既有物理的存在，技术的操作，又有网络传播主体的活动，是一个被叫作"虚拟社会"的传播环境。

传播内容——是传播的客体，是被网民符号化了的信息，通过网络传播出去与其他网民共享的东西。因而可以概括为信息加符号，也可以按其形式分为字符信息、音频信息、画面信息，还可以用事实与观点来概括。

传播过程——是由信源到信宿的信息传递过程。但是，由于网络技术的融合性与网络传播的多重结构性，所以网络传播的过程具有复杂的程式：它既有即时的同步传播这种模式，突出了当场互动与反馈效应；又有延时的非同步传播模式，这就体现了滞后反馈的效应；它既有点对点的单一传播模式，又有点对面的发散传播模式；它既可以有文、声、画各自单独传播的形式，又可以有几种一起融合的传播形式。正是这多层次多样式的传播，极大地增强了网络传播的效果、覆盖能力，大大地增添了网络的无穷魅力。

二、 传播学类型划分不适应网络

自从出现了互联网，传播学中的一些理论便受到了挑战。比如网络的分散性、大众参与性，就对大众传播中的"把关人"理论在网络中的适用性提出了挑战。作为传播学体系中的一个重要方面，传播层次（也叫传播类型）的划分，在网络状态下也遇到了十分尖锐的挑战。比如新闻网站上的互动平台，网民可以对新闻进行评论，其他网民又可以对其评论进行回复或跟帖，与此同时，又有更多数不清的匿名状态的网民在阅读着这些互动，这是大众传播还是人际传播？显然，按传播学的传统方法划分，前者是人际传播，后者是大众传播。同它一样的还有博客传播，在博客中内向传播、人际传播与大众传播就交织在了一起，很难用传播学已有的类型来划分它。

传播学中的传播类型划分，是以参与者的规模大小来分类的。如保罗·多伊奇曼把传播分为私下与公开两类；①英国传播学者麦奎尔将传播划分为个人层次、人际层次、群内层次、群际或协会层次、机构或组织层次和全社会层次。② 传播学者祝建华认为，"就目

---

① ［美］威尔伯·施拉姆、威廉·波特.传播学概论.北京：新华出版社，1984.121.
② ［加］朱迪斯·拉扎尔.传播科学往何处去.国际社会科学（中文版），1989(3).

前的传播研究成果而言,这一现象已被划分为人的内向传播(又称人的体内传播)、人际传播、组织传播和大众传播四大领域"。① 我国国内多数学者认可内向传播、人际传播、组织传播和大众传播涵盖了传播学研究的主要领域,这可以从林林总总的传播学"概论"、"原理"等教材中找到这样划分的情况,这就形成了传播类型的划分。

应当说,传播类型的划分对传播理论发展有很大的贡献,它把早期传播研究的视野扩展开来,用内向、人际、组织、大众四个层次的传播来构筑传播学研究的架构,使传播研究的领域能够拓展,从学科角度来说更具有了学科的体系性。从此,许多学者分别从不同的层面展开了新的研究,从而使传播学的研究成果更加丰富,传播学对现实的解释力也更强了,这是应当充分肯定的。

但是,传播学的类型划分是在原有的传播媒介基础上进行的,20世纪末出现的以网络为代表的新媒介,把人类的传播活动带进了一个全新的时期,新媒介典型的传播状态使原有的传播类型出现了融合与交叉。这样一来,传统的传播类型划分就不适应新媒介基础上的传播了。对于这一问题,不少研究者提出了自己的见解,我们仅列举几位的观点:

- "由于网络的开放性、互动性、多媒体性等显著特征,网络传播在事实上成为个人传播、群体传播与大众传播的统合者。它必将或正在从根本上改变以往大众传播的面貌。"②

- 网络传播的高融合性是以往任何一个传统媒介难以企及的。"时至今日,单纯将网络传播划入'大众传播'类型或者是'群体传播'与'组织传播'类型抑或是'人际传播'类型,无疑都是不科学的。相反,网络传播不仅包含了所有的这几种传播类型,而且更为重要的是这几种传播类型一旦被纳入网络传播的范畴,其形式和内容都将随之被网络所改造和颠覆。"③

- 再用以往的模式来套现今的传播现象只能是画地为牢。"网络传播研究要与时俱进,站在传播科技的前沿,去认识新情况、研究新问题,在理论和方法上不断创新。"④

- 在网络的虚拟世界中,传播主体的变化导致了传播模式的变化,而传播模式的变化又导致传播游戏规则的变化,一种完全不同于现实世界的传播旨趣正在形成并不断发展——网络正在呼唤一种面向新媒介时代的新的传播学框架的出现。⑤

---

① [英]丹尼斯·麦奎尔、[瑞典]斯文·温德尔. 大众传播模式论. 祝建华、武伟译,上海:上海译文出版社,1997.2.

② 郭斌斌、郭皓政. 网络时代:媒介及传播类型的统合与嬗变. 东方论坛,2004(3).

③ 于得溢. 网络:传播的另一种生存方式——浅议网络中各传播类型的被改造. 漳州师范学院学报,2005(4).

④ 赵志立. 论网络传播学的理论构建. 西南民族大学学报,2008(6).

⑤ 杜骏飞. 网络传播概论. 福州:福建人民出版社,2009.156.

从媒介发展史和传播演变史来看,人类传播发展的这种递进性,必然要求不同时代的研究者与时俱进,采取新的研究视角看待问题,这不但是时代发展的需要,也是新的传播现象提出的挑战。传播学大师施拉姆在20世纪80年代初修订出版他的《人、讯息和媒介——人类传播一瞥》一书时,面对刚刚到来的信息时代,就以十分期望的心情写道“在前面各章中,我们是就人类传播的现有形式来谈到它的,是一种我们在其中生活了很长时间的体系”,“最后一章是关于明天的传播,它展示着一个新的时代,一个适应计算机、个人化和相互作用的广播,以及存储和交换信息的新系统的时代”。“我们可以确信,在这个新时代里,人类传播的基本性质不会改变,但传播本身的社会体系,很可能同我们已知的各个时期大不相同。”①可见,施拉姆已经预见了这种新时代传播体系本身的变化。

三、　网络传播类型的独特性

　　当代的传播,是处在新媒介时代,既然原有的传播类型划分难以适应新的情况,那么,我们该从何处着手来研究网络传播的类型呢? 如前所述,互联网上网民活动的随意性强,而网络又是一种综合度极高的媒介,单纯用规模进行分类已经难以奏效,或者说原来传播类型划分的依据——传播范围大小,在网络传播类型划分中已经失灵。实际上,网民进入虚拟的空间后,活动的自由度高,角色模糊。但是,如果我们对这些行为进行研究的话,就会发现所有网民的共同性在于他们上网是由各人的目的和兴趣决定的,也就是说与他们的网上活动、参与的动机有关。既然如此,我们何不依据网络世界中网民传播的目的来重新划分传播类型呢? 我们的研究发现,网民网上参与最多的几类传播活动的动机分别是交际沟通、讨论问题、组织活动、公布信息、检索资料,从网民的这些活动目的出发,我们将网络环境下的传播划分为五种传播类型:网络交往型传播——以网上人际交往为目的;网络广场型传播——以讨论话题交换意见为目的;网络组织型传播——以网上组织活动为目的;网络公告型传播——以网上发布信息为目的;网络检索型传播——以网上信息检索为目的。②

　　1. 网络交往型传播

　　网络改变了传统的交往模式,它一改传播双方必须面对面,使用语言和其他与身体有关的传递手段进行当场的即时传播的交流形式,变为虚拟时空的对话。在这样的时空中,网友可以聊天、收发电子邮件,在社区、BBS、SNS等问题讨论中交往。网络交往型传播就是以网络为载体,以交往为目的而进行的人与人之间的信息沟通活动,这种交流有助于网

---

① [美]威尔伯·施拉姆、威廉·波特.传播学概论.北京:新华出版社,1984.2~3、293~294.
② 吴志文、申凡.试论互联网状态下传播类型的重新划分.广西师范大学学报,2011(4).

民感情的抒发和思想的交流,以及新的人际关系的形成或者改变。

　　网络既是一个庞大的信息空间又是一个广阔的交往平台,它赋予了人际间交往关系以新的内涵。据中国互联网络信息中心 2013 年 1 月公布的数据,交往型服务是中国网民最经常使用的网络服务之一。目前我国交流沟通类网络应用用户规模持续增大,使用即时通信人数达到 4.68 亿,使用电子邮件的用户 2.5 亿人,参与社交网站的用户有 2.75 亿人。[①] 近八成的网民经常在网上与他人分享知识,近九成的网民认同互联网加强了其与朋友的联系。

　　可以说,网络这一虚拟的精神世界无限提升了人们的交往可能,同时也大大提高了人们的交往效率。总体而言,网络交往型传播的主要特征表现在交往范围上的广延性、交往活动文化控制的弱化性和交往方式上的虚拟性。首先,网络最大的好处在于它能够超越时空的界限,极大地突破人的视听限制,把远在天边的对象拉近身边。这种交往范围上的广延性能够提供选择的多样性,无论聊天交友还是发送邮件、讨论家事国策抑或纵论天下,代际、性别、国籍等都可模糊或者忽略。其次,交往活动文化控制的弱化性,意味着在网络中交际的人们在很大程度上可以就任何话题发表己见。由于社会人所处的文化对人的行为的控制,在传统的人际交往中人们的言行是有分寸的,是不能随便更不敢放肆的,但是这些交往中的忌讳,隐秘的话题,只要一放到网上,基本上可以放言无忌;最后,由于网上交往是在虚拟空间里的行为,即便平常内向、拘谨的个性在网上也可能比较活跃,甚至夸张的豪放,这种快意在他们日常生活的行为中是极少见的。也就是说,在网上不仅张扬了个体的个性,拓展了讨论的话题,同时也拓宽了人们交际的圈子。

　　2. 网络广场型传播

　　所谓广场,即具有一定空间概念的交流场所,它必须具备两个要素:一能容纳不同人群;二能发挥某种功能,如交易、游戏、集会或者休闲等。网络广场社区、BBS/论坛、聊天室,把具体可感知的某一空间变成一种网民的活动场所,在这里人们自由来去,像"乌托邦"那样理想地出入,延续中世纪那种广场式的"全民的狂欢"。"在狂欢节的广场上,在暂时取消了人们之间的一切等级差别和隔阂,取消了日常生活,即非狂欢节生活中的某些规范和禁令的条件下,形成了在平时生活中不可能有的一种特殊的既理想又现实的人与人之间的交往。这是人们之间没有任何距离,不拘行迹地在广场上的自由接触。"[②] 网络广场型传播是以虚拟广场的信息沟通和意见交流为目的的传播,它摆脱了现实社会中的束缚,能使网民在没有任何压力的情况下体验轻松、自由、平等的观点碰撞和信息传播。网络广场中的不同社区、论坛突破了现实世界的界限,"在虚拟广场中身体的直接接触是不

　　① 中国互联网络信息中心.第 31 次中国互联网络发展状况统计报告.2013(1).
　　② [苏]巴赫金.拉伯雷研究.石家庄:河北教育出版社,1998.19.

存在的,人们把它视为平等、自由的新世界,用各种符号形式表达着情感和思想,并且与虚拟广场上的参与者进行共时性或历时性或二者并存的交流。人们不依赖身体或者与身体有关的物质而获得体验,也不再以身体或与身体有关的体验为满足。这种超然于现实之外的虚拟形式提供了更为独特的交流模式,延伸了参与者的手臂、眼睛、耳朵,甚至还有触觉,以至于人类通过真实狂欢所能获得的体验都能够获得实现。参与者的时间界限被打破了,参与者的空间地域消失了,剩下的是自由与放纵的表达和展示"。① 因此,这种亦真亦幻的传播场景也就凸显出其独特性、偶发性、模糊性、开放性。

网络广场的参与者是各种各样的流动性的并非有组织的人员。与有组织的群体人员的活动相比,网民在某一网络社区中的活动很难形成一致的目的,三三两两的人们组成的小社区或是人数众多的大的广场,一旦参与者离去,其即时性的活动项目自然解体。这种偶然性的、成分复杂的聚集,大多难有长期有序的活动延续。

另外,网络广场传播者多是不报真名地参与,而且可以用多个网名参与不同社区的活动,或踊跃投入或冷眼旁观,不一而足。网友可以无视对方的身份,诸如年龄、性别、阶层等。因此,以模糊的身份进入广场的人们可能会有现实生活中难以想象的行为冲动,开放的空间也因此可以无拘无束地想说什么就说什么。当然,这样的自由与网络的无序,缺少完善的管理规范,既让网民找到发泄口,又滋生了不良现象,例如具有社会监督性的舆论可以与社会形成良性互动,而"哄客"等的不理性言论又可使谣言四起。

3. 网络组织型传播

从广义来说,任何一个按一定的宗旨和目标建立起来的集体或团体都叫组织。网络组织指的是在互联网上因共同的目标或兴趣而组成的群体。它们的联系是通过网络技术的支持而建立的。与网上的非组织性群体不同的是,它们有一定的管理规范和组织架构,有明确的目标。一般来说,网络上活动的组织有两种,一种是现实社会的组织借助网络进行的沟通,如班级、同学会的 QQ 群等;另一种是由网络活动而形成的组织,如网络粉丝群体、网络某某会等各种网络趣缘群体。实际上,后一种才是典型的网络组织,这就是本义所要研究的网络组织。这种网络组织的成员相对固定,且有一定的分工,在组织内部有自己的领导人。网络组织传播是指网络组织通过网上信息处理而进行的组织决策、执行等各种活动,它以平行传播为主,具有身份隐蔽性、平等性、灵活性的特点。

首先,网络组织传播的首要特点在于身份隐蔽性,任何人如果想要加入某个网络组织,提交申请时不必亮明真实身份,只需申报网名或是来意即可。除了某些网络组织随着活动的不断开展,或把活动从网络空间扩展到现实环境,人员的身份特征会部分显露外,组织成员可以选择任何符号代表自己而对资料的真实与否不作要求。其次,与传统的组

---

① 孟君.虚拟的广场.世纪中国,2005-04-10.

织传播不同的是,网络组织传播基本上摒弃了上行传播和下行传播,而以平行传播为主要的交流方式。只要遵循组织内部共同的原则和规范,组织成员可以自由、平等地在圈内传播信息。2008年美国总统选举中,奥巴马的竞选团队成功地利用MyBO等互联网工具让地位平等的公民能够自组织,在全美各地形成了支持奥巴马的"热潮",这些公民组织也是网络组织,奥巴马并不是他们的领导,他们依靠自己的判断行事,虽然有着明确的组织目标——让奥巴马当选,但是整个"志愿者"组织的诞生、扩张都不是依靠命令或从上至下的任务分派进行的,而是依靠成员的相互交流与经验分享进行。网络组织是在开放性中成长的,所有游离在网络组织之外的人都可以自愿加入它。和传统的封闭型组织不同,相当多的网络组织无法准确统计组织中的人数,因为它随时都在变动。与政府或社会实体组织的严格性不同的是,网络组织以自愿为原则,对组织成员的去留没有硬性要求;同时,只要申请加入并认可组织的相关条款便可参加组织活动,而且对相关规章的遵守也以道德制约或某种约定为主。

4. 网络公告型传播

传统意义的公告是政府、组织、企事业单位向有关方面或公众宣布某些事项的告知性公文。公告一般通过布告、通知、广告、提示或是通过新闻媒体向外发布。"e"时代,传统的信息公告模式在时效和传播效果上难以与快捷的互联网相比。因此,网络公告也越来越受到人们的青睐。

网络公告型传播即指经由网络所进行的告知性、发布性的信息传递活动。它既包括原来的政府、组织、企事业单位网上的告知性公文,一些机构网上发布的新闻、广告,也包括网络组织发布的信息以及网民以个人名义发布的信息,具有"公而告之"的意味。请看一位网友的个人公告:

由于博站已经重开荐榜,各位博友可以通过每日荐榜了解文博优秀博客与文章动态,因此,我个人所做推荐将暂停。前期推荐榜亦会隐藏。

我已说过,做推荐旨在促进博客间相互交流,活跃文博的气氛,博站荐榜集中所有编辑之力推荐每日优秀博客与美文,供博友浏览点评,挑选范围与公信力自是最佳。

……

好在大家都是文博的佼佼者,相信对于大家来说,文博的推荐榜能给辛勤笔耕者更多的机会!

就此公告!

(我也收心回来,安生写我自己的博文了,呵呵——)①

网络公告型传播在各种网站上都有,如政府网站、新闻网站、门户网站上的告知性的

---

① 信步芳丛. 我的个人公告. 文学博客网,Blog. Readnovel. com. 2008-03-28.

文档,广告网页,网站上的BBS、博客等。以BBS(即电子公告系统)为例。一般的网站都有这样的电子信息服务系统,它向用户提供发布信息的平台,用户既可以是机关团体(大多政府机关成立了自己的网站,可在自己的网站发布公告),也可以是个体。BBS大体可分为专业主导类、生活情感类、商业服务类和个人特色类等。

网络公告型传播的内容涵盖面极宽,有通告性公文、告知型文档,也有网络新闻与网络广告等。比如这里的网络新闻传播,在网络时代人人都是资讯的采集者和信息的传播者,突破了传统媒体受制于有限资源的难题,无论是媒介中人还是草根一族都可以通过微博、论坛、社区等发布自己发现的新闻。传统媒体也着力打造新闻网站,如新华网、人民网等发布的新闻权威性和可信度都很高。据《第30次中国互联网络发展状况统计报告》的数据,截至2012年6月底,网络新闻的用户规模达到3.92亿人,网民对网络新闻的使用率为73%,网络成为人们获取新闻资讯的主要媒介之一。①

网络公告型传播与传统的上传下达的公告模式不同的是,网络公告型传播既有灌输式又有喷发式,其交叉互动活动频繁。它突破了时空局限与内容的规定性,它的突出特征表现在:主体的多样性、信息的广泛性、反馈的活跃性。

网络公告型传播的主体既可以是政府机关,有强烈的政策宣传、文件告示特点;又可以是社会机构与社会团体,以及个人,兼及教育性、知识性和娱乐性。以BBS为例,与Usenet相似,它可以为用户提供各种服务,只要用户通过网络远程连接BBS的服务器,即可阅读BBS上公布的任何资讯。从网络的长处来说,这些阅读的用户也可在BBS上面发布自己对此资讯的补充、看法等,围绕某一主题开展持续不断地及时交流。而对于网络新闻发布来说,网络也有了传统媒体不易实现的直接互动形式。

5. 网络检索型传播

网络检索是指利用互联网所提供的信息检索服务系统,以关键词和主题导航为主要检索方式,查询和搜索网络信息资源的活动,一般使用搜索引擎完成。网络检索的内容既包含了文献、新闻等专业信息,也包含各类大众生活娱乐信息,以及软件、视听等资源信息。据中国互联网络信息中心2013年1月公布的数据,2012年年底搜索引擎在网民中的使用率达到80%,搜索引擎用户规模已达4.5亿人。一方面,搜索引擎用户规模和渗透率持续增长;另一方面,用户使用搜索引擎的频率增加,生活中各种信息的获取更多地诉求于互联网和搜索引擎。②

网页是互联网的最主要的组成部分,也是人们获取网络信息的最主要的来源。基于网页的信息检索工具大体分为两类:网页搜索引擎和网络分类目录。网络检索的主要目

---

① 中国互联网络信息中心.第30次中国互联网络发展状况统计报告,2012(7).

② 中国互联网络信息中心.第30次中国互联网络发展状况统计报告,2012(7).

的是查看和收集关于文献资料、生活服务、新闻事件等的相关信息。与传统图书馆目录式检索不同的是,网络数据库信息庞大,能够实现全系统的交互性。网络检索传播借助网络信息资源平台,以用户的情况了解和资料收集为主要指向,目的在于满足受众(网络用户)的各种信息需要,其主要特点表现在:便捷性、个性化、黏合性、人机交互性。

网络检索的便捷性是相对于网下检索而言,一方面,体现为网络检索的目的更容易实现。网下检索需要依赖图书馆、期刊实物等各种特定资源,这些条件的满足往往受到的制约较多。网络平台则是一个巨大的信息检索集散地,只需要接入网络,便能获取丰厚的信息资源。另一方面,对于作为用户的网民来说,网络检索能够有效地节省信息搜集的时间和精力,简单的"复制"、"粘贴"等信息处理方式也使得对信息整合与处理变得更为便捷。所谓网络检索的个性化,"它主要是基于信息用户的信息检索行为、习惯、偏好和特点,向用户提供满足其个体信息需求的一种服务"。① 随着网络检索技术的成熟和进步,相关网络检索服务也变得愈发灵活和个性化,如 Google 提供的专门化的个人定制的 igoogle 服务等。黏合性则意味着因为共同的信息需求使不同的网民可能会聚合在一起;同时,就信息的处理而言,因为同一主题,使用者可以把各种信息经过自己的加工后集合在一块,成为对自己有用的材料。网络检索行为的实现是人机交互过程,在这个过程中,"人"充分发挥主动性,"人"的相关判断是人机交互的基础,也是再次形成检索提问式的前提。即使是相同的检索任务,使用相同的搜索引擎,不同的人也会出现不同的相关判断,最后得出不一样的检索效果。可以说在网络检索的人机交互中,人是操控者,人的目的是归宿,而技术和机器系统只是为人的信息活动提供支持的平台。同时,人机交互的信息传播中,反馈机制也得到了充分展现。以搜索引擎为例,搜索引擎能够迅速地对检索命令作出响应,网民根据检索结果的呈现,对其作出主动筛选,并形成一定的反馈,从而适时调整原有的检索策略,再做进一步的检索。

第二节 心理学介入网络研究

全世界每天都有成千上万的人在网上工作、学习、交友、聊天,网络空间使人们有一种全新的心理感受,在自我心理状态与对他人的接触中有了一些与现实社会不同的心理变化。这些变化吸引了心理学家的目光,许多人从不同角度开始对网络空间内的心理现象进行研究。

---

① 贺晓利.信息资源网络检索的特点、问题及对策.现代情报,2007(5).

一、　心理学介入网络研究的背景

互联网的出现和迅速发展带来了社会的巨大变革,并日益延伸到人们生活的各个领域。它逐步改变人们的思维和生活方式,也将对现实社会造成一定的冲击。互联网带来了大量还未被认识、有待认识的新问题,它为传统的社会学、经济学、哲学、伦理学、文化学、传播学、新闻学等社会学科提出了大量新的课题,吸引了诸多学科的广泛关注。随着研究者对互联网的关注,关于网络社会、网络经济、网络伦理、网络新闻等边缘性研究日益兴起。①

互联网作为新的沟通和交流工具,为人们提供了不同于现实世界的心理环境,它对于人的心理行为发展变化的作用日益明显。人们在网络这样一个虚拟的环境中面对极大丰富的信息资源以及全新的即时沟通和交流的方式,思维模式和心理状态都会发生一定的变化。心理学开始积极介入到网络传播研究中来,比如网络空间内人们的心理状态产生什么变化,什么因素在推动心理变化的形成,这都是心理学家在研究初期非常关注的问题。同时互联网作为新的高科技手段,也成为了心理学研究的重要工具。

互联网的发展给人类提出了许多新的问题和挑战,诸多学科都将研究的目光投向了这一崭新的领域。其中,网络空间为人们提供了新的沟通和行为方式,人们的心理状态和心理过程和现实社会产生了巨大的差异。互联网引发的一系列心理问题日益凸显。作为社会科学领域的基础学科,心理学也开始介入网络研究,互联网成为心理学研究的新领域。

当前网络心理的相关研究尚处于起步阶段,在国外出现了一些和网络心理研究相关的网站,一些传统的心理学刊物也对网络心理研究的发展有一定的关注,一些比较有影响力的国际学术刊物如《美国心理学家》、《临床心理学》以及我国的《心理科学》、《心理学动态》、《心理科学进展》等刊物刊发了和网络心理研究相关的学术论文或报告。心理学学者对网络心理进行分析和研究并取得了　定的成果,但由丁互联网的快速发展只有几十年的时间,因而现在的研究尚不能形成一个体系,只能随着互联网的进步而逐步发展。

心理学对网络传播研究的介入有其现实根源。网络空间内人们能够在瞬间获取自己所需要的信息和资源,可以摆脱现实社会对真实身份的约束而进行交往,从而在虚拟的角色里获得心理的满足感和愉悦感。网络的强大吸引力使越来越多的人沉迷其中。人们在充分享受网络所带来的丰富资讯和便捷交往的同时,网络成瘾、网络依赖等心理问题以及随之而来的社会问题日益显现。许多网络用户愿意消耗几个小时甚至更长的时间来沉迷

---

①　申凡、步平平.网络传播研究的心理学观照.2005 年《第五届全国新闻与传播心理研讨会》论文集.

于网络之中,聊天交友、网络游戏、网络色情等等让他们生活在一个虚拟的世界里不愿自拔。尤其对于网络使用者的主体——青少年群体来说,他们正处于成长阶段,对网络这一新鲜的世界比较好奇,而自制能力又比较弱,因而许多青少年都不同程度的对网络产生了依赖性心理。一系列心理问题的出现急切需要正确的引导和治疗,互联网这一领域引起了心理学研究者的注意。人们在网络中心理状态究竟会发生什么样的变化,有什么样的特征,如何正确地引导和控制人们的网络心理,网络对人的心理有什么样的影响,网络心理的研究对心理学自身的发展有什么样的意义,这些都是心理学介入网络研究需要面对的问题。

心理学对互联网的介入一方面将网络空间作为自身研究领域,引导和建立健康的网络心理机制,同时也丰富了心理学及其分支学科的研究内容,促进学科的交叉性研究,拓展心理学学科体系和学科理论的发展空间。另一方面网络心理研究也将互联网作为新的研究工具引入到心理学的研究中来,为心理学的研究提供了多样化的研究手段,提高了研究效率,有助于心理学研究和现代网络技术的紧密结合。

二、 心理学介入网络研究的视点

随着心理学家对互联网领域的关注和探索,从不同角度出发的研究成果也不断出现。通过对目前已有的网络心理相关研究成果的检索和分析,发现当前研究者对于网络心理的研究主要集中在以下几个方面:

1. 网络心理的特征与现象

心理特征与现象是心理学的主要研究对象之一,心理学家通过心理特征与现象的研究来掌握人的心理发展过程与规律。网络虚拟空间内人们的心理过程和状态都和现实社会中有所不同,网络中的心理现象也具有不同表现和特征。因而网络心理的特征与现象也是心理学的重要研究内容,是网络心理相关研究的最基本的层面,为网络心理的相关研究向纵深发展提供支持。

互联网为人们提供了新的生活空间,也拓展了人们的生活方式,网络的特定环境使人们在互联网中的心理体验具有一定的特点,主要表现在感官局限性、身份匿名性、地位平等性、空间超越性、时间伸缩性、记录永久性等。[①] 在特定的网络心理环境下,人们在网络中的心理表现也受到研究者的关注。许多研究从不同角度出发对人们的网络心理表现进行阐述,例如《青少年网络情结的心理分析》一文则认为青少年对网络具有好奇、探险、体验、交往、自主、价值、性等心理需求;《关于网络成瘾对人的心理影响的研究》认为人们在

① 程乐华.网络心理行为公开报告.广州:广东经济出版社,2002.16~19.

网络中具有好奇、补偿及逃避等心理;《网络传播的特征与现代心理分析》将网络使用者的心理表现归为求知、平衡、表现、移情、愉悦、虚拟、好奇等。不同研究对网络心理的表现有不同表述,也会有相同的认识和看法。我们通过对相关研究的检索和分析,发现多数学者认为人们在网络中的心理主要有好奇心理、娱乐心理、求知心理、移情心理、逃避心理、补偿心理、攻击心理等。当然网络中的心理特征及具体表现多种多样,远不止以上提及的类型,同时它还将随着互联网的进一步发展和人们对网络认识的深入而不断变化。

2. 网络心理的结构分析

心理结构是心理学研究的重要课题之一,心理学家早已从不同的角度来对心理结构进行剖析和探索。弗洛伊德的精神分析理论将人的心理分为三个层次:无意识、潜意识和意识,后来他以本我、自我和超我形成他的心理结构模式。通过分析心理结构的相关研究我们可以看到,早期研究心理结构的心理学家虽然注意到了心理结构的多面性,但更多地将心理结构看作了各个要素的组合,忽略了心理结构的整体性。后来系统论的观点将心理结构理解为包括许多联系的特征与成分的完整的构成物,内部存在着许多变量,其内部变量和外部变量的相互作用促进了心理结构的不断调整。

网络的出现为人们提供了全新的生活空间和生活方式,在这个虚拟空间内有着太多和现实社会不同的地方。它使人们处于一个全新的社会变量当中,即集现实社会变量和网络虚拟社会变量为一体的社会,从而使心理结构的研究面临新的环境,人们逐渐适应网络虚拟空间的存在形成网络心理结构。对于网络心理结构,有的研究者指出网络心理结构中也存在本我、自我和超我,并因受网络社会变量存在而发生变化。[①]

网络心理结构研究是心理学的应用性研究,网络加快了信息传递的速度,增加了人们的交往方式,网络行为和现实生活相比更加多样化,因而影响网络心理结构的因素非常复杂,这也增加了研究的难度和可操作性。相对于网络心理的其他相关研究来说,从网络心理结构角度入手的研究非常少。现有的一些研究仅仅停留在意识到网络心理结构研究的必要性,根据心理结构的相关理论提出了一些零星的见解。网络环境下有哪些要素的出现影响以及如何影响心理结构?哪些研究方法能更有效地分析这些要素并测定其作用力?和传统心理结构相比网络心理结构出现了什么样的变化?有什么样的特征?网络心理结构研究对于具体的网络实践起什么样的作用?对心理学的发展有何意义?这些都是网络心理结构研究将要面对的问题。

3. 影响网络使用者的心理要素分析

互联网中人们心理过程和心理状态与现实社会不同,从影响网络使用者的心理要素着手能够从更深层次的角度来对这些变化进行剖析,有助于找到心理现象背后的内在联

---

① 李晓萍.试论建构个体网络心理结构.东南大学学报(哲学社会版),2001(11):154~156.

系，从而使网络心理能够得到正确的引导和控制。通过对网络心理的相关研究的检索和分析，我们可以看到影响网络使用者的心理要素可以分为个体心理和社会心理，主要包括认知、情绪、人格、人际交往等方面。《互联网对人的心理影响》一文从认知、行为、情绪等方面分析互联网所产生的影响；《关注大学生网络心理健康》一文认为网络对大学生的心理要素会产生消极的影响，如认知能力的迷失、情感情绪的冲突、个性人格的异常等。《青少年上网心理分析及引导》则就情绪、人际交往、认知、道德与价值观等要素分析了青少年网络用户在互联网空间内的心理变化……

　　心理学家对于影响网络使用者心理要素的研究借鉴了心理学中的一些基本理论，同时在研究中重新诠释和发展相关理论。研究主要分析了网络中社会心理或个体心理要素面临的具体环境变化以及如何影响人的心理活动及行为等问题。但由于网络技术及人们对互联网认识的局限性，关于心理要素的一些研究呈短、平、快趋势，从而影响了研究结论的推广和应用效度。尤其网络对人的心理过程和状态的影响不是短期的研究就能得出结论的，因而对于心理要素的追踪性研究是研究中不可忽视的问题。如何使网络环境下的个体心理或社会心理要素最大限度地发挥其积极作用，促进人类自身的发展则成为今后研究的重点。

　　4. 网络病理性心理的控制

　　心理学研究的实践意义之一便是通过掌握人们的心理发展规律从而能够指导人们在现实生活中的心理活动和心理行为。而网络心理能够引起心理学家重视的直接原因之一是互联网中心理问题的不断出现。综合来说，心理学家对病理性心理的探索首先是网络成瘾概念的提出及相关争议。目前对于网络成瘾概念的争议主要集中在是否应该用"成瘾"来描述对于网络的无节制使用。有的学者认为成瘾指对药物的心理或生理上的依赖性，因而主张用"病态"或"依赖"来代替成瘾的说法。[①] 其次是网络成瘾测量标准的不断发展，当前对于网络成瘾的测量并没有公认的标准，最早由金伯利·杨依据病态赌博的诊断标准加以修订形成的网络成瘾测量标准受到了其他学者的质疑，经过不断研究戴维斯（Davis）的《戴维斯在线认知量表》在前人的基础上改进了测量内容的可知性和题项的可预测性，并依据了较为严格的心理学测量程序进行编制，初步显示了较好的信度和效度。再次，心理学家对网络成瘾的研究主要持三种态度：一是注重网络自身特征即外部因素的影响；二是注重网络用户的自身心理特征即内部因素的作用；三则是将外部因素和内部因素相结合进行分析，内外因素的综合考虑相对来讲更为全面。最后，研究者们对于网络成瘾的矫正和治疗也都从不同的角度提出了方案，例如金伯利·杨和戴维斯的认知—行为疗法等。

---

① 陈侠、黄希庭、白纲. 关于网络成瘾的心理学研究. 心理科学进展，2003(11)：355.

当前对于病理性心理尤其是网络成瘾的研究虽然取得了一定的进展,但仍然是停留于各个点上的分散的研究。今后可以将互联网特征与个体自身的心理特征更好地结合,从而对病理性心理的形成机制做不同角度和层次的纵深分析。同时基于病理性心理的消极作用,应该将网络成瘾的理论研究和网络实践相结合,对病理性心理进行控制和疏导。虽然心理学者对此已经提出了一些建议,但尚未真正形成系统化的有效方案,这些方法的有效性仍然需要检验和探索。整合和改进病理性心理的控制模式仍然是今后网络心理研究的另一个重点。

　　总的来说,研究者介入网络心理的这四个方面体现了研究者从心理学角度介入网络传播研究在认识上由浅入深,工作上从理论到实践的转化过程。

三、 网络心理研究的价值

　　心理学介入网络研究有其自身的现实意义和理论价值。实践中它为解决网络心理问题、制定网络规范提供支持。首先,心理学介入网络领域的相关研究有助于指导人们正确看待互联网,减少互联网对人们心理的负面影响,从而形成健康的心理机制。心理学者对于互联网中网民的心理问题给予了极大地关注,尤其对于网络使用者的主力军青少年的网络心理行为进行了深入研究并提出了调适策略。心理学对于青少年网络心理行为的关注是其解决网络心理问题,应用于社会实践的一个缩影,从整体上讲网络心理全面、深入的研究可以有效地分析网络中人们的心理状态与心理过程,就可以进行具体的指导,以利于人们网络心理的健康发展。

　　其次,心理学对网络研究的介入还为制定网络规范提供了基础性支持。在这里的网络规范包括三层含义:一是法律规范。网络是一个具有自由性和弱规范性的社会,从某种程度上来说它也为网络不良行为提供了庇护所。世界各国都开始制定相关的法律、法规来约束网络行为,但当前互联网相关法律、法规仍然处于非常不成熟的阶段。网络心理研究为网络法律规范的制定提供了理论基础。人的心理活动是客观现实的反映,并支配着人的行为,网络行为也受到网络空间内人的心理活动的影响。网络心理研究网络空间内人的心理活动的规律,以及这些心理产生的原因,而网络法律规范把网络违法犯罪等不良行为作为制约对象,因而网络心理的深入研究有助于网络法律规范制定过程中把握网络心理的特性及规律,从而有效地规范网络行为。二是管理规范,如 BBS 管理规范、电子邮件管理规范等。当前网络空间内管理规范的制定多从管理方便性的角度出发,往往忽略了人的心理因素。而以人的心理活动规律为基础的管理规范能够提高人们遵守规范的自觉性,有助于形成良好的网络秩序。三是道德规范。与现实社会相比,网络空间内法律的权威的确出现了一定程度的弱化,网络行为的规范也需要伦理道德来弥补。网络心理研究有助于调整网络空间内人的心理与行为,能从心理的角度对网络空间内的善与恶、公正与偏私、诚实与虚伪等观念和行为进行研究,这有助于形成网络自身的评判标准,进而促进网络道德规范的形成。

心理学在网络领域的相关研究除积极应用到社会实践中外,还具有理论价值和学科意义。心理学对网络传播研究的介入为传统心理学研究提出了大量富有时代精神的新课题,拓宽了心理学的研究范围。网络心理的相关研究几乎波及了心理学研究的各个分支学科,丰富了心理学学科体系的研究内容,促进了跨学科、多科学之间的交叉性研究和整合发展。

在此以网络心理研究与个体心理学的相互借鉴为例,早期著名的心理学家阿德勒创建了个体心理学,自卑感在阿德勒的理论中占有很大分量。现实生活中每个人时刻都可能产生自卑感,比如先天的、生理上的缺陷,在家庭中的地位,不和谐的人际关系等,当自卑感产生后可以通过多种方式对自卑感进行补偿,但这些都不是瞬间能够获得的,需要个体的意志力和一段时期的努力。因而一部分人转向在虚拟的网络中寻求精神的慰藉和心理补偿。人们对于互联网的沉溺在相当程度上是对其自卑感的一种补偿。网络的补偿的确能够对个体的精神和心理压力起到暂时缓解的作用,对个体的现实生活产生积极的影响,但它并不能从根本上消除个体在现实生活中的自卑感,严重的网络成瘾甚至形成一种畸形的补偿。

通过以上例子可以看出,网络心理的相关研究及其分支学科之间相互促进,为跨学科的整合研究提供了新的契机。首先,心理学对网络传播研究的介入使新的心理学观的形成成为可能,从而促进心理学学科体系和理论体系的进一步发展。

其次,心理学对网络传播研究的介入还为提高心理学在整体科学中的地位起到重要的作用。心理学是蓬勃发展的科学,它广泛应用于社会实践,并在普通心理学的基础之上衍生出许多分支学科。但心理学的发展仍未进入真正的统一和整合时期,心理学分支学科的蓬勃发展使不同的理论体系呈分散化发展的状态。

心理学自身需要走整合和协调发展的道路,才能保证既可以不断拓展研究范围,又能够建立自身的核心理论体系作为学科发展的根本基础。一门学科理论上的发展需要的是一代甚至几代研究者的共同努力,而当今网络本身的快速发展使其成为信息时代的基础,它为心理学学科的整合发展创造了新的契机。心理学对网络领域的介入一方面促进心理学学科体系的重新塑造,有助于心理学核心理论体系的形成;另一方面它也将整合心理学各个分支学科以及其他相关学科的研究成果,促使心理学的学科发展走向统一和协调。例如,网络心理的相关研究为其他学科在网络领域的发展提供了支持。无论是社会学、经济学,还是政治学、文化学,各学科研究的主体仍然是人,现实社会的心理对人在社会中的经济行为、政治行为等产生重要影响,而在互联网空间中了解人的基本心理状态及心理过程是其他学科研究网络领域中人的各种行为的基础。网络心理研究的兴起和发展不仅自身具有成为新兴学科的潜力,也为心理学在整个科学体系中地位的确立和提高奠定坚实的基础。

最后,心理学介入网络传播研究促进了现代网络技术和心理学研究的结合,促使心理学传统研究方法不断发展,从整体上改进和发展了心理学的研究手段。相对于传统的心理学研究手段,基于互联网进行心理学研究具有一定的优势。一是基于互联网的心理学研究在一定程度上提高了研究的效率。在互联网中可以在短时间内吸引到大量的参与者,并对网络中的测试数据自动完成搜集、储存和结果处理等工作;二是基于互联网的心理学研究还提高了研究的效度。一方面,使被试者在自然的状态下参与到研究中来,减少了外部的干扰因素;另一方面,网络技术的应用能够记录下参与者在整个研究过程中的行为和表现,这些都在一定程度上使研究更加客观真实。同时互联网还为心理学研究提供了更为广泛的测试样本的选择范围,也比较容易召集到一些如同性恋、吸毒者、艾滋病患者等特殊群体的被试者,互联网的一些特性则为走近特殊群体进行心理学研究提供了新的机会。互联网及其技术在心理学研究的应用中的确显示了一定的优势,但它也存在着一定的局限性,如互联网中心理研究的过程控制等问题。

当前基于互联网的心理学研究处于刚刚起步的阶段,主要应用也集中在调查、测验等,因而在这里对基于互联网的研究方法优势与局限性的讨论也是建立在已有应用的基础之上,对这一新的研究手段进行剖析。此外人们对基于互联网的研究也存在一些疑问,例如基于互联网的研究能否取得和传统心理学研究一致的效果,它的结论是否能进行普遍的推广和应用等。而对于这些问题的验证需要长期的研究实践来进行检验。同时研究者尚未针对基于互联网的研究形成严谨科学的程序,随着网络技术的不断发展和心理学家对互联网认识的不断成熟,基于互联网的心理学研究将获得进一步发展和广泛应用。

第三节   网络与网络传播心理

一、 网络传播心理学概述

众所周知,人类的一切活动都是由传播连接起来的。同样,人类在网络上的所有活动照样也都是由传播串联起来的。因此上节讲到的心理学介入网络的研究,传播必定是绕不开的贯通研究各个方面的关节点。因而,网络时代心理学与传播学就在网上相遇了,并最终促成了网络传播心理学的产生。

网络传播心理学正是利用传播学理论与心理学理论来研究网络传播活动及其心理的

一门正在建设中的新兴交叉学科。它的研究对象是互联网上一切传播活动中的心理现象，包括网络上主动发布信息活动的心理、被动接收信息活动的心理、网络检索活动心理，以及网络互动活动的心理等。

网络传播心理学的研究可以体现在三个心理层面上：人机交互心理层次、个体心理层次和社会心理层次。在人机交互心理层次研究的核心问题是如何利用计算机、互联网进行传播，并让应用者使用顺手，操作起来方便，如何使呈现出的网络信息使人觉得舒服，如何使技术的使用更符合人的心理需要等，在这一层次的研究涉及的心理学分支学科主要有工程心理学、广告心理学等；在个体心理层次，人的三大心理过程的认知、情感、意志分别在网络传播中有了新的变化与新的特点，而个人特质的自我、人格、角色等也在网络环境下有了新的内涵。在社会心理层次[①]，网络传播对青少年的社会化有重要影响，网民的社会交往出现了许多新的心理变化，网络群体心理、网络舆论心理、网络组织心理等都出现了一些需要研究的新现象。

鉴于本章第一节论述的原有的传播类型的划分不适应网络传播的情况，所以本书所论述的网络传播心理学以新的自创的体例设定框架：以网络传播活动的目的来区分，进而分析各类活动中的心理，从而分为网络交往型传播心理、网络广场型传播心理、网络组织型传播心理、网络公告型传播心理、网络检索型传播心理。

网络传播心理学的研究方法可以借用传播学研究方法与心理学研究方法，诸如问卷调查法、内容分析法、控制实验法、观察法等。而在异常复杂的网络心理研究中，有的研究还使用了新的方法，比如文化心理学研究的方法，这更能体现网络传播心理定性研究与定量研究相结合的特点。

二、　网络传播渠道对传播心理的影响

从心理学研究的角度来说，我们可以把互联网视为一个上网者活动的环境，而不管它是由什么组成的。从传播必备要件来看，网络渠道是一个物理环境，是网络设备和技术构成的传播平台。美国马里兰大学商学院知识和信息管理中心主任帕特·华莱士在《互联网心理学》中指出"互联网是由多个环境组成的，虽然在类型上彼此有些重合，但它们影响我们行为的基本特点是互不相同的"[②]。他将互联网的环境分为 7 类。

（1）万维网。它的用途相当于图书馆、杂志，还可以作为个人信息发布平台。

（2）电子邮件。它已经成为人们与朋友、家人、同事、业务同行交流的必备工具之一，

①　阳志平.网络心理学.心理学新的研究领域,http://www.psychapeo.com,2001-11-06.
②　[美]帕特·华莱士.互联网心理学. 谢影、苟建新译,北京：中国轻工业出版社,2001.5.

也广泛应用于学校、机关、公司、家庭之中。

（3）非同步讨论论坛。人们可以在这里就不同话题展开讨论，回答提问，阅读别人的观点。讨论没有固定模式，节奏较慢，个人可以在任何时候加入到讨论中来。

（4）同步聊天室。许多人可以同时进入到这里聊天，进行真实的对话。他们在显示屏上了解他人的观点，表达自己的看法。

（5）多用户地牢游戏（MUD）。这是冒险游戏"地狱和龙"的字母缩写，通过组合几个成分，以文本创建"虚拟现实王国"的环境，使用户强烈感受到地点和团体。

（6）图示世界。采用特殊的软件，在计算机屏幕上呈现出秀丽的风景、城堡和旅店，而使用者的化身也出现在电影里。

（7）互动影像和声音。网络另一端的伙伴可以看到你的面貌，听到你的声音。

随着网络的进步，又有了博客、微博等。但总体来看，这些技术、设备构成的网络渠道对网民的传播心理影响可以分为三个方面。

1. 对获取信息心理的影响

在互联网出现以前，人们获取信息的方式原始、复杂，渠道也很狭窄。比如多数人是翻阅书籍、报刊，也有的是查阅音像资料，这些都十分麻烦。互联网的出现基本上改变了这种状况，需要什么资料，只需输入关键词，即可轻易检索到。

互联网的高度开放性、超链接性、适时更新、容量的无限性，在方便的同时，也打开了亿万网民的好奇心理：自己没有去过的地方，想在网上看看，比如非洲、南极、宇宙空间；自己没有见过的东西，想见识见识，比如奇花异草、怪异生物、飞碟；自己不可能见到的人物，想看看他们的生活、八卦，比如明星、领袖、作家——这一切好奇心在网上都能轻易满足。甚至连平时因为社会规范的禁忌、约束而不能看或不敢看的东西上网也可以满足猎奇心理，比如因政治原因查禁的书刊，色情书籍，相关的图片和视频。可以说，互联网把人们受社会文化制约的原欲的好奇心理都能释放出来，这都对社会管理与社会文化提出了新的课题。

互联网便捷的信息获取，包罗万象的信息资源，也极大地满足了网民的求知心理。互联网不仅打开了人们的眼界，也给了上网者一个硕大无朋的资料库，无论是自然的还是社会的知识，无论是艺术的还是体育的，无论是工作的还是生活的，网上应有尽有。什么不懂，上网查查；什么不会，上网学学。这就使人类千年来提倡的社会"有教无类"成为了可能——谁都可以有学习的机会与条件，所以网上展示三教九流有才干的人比比皆是，近年的"网络达人"也越来越多；同时也让每个人的"终身学习"成为了可能，任何时候想学习新知识随时能做到。这对人类能力的提高具有重要的作用。

但是，也正是这些海量信息不断的推出，让网民每天处在不断躁动的信息爆炸之中，面对冗余的过量信息无所适从，会产生心理的焦虑；而互联网上信息真伪难辨，良莠不分的言论、炒作、噱头等,也会让人产生烦躁心理。

这些不仅影响网络传播者的认知,也会影响他们的情感。

2. 对个人层面和社会层面交流心理的影响

互联网的无线连接性、便捷性以及网络匿名的特点,在网上产生了一个"虚拟世界",网民可以在这里"网络化生存",这就深深地影响了人们在网络上与人、与社会交流的心理。由于匿名,个人的网上行为不受现实社会文化的制约,可以随心所欲,可以畅所欲言,也可以显示你想要表现的任何事物。

这样的结果一方面带来的是上网者自由感的产生。首先是活动的自由。现实社会人们的行为是受社会规范制约的,能干什么,不能干什么是不能越轨的。而网络上只要技术允许,就什么都敢干,都能干。无论是助人为乐、信息共享、同情弱者、曝光贪官、围观起哄、人肉他人,甚至于发布谣言、网络诈骗,不一而足。其次是交往的自由。上网者可以同任何人交往,同任何地区的人交往,用任何一种方式交往。既没有了现实社会交往的诸多禁忌,也没有了社会"面具"造成的交往的拘束,可以自由自在地去创造新的人际关系。比如网友、网恋、某某群。最后是发表信息的自由。网络的平台为普通民众提供了发表自己作品的园地,无论是涂鸦,还是大作都可以发表;无论是图片还是音乐制品,都可以上传。当然,也更多地提供了网民对社会事物、网络话题表达意见的机会,无论是成篇的文章,还是三言两语的议论,都可以在网上表达,这是社会民主的体现。

匿名性也带来了上网者身份的平等感。首先是在网络上没有地位的尊卑,没有了贫富的界限,没有职业贵贱之分,一切现实世界的包装全部消失殆尽,只有上网者的符号——一个自我包装的网名。由此带来了社会弱势族群在网上可以对强势群体挑战,比如指责、批判甚至谩骂,像网民对炫富事件一类的态度就与这些有关。也带来了民众对政府和官员的大胆批评,无论是厦门"PX事件"网民影响政府改变了决策,还是"天价过路费事件"网民影响了审判结果,都是普通民众平等地介入社会事务的表现。其次是网络上没有了传者与受众的不平等状况。网络不像传统媒体那样,传播者处于强势地位,受众只能被动接收,受众的意见反馈也是滞后的间接的,而传播的信息也还要受到传播者的"把关"。网络是一个无"把关人"的自由平台,每个网民都可以成为信息的传播者。网络也是一个随时可以互动的场所,当一个人发帖后,就有人跟帖,或者拍砖;当网站传播某一信息时,网民既可以跟进补充,也可以提出不同看法。

网络空间还带来了人们交往时空感的消失。互联网时代人类实现了"地球村"的梦想,不仅交往空间可以扩大到世界的任何角落,交往时间也可以达到同步程度,实现了时空一体化的远距离互动。在异国他乡的友人,可以像面对面一样的视频聊天,在一个QQ群里可以和小学、中学、大学的同学随时讨论任何事情,在网络上尽可以交往根本没见过也不可能见到的网友,互联网可以让你人不在场而由你的邮箱通过自动设置与另一个人的自动设置完成每次传播活动。

这些不仅影响到了青少年上网者的社会化,也极大地影响了网络使用者的社会角色心理,甚至影响一些上网者的人格。

3. 对娱乐活动心理的影响

在计算机、互联网出现以前的娱乐活动主要是看电影、电视、书报,听音乐,打扑克、麻将,到剧场看演出,户外体育活动,年轻人数人在一起做游戏等。这些活动的特点是一是要有成本,无论是时间成本还是经济成本都需要支出;二是绝大多数是需要两个以上的人合作,才能进行;三是往往比较简单,形式与内容都不够丰富。

计算机与互联网的出现,使全民娱乐化时代来临了:网络游戏丰富多彩,变化莫测;网络音频、视频经济方便,容量无限;网络图片精彩、海量,平时见不到的东西网上随处可见。特别是当代紧张、繁忙的人们,只要有网络,随时可以娱乐,方便、经济、有趣,这对上网者的心理产生了极大的影响。比如网络游戏就有各种题材,古典的现代的,侠客的英雄的,战争的体育的,爱情的幻想的,琳琅满目;它有各种形式,像角色扮演游戏、智力测试游戏、策略展示游戏、竞争对抗游戏、运动游戏、探险游戏等。这些网络游戏使参与者角色多变,活动有趣、有对抗、有成就等,以这些特征吸引着学生、职工、官员、军人,无论老幼一起参加到游戏中来。参与游戏者不仅体验了放松,通过游戏虚拟行为也体验到在现实中体验不到的获得权力的心理,获得财富的心理,获得成就的心理,以及情绪宣泄、人际交往的心理。而网络音乐、影视、图片,不仅以其丰富多彩使人享受文化艺术,放松身心,也为想创作一把的广大网民提供了发表作品的平台,极大地满足了成千上万名平民百姓的创造感与成就感。甚至一些网络恶搞,也风起云涌。至于那些因迷恋网游而成为网络成瘾的网民,其心理就有了值得研究的一些病态心理的症状了。

三、 网络传播符号对传播心理的影响

出于目前的网络技术普及程度以及当前网民交流的习惯、条件(如多在办公室挂在网上、学习期间挂在网上),所以绝大多数的网络传播使用字符式的传播方式。这个传播过程,实际上是一个传播符号化的过程。在这个过程中,双方的行为只有编码与译码;交流者能面对的,只有机械操作的键盘和枯燥无味的字符;再加上打字交流的速度和效率的限制,远远赶不上面对面交流的快捷与流畅。这些因素会对网络传播者的心理造成影响。

然而,任何技术都是人创造的,任何技术使用的难题也是人能够克服的。网民们在大量网络交流实践中发挥自己的智慧与才能,从各个方面破解网络中的传播困境。用创新化的语言方式,用字符结合的方法,用自创的网络语言,力求达到三个目标:一是在死板的字符处理中欲张扬个性;二是在受限的符码交流中追求情趣、情感;三是在即时的传播中讲究字符处理速度以使交流舒畅。

网络字符的限制与网民冲破限制张力的冲撞,最终成就了网民心理的突破,具体来说体现在以下四个方面:

1. 展示个性的编码心理

许多研究的调查显示,目前使用网络交流的最大群体是年轻人。年轻人往往处在张扬个性的年纪,又是容易反叛传统的年纪。可以想象,在网络这样一个既受传播形式限制,又可以匿名表现的虚拟空间里,他们的传播就选择了千方百计展示个性的符号编码策略。

首先是标新立异的编码。有字符结合,不伦不类的使用文字,像用"啊～～～"表示声音的起伏与波动,用"帅 G"表示"帅哥",用"真 e 心"表示"真恶心";中英混用,表达新意,如我 I 你(我爱你)、三 Q(谢谢);有阿拉伯数字与文字合用,像 8 错 8 错(不错不错);借助谐音,炮制词语,如霉女(美女)、斑竹(版主)、木有(没有)、口年(可怜)等。

其次是反叛传统与语言规范。比如网络语言很多时候表现出对传统语法的违背,像名词作动词的例子"雅虎一下"[1],"今天谁去开会的说?";有相声词当作名词的,比如咔嚓(砍了)、咣当(晕倒)等;用副词修饰名词的,"很书本"等;已有词语的新解,比如偶像(呕吐的对象)、蛋白质(笨蛋＋白痴＋神经质)等。

然后是追求时尚力求创造。比如使用字母缩写代表事物,像 JS(奸商)、BB(再见)、PPMM(婆婆妈妈)等;使用数字的读音而组合的词语,如 14(意思)、555(呜呜呜)、886(拜拜了)等;自创网络词语,如菜鸟(新手)、潜水(待在论坛里只看不发帖的人)、拍砖(发出对别人或帖子不同看法的帖子)等;使用键盘字符组合的符号进行交流,如 :—)表示笑脸、B-)表示笑的人戴着眼镜、:-Q 表示向你吐舌头等。

"青年人总是喜欢新的、时髦的东西,而抛弃旧的、传统的东西。在网络语言使用上,网民群落由于大多数较激进,热衷追赶时髦,他们蔑视传统,具有极强的反传统意识,崇尚创新,网络语言已经成为某些人表现其个性的标志,甚至不管哪些词语是好的,哪些是不好的,不管是粗俗的,还是文明的语言,都会热烈地去追捧。而认为使用传统的词句俗气,不够新潮,进而嗤之以鼻。"[2]以上这些体现了年轻的网络使用者打破常规的心理、自我表现的心理和对各种文化包容的心理。在这里创新精神是动力,突出了别出心裁的自我实现心理。

2. 传输追求速率的创新心理

在同步性、即时性的网络交流中,传受双方都希望能像平时的说话一样流畅、交流不

---

① 宋海容.论网络语言.赤峰学院学报,2008(3).

② 刘娟.网络语言社会心理因素分析.成都电子机械高等专科学校学报,2011(1).

间断,但是网络传播不同于面对面交流的是,双方使用的是键盘,传播的字符是一个一个地敲出来的,无论如何也达不到像口语一样的速度。于是,在向这个目标迈进的过程中,网民们就逐步创造了一整套提高传输速度的方法。

首先是把使用的语言符号及其表达过程做到省略、改造与替代。比如使用缩写字母像 BT(变态)、DD(弟弟)、XDJM(兄弟姐妹)、PFPF(佩服佩服)等,每个字都是一键完成的,与需要两键、三键、四键完成的字相比,速度提高了几倍,只要双方都明白,照样达到了交流的目的。再如表达语言的省略,如一网上寻物启事:东 9 教室,丢一笔记,有名字,告本人,多谢! 这就简化了寻物启事的格式,省略了一些话语。

其次是使用数字的谐音,以简单的敲击,表达需要的意思。比如 54(无视)、847(别生气)、9494(就是就是)、616(遛一遛)等。这就做到了快捷方便。开始,可能仅仅是快的目的,有人先用,用的人一多了,就成了网上大家都用的一种网络语言。

最后,微软操作系统上使用的智能全拼系统也影响到了快速化的网络符号语言。现在的网络上,多数的网民使用的是拼音输入法,几键敲下来,一行同音字中排第一位的不一定是使用者要用的字,而一旦检字,就会影响输入速度。为了不停顿地输入,网民就在键盘打字中尽可能对同音字不检或少检字,以提高输入速度。比如当需要输入"哪"时,敲键盘 n～a 排在第一位的是"那",许多网民就不去检排在第三位的"哪",而是不停顿地敲上了这个同音字"那",也是双方心领神会而已。

当然,这些就需要对错别字的容忍,只要大家明白,错字不纠正,这在网络交流中已经成了极其正常的现象了。像智能输入法敲入拼音字母"banzhu"与"youxiang"显示在第一位的不是"版主"与"邮箱",而是"斑竹"与"幽香",是错了,但是谐音,既快捷,也有趣,就被认可了。

这些既体现了网络符号使用者为交流对方着想,减少对方的等待,使交流流畅自如的心理;也反映了网络交流惜时如金,交流成本节俭的心理。

3. 情感符码化表达心理

网络传播中的字符式交流,比之面对面的交流,少了声音,也少了具体形象。或者说不仅没有声音系统的符号,也没有人际交流中的非语言符号的辅助。可想而知,这种人际传播是呆板的、枯燥的,甚至是乏味的。有活力的网民积极创造各种可能的方式,努力把自己的情感加入到网络字符的传播中,以改变无趣的局面,使传播更有意思些。

首先,网民的网络交流语言尽可能生动,许多人常用夸张性的语言,调侃的语句,甚至使用另类的语言来交流。比如当把一个说过的东西拿来时,就故作惊讶地说"哇! 这就是传说中的东东?"就是戏谑的表达;当一个班长在网上催作业,说:"王童鞋,作业不交,意欲何为?"王:"王班,怕怕,msms!(马上马上)"嬉戏、夸张,极具情感色彩。

其次,大量使用象声词,利用人读文字时的联想与意境,弥补无声交流的缺憾。如鸣鸣(表示伤心),以及吼吼、呵呵、嘻嘻、啊啊、咔咔、哈哈等,通过文字的描述达到绘声表意交流情感的目的。

再次,是文字语言加图形,甚至是动画,来渲染交流中的情感气氛。当讲到称赞的时候,一方面用"赞!"同时送上👍表达称赞之情,加强语气;当说到不能外传的事情时,加上😷的表情图画,惟妙惟肖地传达了两个说悄悄话者之间的会心情感。为了网民使用的方便,许多网站都备有各种表情图形供网民使用,比如雅虎邮箱中有 77 个表情图标,网易邮箱中有 85 个表情图标,而 QQ 聊天室中则有 105 个表情图形或辅助表情图形。

最后,是网民自己创造的网络表情符号。它克服了文字自身的抽象,以直观的形式表达网民的喜怒哀乐。比如:--r,表示做鬼脸;(∶-&,表示生气;(∶-(,表示紧皱眉头愁眉苦脸;^-< @-@,表示挤眉弄眼;(∶<),表示吹牛;∶'-),表示喜极而泣;∶-@,表示尖叫等。

这实际上是情感的编码。这是由于现实生活与工作快节奏,使网民的压力大,情绪宣泄就成了网络交流的一种方式。

4. 情趣化的符码使用心理

年轻的网民们常用正事戏说、正理歪讲、成人童言、嬉笑怒骂种种方式,以追求情趣化的编码,进行网络交流。这一方面是为了排解网上的无聊气氛;一方面也是缓解工作与学习中的压力。

首先,在网络传播中运用声情并茂的编码技巧,追求情趣的心理。比如"打铁",在网上表示的是写帖子,写的是有点分量的帖子,这里用了"铁"与"帖"的谐音,而又把意义延伸下去;爱老虎油(我爱你),7456(气死我了),由英语、数字的谐音而来,意音转换,韵味无穷;大虾(大侠),同音又借助武侠小说中的概念,专指网龄长或者电脑水平高超的人,后来进一步解释为这些网络高手整天伏案敲键盘,弓背如大虾,传神而生动。

其次,延伸想象、丰富情趣的心理。比如,网络上的论坛被网民改称为"坛子",而坛子在现实中是用来泡酸菜或咸菜的,因此就给在论坛里看和说的会员起了"泡菜"的网名,又有了"爬墙"、"趴墙头"(指一些泡菜不喜发言或者嫌敲键盘麻烦,光看不说,不进聊天室,像在墙头上偷看的现象);网民把回同一个主题帖的行为称为"盖楼",然后就有了"扫楼"(打开一个论坛,所有主题帖的最后一个回复都是同一个 ID 的),"楼主"(发主题帖的人)、"楼上"、"楼下"(先于和后于回复主题帖的),2 楼、3 楼、4 楼等;上面的意思延伸又有了"抢沙发"(第一个回复帖子的人)、"椅子"(第二个回帖者)、"板凳"(第三个回帖者)、"地板"(第四个回帖者);又延伸出了"隔壁",指论坛中的另外一个主题。

再次,肆意美化或丑化,而制造情趣的心理。比如网络语言把女孩叫"美眉",既有"妹妹"的谐音,又显得含蓄,有中国古代柳叶眉的意味,这是典型的美化性的用法;相反,对不够漂亮的女性使用"恐龙",极尽丑化之能事,同样对相貌不好的男人用"青蛙",说某人笨或长得不好称"包子"也是一样；更有甚者用"白骨精"代表白领＋骨干＋精英，用"天才"代表天生的蠢材，用"后起之秀"代表最后一个起床的人，就在丑化、调侃中，反映了对传统的"高尚"、"美"等传统观念淡化以及怀疑与反叛心理。

然后，是用童稚化语言或撒娇发嗲的表达方式交流，追求童趣、俏皮的心理。比如把"不要"说成"表"，"我"说成"偶"，"很"说成"粉"，"同学"说成"童鞋"，"喜欢"说成"稀饭"，就明显是模仿儿童年幼时咬字不准的俏皮心理；比如，"介个东东"（这个东西），"偶粉稀饭"（我很喜欢），坏坏（坏蛋），酱紫（这样子）、饭饭（吃饭），一下下（一下），是滴（是的），嗲嗲的趣味，跃然网上。"很难想象在网络以外的任何交流环境中出现。这表现了在现在这个高压力快节奏社会里人们对无忧无虑童年生活的向往"，在现实中不能表露的"本我"，就在网上宣泄出来了。①

最后，是别出心裁地创造人们似懂非懂的文字与符号，突出了逗趣和让别人猜猜，让别人惊奇的自我表现与反传统心理。比如用 Zzz……（打呼噜），表现呼噜由大到小，再用省略号表示越传越远，十分有趣；用×××，表示儿童不宜的东西，就借用了中国古籍出版中以下删除多少个字的手法，妙趣横生；至于网上创造的键盘符号，更是把形、意糅在一起，趣味无限。像(:-D) 真是大嘴巴、多嘴，:-♯ 戴牙套，^_^灿烂的笑容，╱▜▐▟▜"o┈ 天空在下雨等。

这些都充分体现了网民把语言的娱乐化功能发挥到了极高的程度，体现了后现代的文化心理。"他们创造的网络语言生动有趣、轻松幽默。"这些有些变异的情绪化的网络语言"在宣泄了自己压力的同时，也给其他网友带去了快乐"，"如今在网络聊天中如果不懂网语，只会'一本正经'，你会面临无人与你'同网而语'的尴尬。"②

---

① 赖爱清.从网络语言分析网民心理.文学教育,2007(1).
② 王献福.论网络语言的构成、特点及规范.前沿,2008(7).

第二章 网络交往型传播心理

第一节 网络交往型传播及其心理过程

利用网络进行交流沟通,一直是我国网民互联网使用的主要内容,主要方式有电子邮件、论坛/BBS、即时通信、博客/个人空间、微博和社交网站等。

早在 2008 年,艾瑞咨询发布的《2007—2008 年中国网络交友行业发展报告》就显示,随着中国互联网的发展,中国网络交友用户迅速壮大,2006年中国网络交友用户规模为 6 100 万人,占整个互联网用户的 44.5%。艾瑞当时预测,2008 年中国网络交友用户规模超过 1 亿人,达 1.1 亿人。这意味着,2008 年中国有 1 亿网民通过互联网寻找朋友、寻觅姻缘。随着社交网站的发展,越来越多的人开始使用社交网,校内网、开心网、豆瓣等网站迅速蹿红。2009 年 5 月,中国青年报社调研中心通过 3G 门户网进行了一项关于社交网站的调查(3 148 人参加,其中"90 后"占 19.5%,"80 后"占72.3%,"70 后"占 8.1%)。结果显示,72.8% 的网友表示上过社交网站,没上过的只有 27.2%。

随着网络应用形式的发展变化,到 2011 年年底,中国互联网络信息中心的调查显示,传统的交流沟通类应用形式出现下滑:电子邮件的使用率从 2010 年的 54.6% 降至 47.9%,曾经风靡的论坛/BBS 的使用率只有28.2%,而近年来兴起的博客/个人空间的使用率也下降了 2.3%,占62.1%;同时,即时通信和微博的用户规模迅速扩大,截至 2011 年年底,我国网民的即时通信用户规模达 4.15 亿人,比 2010 年年底增长 6 252 万人,年增长率 17.7%,使用率增长至 80.9%,其中智能手机的位置交友等功能迎合了用户的需求,大大刺激了手机即时通信用户量的增长;微博用户数达到 2.5 亿人,较上一年年底增长了 296%,网民使用率为 48.7%,其中微博的社交网络功能突出;博客/个人空间用户数量为 3.19 亿人,使用率为 62.1%;社交网站用户数量为 2.44 亿人,占网民比例的 47.6%。①

一、 网络交往型传播的类型

1. 网络交往型传播的特征

互联网技术使人类个体之间的交往跨越了时空障碍,克服了以往点对点交往的局限性,实现了一对一、一对多、多对多等多种交往方式的同时进行。由于交往时空的数字化和虚拟化,网络交往呈现出不同于现实交往的多个特点。

（1）隐匿性

数字化的网络世界本质上是一个虚拟的世界,不同的 IP 地址代表不同的参与者,因此在虚拟的环境下,参与网络交往型传播的个体可以选择性地隐藏或虚拟自己的性别、年龄、身高、长相、神情、姿态等身份特征,虽然这种匿名性在一定程度上降低了参与者的真实性,但不同程度的匿名性却大大减轻了个体在网络交往过程中的压力,使交往变得轻松、自由,在此基础上建立的人际关系受到的约束也比现实中的要低很多。

由此,网络交往型传播也具有了隐匿性,这主要表现在:一是网络交往没有社会关系网络的约束,交往者是散落在世界各个角落孤立的"原子",彼此之间只有单线联系,这样每个交往者的身份无从核实;二是网络交往的方式主要依据文字和符号,一般只有交往比较深入时才进一步采用语音或视频联系,出现声音和身体。同时,在匿名性的网络空间里,人际间的互动与现实互动相比,外在印象的影响力会降低。网络人际间最初的互动多来自于彼此的交谈,谈话过程中除非刻意掩饰,否则个人的内在特质会自然而然地展现出来,这种由内而外的关系发展过程,是网络人际关系的特色之一。②

网络交往的隐匿性带来了网络交往中的各种假身份、假性别、假职业等普遍存在,人际关系的可靠程度比较低,因此酿成的笑料和悲剧也不少。美国著名社会心理学家米尔格兰姆(Stanley Milgram)1967 年创立的六度分割理论指出,在人际脉络中,要结识任何一位陌生的朋友,这中间最多只要通过六个朋友就能达到目的。就是说你想认识一个人,托朋友找认识他的人,之间不会超过六个人。按照六度分割理论,每个个体的社交圈都不断放大,最后成为一个大型网络。依据该理论建立的网站被称为 SNS(Social Network

---

① 中国互联网络信息中心(CNNIC).第 29 次中国互联网络发展状况统计报告,2012(1).
② 王晓云.大学生网络交往中人际吸引因素的研究.长沙大学学报,2009(1).

Site),帮用户连接朋友圈的朋友。

随着 SNS 的发展,以 Facebook、开心网、校内网(人人网)为代表的社交网站纷纷引入实名制,以及微博等新兴的网络应用形式对实名认证的推广,匿名的网络交往有了更多的现实基础,隐匿性带来的虚假信息大大减少,网络交往的可信任度和可靠性大大增强。用户以真实姓名作为自己在网络上的一种身份,不仅在网络上复制了现实中的人际关系网,而且还可以看到朋友的朋友圈,这样他就可以不需经过朋友身体在场的介绍而找到失去联系的朋友或认识新的朋友,从而扩大自己的朋友圈。

(2) 去身体性

社会心理学的研究表明,在现实生活中,我们主要是通过言语方式和非言语方式实现人际交往的。个体获得的信息有 93% 是通过身体的和非言语的信息来传递,通过言语传递的信息只有 7%。

这在网络交往型传播中则是另外一种情形,在交往的初期,网络交往活动往往在没有使用音频和视频设备的情况下进行,双方的交流主要是一种文字和符号的沟通。这不是面对面的亲身参与的交流,而是以电脑为媒介的沟通。也就是说,在这种情况下的网络人际交往是"身体缺场"的,是文字和符号化了的人际传播。

在这种传播中,网民之间交流首先使用网名、博客名、昵称、头像、地址、自我资料,以及页面风格(即模板)等让阅读者直观看到的东西,展示出自己给别人的第一印象;然后,通过文字或具体的文本,再与他人交流与互动。"人"则是不在"场"的。

这样一来,日常生活中人的表情、姿态等沟通能力就没有了。为了弥补身体缺场带来的信息量不足与沟通的缺憾,如第一章讲到的,网络交往者一是尽量把常规文字语言用活、用生动,所以网络语言中的调侃、调皮、反常规等被视为正常的"网言网语";二是网民创造出了一套网络符号来表情达意;三是在文字交流中辅之以相应的图形,以增加气氛。

随着交往的深入,双方就产生了进一步交往的意图,并在有相应硬件和软件设备的条件下,交往者会选择音频聊天或视频聊天,声音和画面的加入使网络交往更加直观化和形象化。但与现实生活中的交往行为相比,使用者对音频和视频的信息传递进行选择过滤的主动性更强,更可能筛选出有利于自我形象塑造的信息去传播,而对另外一些信息则进行掩饰和伪装。

由于交往中身体的完全缺场和部分缺场,使网络交往和现实交往相比,主观性、控制性更强,真实度和可信度稍差,随之带来的欺骗性交往也就多起来了。

(3) 去中心性

由于没有了现实生活中社会身份的约束,虚拟的网络世界使参与网络活动的个体具有平等的身份,更多平等的机会。因此,现实世界交往中的权威中心意识被淡化了,交往活动不必围绕某个权威而展开,交往者之间没有等级优劣之分,交往中的权利是对等的、分散的,交往活动的去中心性凸显。

在最早的网络应用——论坛或聊天室里,加入和退出是自由的,加入聊天的人数是动态变化的,也是随机的,交往者之间的相互关系随时可能发生变化。每个人都可以随意和参加聊天的任何一个人通话。在聊天室里,往往没有一个固定的话题,话题的转换也没有规律,参与谈话的网民之间的关系也会随时发生变化,固定的结盟关系很少,很可能几个小时下来对所有谈论的话题均没有达成任何共识。

而通过 E-mail 的交流类似于现实世界中的书信交流,用于人际交往的沟通多是有一定交往关系的朋友之间的感情联络。这种单对单的人际交往体现了网络简洁、快速的风格。和传统的书信交流不同,E-mail 的内容一般比较简短,往往只有寥寥几行,有的甚至只有一句话。另外,信件的书写也不需拘泥于传统书信的格式,口语化、短句、多行等较为常见。

在 MSN、QQ、网易泡泡等即时通信工具中进行的网络交往多是一对一的交往,参与的双方必须对交往付出同样的热情和精力,交往才能顺利进行,只要有一方表现出迟疑或倦怠,交往便会终止。即使是在 QQ 群等群体性的交往中,虽然有多人参与交流,谈论的也可能是某一个话题,但交流也很少会始终围绕某个人来展开,常是你一言我一语,一对一的交流,交流的话题往往也会随时发生变化。

在不同的模式下,网络交往都是去中心化的,交往的进行必须得到参与交往的个体的普遍认同,一对一的交往特别缺乏稳定性,交往须在双方积极配合响应下才能顺利展开。

2. 网络交往型传播的类型和模式

(1) 网络交往型传播类型及其工具

从人与人之间的关系看,网络交往形成的人际关系从人与人之间的熟悉程度可分为熟人之间和陌生人之间两种,前一种网络交往可以说是对现实交往的延续和加强,后一种网络交往是对现实交往的拓展,是典型的网络人际关系。

熟人之间的交往,指的是现实世界中彼此相识的人们(如同学、同事、朋友等)在网上的互动交往行为,通过 E-mail、QQ、微博等交往工具进行交往,往往相互告知、相互交流。而社交网站,例如人人网(校内网)是以同学关系为发展基础的,开心网是以熟人网络和社交游戏为纽带的,QQ 校友录是以 QQ 好友为网络节点的。2009 年 6 月发布的一项调查显示,有 87.0%的网民认同互联网加强了其与朋友的联系,比半年前提升了 4.5%。[①] 陌生人之间的交往,指的是交往的对象不受时空限制,可以是不同国家、不同民族、不同文化背景,彼此间没有任何联系的陌生人,这种交往具有一定的随意性、随机性,相互联系的缘由可能是共同关注的话题,共处的虚拟或现实空间,或者只是一个喜欢的头像或昵称。

---

① 中国互联网络信息中心. 第 24 次中国互联网络发展状况统计报告,2009(7).

不管是熟人之间的交往还是陌生人之间的交往,网络交往大大改变了个体的人际关系网络,2009 年 6 月中国互联网络信息中心的调查发现,66.5％的网民认为通过互联网认识了很多新朋友,认同互联网拓展了其人际关系。其中,女性较男性更多地将网络人际交往作为日常生活人际交往的延续。①

在第一章里我们已经叙述了网络传播的渠道,网络人际传播使用最多的媒介主要有:

电子邮件(electronic mail,简称 E-mail,标志:@)又称电子信箱,是一种用电子手段提供信息交换的通信方式。以非常快速的方式(几秒钟之内可以发送到世界上任何你指定的目的地)与世界上任何一个角落的网络用户联系,电子邮件可以是文字、图像、声音等各种形式。截至 2012 年年底,我国网民中电子邮件使用率为 44.5％,达到 2.5 亿人。一般而言,网民学历越高,电子邮件使用率越高。②

即时通信:微软公司和腾讯公司研究开发的基于互联网的即时通信(IM)MSN 和QQ 软件,用户可以与亲人、朋友、工作伙伴进行文字聊天、语音对话、视频会议等即时交流。还可以进行点对点传递文件、共享文件等其他活动,可与移动通信终端等多种通信方式相连。QQ 是目前中国大陆地区使用最广泛的聊天软件。

聊天室(chat room)是一个网上空间,为了保证谈话的焦点,聊天室通常有一定的谈话主题,只要联入互联网、使用正确的聊天软件就可以参与聊天,聊天室有语音聊天室和视频聊天室等分类。

论坛/BBS,全称为 bulletin board system(电子公告板)或者 bulletin board service(公告板服务)。它提供一块公共电子白板,每个用户都可以在上面书写,可发布信息或提出看法,交互性强,内容丰富而即时,用户可以在 BBS 站点就某个话题和别人聊天。截至2012 年年底,中国有 1.49 亿网民使用论坛/BBS,其使用率为 26.5％。③

个人主页(personal homepage)又叫个人网站,用户通过在某个在线平台注册可以在对应的个人主页上发布文章、上传图片,自建网站栏目,自定义主页的外观。博客、微型博客、个人空间是个人主页的一种,可以专注于某个话题提供相应的新闻和评论,也可以是比较个人化的日记,但都可以让读者以互动的方式留下意见,进行交往。我国网民博客的认知和普及程度越来越高,博客应用在网民中的应用已经趋于稳定,相当部分的草根博客由专业博客运营商向互动性更强社交网站进行转移。④ 截至 2011 年 12 月底,我国博客/个人空间用户数量为 3.7 亿人,博客/个人空间的使用率为 66.1％。⑤

---

① 丁道群、肖宁.网络人际交往及其与网络成瘾倾向的关系.湖南师范大学教育科学学报,2008(7),7(4).
② 中国互联网络信息中心.第 31 次中国互联网发展状况统计报告,2013(1).
③ 中国互联网络信息中心.第 31 次中国互联网发展状况统计报告,2013(1).
④ 中国互联网络信息中心.第 24 次中国互联网发展状况统计报告,2009(7).
⑤ 中国互联网络信息中心.第 31 次中国互联网发展状况统计报告,2013(1).

微博和社交网站(SNS),前者较博客传递的信息更简洁,其他功能设计也使其更有利于用户进行人际交往;后者则以人际交往理论为基础,为朋友间的信息传递提供服务。借助强大的社交功能,微博和社交网站成为近年来发展迅猛的网络应用形式,截至2012年12月底,我国微博用户数达到3亿人,网民使用率为54.7%。而我国的社交网站用户数量为2.7亿人,占网民比例的48.8%。[①] 由于受到微博实名制的推广以及社交网站发展模式仍在探索的影响,微博和社交网站的后续增长模式并不特别明晰。

(2) 网络交往传播的基本模式

人们的日常交往从交往者所处的时间和空间关系看,可以分为同一时空、同一时间不同空间、不同时空三种。同一时空的互动就是"共同在场"(co-presence)的面对面互动,这种方式交往最全面;同一时间不同空间主要是通过电话聊天,声音承担着主要的交往任务;不同时空的交往方式则主要是书信往来,文字是主要的交流手段。

而网络交往的互动分为同一时间不同空间、不同时空两种。同一时间不同空间的网络交往可以在社交网站、聊天室、论坛/BBS以及MSN和QQ等即时通信工具上进行,互联网技术使网民之间"天涯若比邻",对空间限制的突破大大降低了网络交友的成本,也使网民的人际关系网络有可能延伸到日常交往不可能到达的角落。虽然就现实空间而言是不在一起的,但在虚拟世界中,这种交往又是在同一网络空间、在同一个数据平台上进行交流的。交往的时间一开始往往是随机的,网民们在某个时间点"偶遇"开始交往,如果有继续交往的意向便可以相约下次聊天的时间。和不同时空的网络交往相比,这种交往交谈要丰富、深入,情感卷入也强烈些。

不同时空的网络交往采用的邮件、留言等方式虽然模拟了日常交往中的手法,但又具有鲜明的互联网特色,快速、简洁。电子邮件和现实书信相比在长度上要逊色很多,有时只有一个标题;留言则更加短小精悍,有时就只是打个招呼而已,另外在论坛/BBS、个人主页(博客)上留言由于很多时候是公开的,所以较少涉及私人领域的信息,绝大多数是对某个话题的看法。

随着手机上网技术的发展,网络交往硬件设备门槛大大降低,这就大大提高了网络交往的便捷性,也促进了网络交往的进一步普及。截至2012年年底,我国网民中使用手机上网的人数达到4.2亿,比例上升至74.5%。[②]

由于网络交往文字交流和延时交流的功能,使一些处于同一空间的人们也采用电子邮件、在MSN或QQ上留言的方式来表达一些当面不好意思交流的内容,于是就有了不同时间同一空间的网络交往方式。

---

① 中国互联网络信息中心.第31次中国互联网络发展状况统计报告,2013(1).
② 中国互联网络信息中心.第31次中国互联网络发展状况统计报告,2013(1).

二、 网络交往型传播的心理过程

根据现代人际交往理论,人与人之间的互动将先后经历四个阶段:选择定向阶段、深入交往阶段、关系建立阶段和关系持续期。[①] 并通过上述阶段,形成性质强弱不同的人际关系。美国社会学家格兰诺维特(1974)认为影响人际关系强弱主要有四个因素,一是互动的频率高低;二是感情力量的强弱;三是亲密程度的强弱;四是互惠交换的多寡。强联结关系是指有频繁的接触、深厚的感情、强烈的责任感以及包括宽广领域的应用程序等;而弱联结则与此相反,它包括罕见的接触、肤浅易碎的联系以及窄小的焦点内容。强联结与弱联结的人际关系对于个体来说同样重要,它们为人们提供了不同形式的社会支持(social support),例如弱联结可以为人们提供他们目前的社交圈中无法提供的信息和社会资源,而强联结则一般来说缓解了人们的生活压力,提高了人们的社会生活质量,促进心理的健康发展。在网络世界中进行交往形成的人际关系也有强弱之分,例如和一般网友之间的弱关系,向现实生活渗透的朋友关系,甚至恋人、爱人等强关系。在现实世界中,密切的私人关系总是依靠身体上的接近来维系,但身体接近的重要性在网络世界的交往中却降低了。[②] 在有一定主题的网络聊天室、论坛,以及各种形式的即时通信工具上,参与交往的个体身体所处的空间不受限制。

1. 网络交往关系建立阶段的传播心理

在人与人的交往中,人际吸引(international attraction)即人与人之间的相互接纳和喜欢,是人与人之间建立交往关系的基础。交往双方之间的相似性、所处时空的接近性、曝光的程度、外表的吸引力等因素能够增加彼此之间的吸引力。

在网络世界中,双方由于无须直接面对面展开交往,这在一定程度可以避免面对面交往中可能出现的各种尴尬和矛盾冲突,使人际交往具有一定的安全感,并激发人际之间的神秘感,容易对交往对象产生美好的想象与热情。[③] 这一阶段集中体现为三个方面的心理反应:

(1) 网络交往双方的关注

注意是个体的心理活动对一定事物的指向和集中,是一种积极的心理状态。对个体而言,注意具有选择功能,使个体的心理活动指向那些符合需要的刺激;同时还有维持功能,把进入感觉、记忆的信息转换成一种更持久的形式进行保存。[④] 引起注意是开展行为

① 高文杰.大学生社会网实证研究及教育策略.天津师范大学学报(社会科学版),2000(5).
② 陈朝阳.网络对人际交往心理的影响.心理科学,2006,29(4).
③ 王晓霞."虚拟社会"的人际交往及其调适.南开学报(哲学社会科学版),2002(4).
④ 林崇德、杨治良、黄希庭.心理学大辞典.上海:上海教育出版社,2003.1742.

的基础,网络交往亦是如此,在网络交往尤其是陌生人之间的交往中,引起自己或他人的注意是开展交往起步的关键。这里的注意包括了如下几方面。

① 时空接近效应

1950 年,美国心理学家费斯廷格曾做了一个简单而有趣的实验。他对麻省理工学院 17 幢已婚学生的住宅楼进行了调查。楼房共二层,每层有 5 个单元住房。住户住进哪个单元,完全是随机的。调查的问题是:在这个居住区中,和你经常打交道的、最亲近的邻居是谁?结果表明,居住距离越近的人,交往的次数越多,关系越密切。在同一楼层中,和紧隔壁邻居交往的几率是 41%,和隔一户邻居交往的几率是 22%,和隔三户交往的几率只有 10%。多隔几户,实际距离增加不了多少,但彼此的亲密度则大不相同。

现实生活中人际交往的接近性效应在网络世界中同样适用,空间接近性的促进作用在交往初期尤为明显。本研究的访谈结果显示,网友们在网络中认识陌生人的途径主要有以下几种:一是根据自己的兴趣爱好选择加入某个 QQ 群,然后与该群某位成员进行交往;二是通过搜索寻找和自己在同一地区的 QQ 号;三是在各种话题的论坛/BBS、社区中寻找合适的交往对象;四是在交友网站中搜索合适的交往对象。由此可见,虽然网络世界为人际交往提供了无限的可能,但空间的接近性(主要是虚拟空间的接近性)仍然是网友们与陌生人发展人际关系重要的影响因素,因为处于同一的虚拟空间往往意味着双方可能具有更多的共同话题,这对初期交往的展开具有重要的促进作用。

② 曝光效应和熟悉性(familarity)

20 世纪 60 年代,心理学家扎荣茨(Robert Zajonc)进行的一系列实验证明,只要让被试对象多次看到不熟悉的刺激,他们对该刺激的评价就要高于其他被试没有看到过的类似刺激。[①]

在人际交往中,个体对经常出现在自己眼前的某个人,比那些从来或很少出现的人更容易产生好感,当然那些让你第一印象就产生厌恶感的人除外。这就是曝光效应在人际交往中的表现,这对于在网络世界中的交往同样适用。在我们调查的访谈过程中,有访谈对象就表示,通过 QQ 与陌生人交往时,有了初次交流之后,如果接下来经常能在网上遇见(即同时在线),会感觉自己和他/她比较有缘,也更乐意主动发起对话,进行深入的交流。而那些很久才遇见一次的则觉得生疏很多,不会那么主动打招呼,也不知道如何打开话题。较高的曝光率可以增加交往双方的熟悉性,由此增加彼此的好感度,从而有利于交往的进一步发展。

③ 相似性(similarity)

在人际交往中,和熟悉性相比,相似性更能促进人际吸引。而相似性分为外部相似性

---

① Zajonc,R. B. Attitudinal Effects of Mere Exposure. Journal of Personality and Social Psychology,1968(9):1～27.

与内部相似性；在陌生人之间，双方的外部相似性越高，越能提高人际吸引的水平；在熟悉的人之间，双方的内部相似性越高，越能提高人际吸引的水平。[①] 相似的人进行沟通时往往较少摩擦，比较容易消除陌生感，加速彼此之间的了解。

陌生人之间的交往是网络交往中的一个重要组成部分，本研究的调查显示，网友们更乐意和自己年龄相仿、具有类似的教育背景，或者处于同一地区等特征的陌生人交往，也就是说双方应具有较高的外部相似性；同时网友们选择交往的场所往往在自己加入的某个趣缘群体中，这就预示着彼此可能具有类似的兴趣、爱好、态度等，也就是说双方的内在相似性也具有较高的水平。外在的相似性为交往双方的相遇提供了更多的可能，而内在的相似性则加速了交往的进一步发展。和现实交往相比，网络陌生人之间的交往体现出更多的内在相似性，如前所述，在缺乏现实社会身份线索提示时，网络陌生人之间的交往更多地围绕内在吸引力而展开，这也是网络人际关系能在短时间内快速发展的一个原因。因为在绝大多数情况下，人们倾向于喜欢在态度、价值观、兴趣、背景及人格等方面与自己相似的人，通过这样的交往，彼此能产生较高的社会强化作用，从而增加对自己的肯定，提高自尊心。同时，实验表明（Byrne，1961），和态度不相似相比，具有态度相似性的人之间更倾向于把对方描绘成比较聪明的、对时事见识多广的、有道德的、有教养的。这都有利于无认知基础的陌生人之间交往的发展。

（2）建立较好的第一印象

在人际交往中，第一印象好坏是参与者决定是否继续交往以及如何进行交往的关键因素。在现实生活中，影响交往过程中第一印象的因素主要有外貌特征（包括长相、衣着、年龄、声音、神情、姿态等）、身份特征（包括教育背景、职业、社会地位等），以及在言行举止间流露出来的内在气质等。这些因素在网络人际关系建立中同样起作用，因而网民在网络交流中要注意两个方面。

① 重视首因效应

首因效应又称为原初效应，是指在一定条件下最先映入认知者视野中的信息在形成印象时占优势。人们对首次对人知觉时形成的印象往往最为深刻，这种最初的印象会在以后的人际交往中不断在脑海中出现，从而影响和制约着新的印象。[②]

本研究的访谈结果显示，网友们在和陌生人聊天时都很看重一开始的感觉，虽然可能是很一般的话题，如兴趣爱好、生活习惯、学习工作等，觉得有共同语言，不觉得反感的才会继续聊下去。而有的网友在和 QQ 陌生人聊天时，甚至会先看个人资料，看对方的昵称、头像、个人签名，或者简单浏览其个人空间，有心心相印的感觉才开始聊天，没有的则

---

① 佐斌、高倩. 熟悉性和相似性对人际吸引的影响. 中国临床心理学，2008，16(6).

② 刘晓新、毕爱萍主编. 人际交往心理学. 北京：首都师范大学出版社，2005.77.

置之不理。

为了快速形成关于交往对象的第一印象,交往参与者往往会调动自己的交往经验,把交往对象归入自己熟知的某一群体,进而把这一群体的共同特征贴在对象身上。一旦个体将对象归为某一群体,他们对该群体的一贯看法将大大影响其对交往对象的印象。也就是说,个体对某一群体的刻板印象对其形成交往的印象有重要的首因效应。刻板印象(stereotype),就是将某一群体的人概括化,即将同样的特征分派到该群体中的所有成员,而不管成员之间实际上的差异。刻板印象是人们简化世界的一种办法,在某种程度上我们每一个人都会这么做。① 刻板印象潜伏在我们的意识深处,一旦有合适的刺激物出现,相关信息就会浮现在脑海中。因此,在社会交往过程中,刻板印象能帮助我们对交往对象快速地做出判断。

② 外表的吸引力和好感

在陌生人之间的交往中,外表是影响第一印象的主要因素,而长得好看的人往往能在和别人初次见面时为自己赢得不少的分数,因为人们普遍具有"美的就是好的"(What is beautiful is good)的心理。

1972年,心理学家戴恩(K. Dion)曾做过这样一个实验:让一些女大学生分别看容貌美丑不同的两个7岁女孩的照片。照片下面的说明文字完全相同,都说照片中的女孩曾有某些过失行为,要求大学生们评价这两个女孩平常的行为是否经常越轨。结果发现:对容貌美的女孩的评语偏向于有礼貌,肯合作,行为纵有过失,也是偶然的,可以原谅的;而对容貌丑的女孩的评语,多认为她会是一个相当严重的"问题儿童"。由此戴恩发现,人们对长相漂亮的人的评价要高于一般的人,人们往往认为漂亮的人婚姻幸福,社会与职业较成功,威望也高。与不漂亮的人相比,漂亮的个体更为自信、温暖、诚实、强壮、谦虚、友好、合群及有知识。

外貌上的优势不仅能给别人留下较好的第一印象,而且还能带来更多的好处,大量的研究表明,外貌魅力会引发明显的"辐射效应"(radiating effect),这就是"漂亮的辐射效应"(radiating effect of beauty),它使人们对高魅力者的判断具有明显的倾向性,往往会对美貌的人的其他方面给予积极评价。而面对不同性别的交往对象,外貌魅力的作用有所差异,Donn Byrne,Oliver London,Keith Reeves的实验发现,在大学生年龄阶段的样本中,异性陌生人之间对正面评价的期待要比同性之间要强一些,而且异性陌生人之间的身体吸引力效应比在同性陌生人之间要强烈。② 而本研究的调查表明,当为自己的 QQ 选

---

① [美]Elliot Aronson,Timothy D. Wilson,Robin M. Aker. 社会心理学(第5版,中文第2版),侯玉波等译,北京:中国轻工业出版社,2007.365.

② Donn Byrne. Oliver London Keith Reeves. The effects of physical attractiveness,sex,and attitude similarity on interpersonal attraction. Journal of Personality,1968,36(2).

择头像时,使用自己的真人照片的网友都会选择自己认为好看的或者比自己本身好看的,当没有好看的照片时则宁愿选择使用风景、宠物等其他照片。

（3）初交往展示的心理因素

当相互留下较好的第一印象后,交往双方会产生继续交往的愿望。但是良好的第一印象并不意味着交往就能顺利展开,比如富有魅力的外表并不一定预示着具有同样吸引力的内心,日常交往中被外表所蒙蔽的案例并不在少数。因为促进交往继续发展的还有其他若干心理因素。

1968 年,美国心理学家安德森（Anderson）就人们对个性品质的评价进行了一项调查,发现排在序列最前面,受喜爱程度最高的 6 个个性品质是真诚、诚实、理解、忠诚、真实、可信;不受欢迎程度较高的个性品质包括说谎、装假、不老实、虚假、不可信、不真诚等。由此可见,是否真实、真诚对人际交往的顺利展开具有重要影响。所以,当个体在交往过程中一旦发现对象有弄虚作假的行为,往往会果断停止交往。在虚拟的网络世界,陌生人交往中人们关注更多的在于内心世界,例如情感的真挚、态度的诚恳等,而外在的真实例如真实的姓名、年龄等则不那么在乎。在这种相对真实的环境下,没有社会背景线索的提示、没有社会道德规范的束缚,是否真诚对双方交往初期的感受具有重要影响。在本研究的前期访谈中,访谈对象普遍表示,如果在刚刚交往时,感觉对方有其他企图或目的,不够真诚时,继续交往的几率会大大降低,其中女性在和男性交往时会更加注重对方的真诚程度。例如有访谈对象表示,如果刚开始聊天对方就索要照片或电话,则会很快结束聊天,并从此不再联系。

此外,是否被肯定也是影响人际交往的另一个重要的心理因素,在交往初期,如果我们能感受到自己被对方接受、认同,会由此更加喜欢对方,这就是互惠式好感心理。即我们往往会喜欢那些欣赏我们的人,而不喜欢那些排斥我们的人。特别是当我们被肯定、被喜欢、被欣赏的需求比较高时,这种现象尤其突出。在围绕内在吸引力而展开的网络交往中,被肯定、认同等具有明显的促进作用,学者王德芳等在研究中发现,大学生们在进行网络交往时,能促进交往的直接心理因素包括热情、能沟通和被肯定,而本质的促进因素则表现为态度真诚、理解和认同。[①]

2. 网络交往关系发展阶段的传播心理

网络交往同社会现实交往一样,都有一个双方关系由外向内在慢慢演化的过程。在网络交往开始以后,交往双方心理的契合和双方自我表露的好坏,就成了这种关系发展的关键。

---

① 　王德芳、余林.大学生虚拟交往的研究及相应教育建议.中国社会学网,www.sociology.cass.cn.

（1）网络交往传播的心理契合

社会心理学的研究表明，在人际交往过程中，人们对人际关系的感受取决于他们对这段关系的收益与成本的知觉，他们对应得到何种关系的知觉以及从其他人那里得到一段更好的关系的可能性的知觉，[①]这就是社会交换理论（social exchange theory）。按照社会交换理论的假设，个体会把自己从人际关系中获得的酬赏及付出的代价大概地记下来，并且特别看重从该人际关系中所能获得的整体结果，也就是该人际关系对我们有利（酬赏超出成本）或不利（成本超出酬赏）。因此，人们在发展与他人关系时往往选择能给自己最大酬赏的人，而为了获得酬赏个体也愿意付出一定的成本。

同时，当参与人际交往的双方体验到的贡献成本和得到的收益基本相同时，人际关系是很愉快的。[②] 心理学家把这种现象称为人际交往的公平原则心理，在此基础上形成的公平理论（equity theory）认为判断人际关系是否公平有以下标准：机会均等原则、各取所需原则和平等原则。如果交往中双方均感觉到这段人际关系提供了均等的机会，达到了其所期望的结果，相互之间的关系是平等的，那么这段人际交往对双方均给予了正向的愉快体验。而评判公平与否基本依靠于个体的自我体验，这种体验在很大程度上又取决于个体对该段关系的预期，即他/她对于在特定关系中可能的收益和成本的水平的预期。[③]这就是他们心目中评判所处关系的比较水平（comparison level）。和不同的人交往，我们会有不同的期待，如果期待较少，即使获得不多，感觉关系的公平程度仍然会较高。例如在某保险公司工作的张一终于开始在老板的"开心农场"里大摇大摆地偷东西了。张一说，之前每次都只敢帮老板的"农场"浇水、除草、杀虫子，赚点辛苦钱，看着沉甸甸的果实，却只能惦记，不敢偷。直到前几天，老板来张一的"农场"偷了几个草莓，张一很高兴："我也能偷他的了。"张一说，开心网对他们公司现在和谐的人际关系功不可没。"开心网的买卖好友、偷菜、抢车位等游戏，都是需要大家一起来玩的。比如我买你做我的奴隶，其实说明是在向你示好。当然，这些游戏在现实中是不被允许的，所以没有'定理'最好不要上瘾，仅当是交际手段。"[④]另外，不同的个体，对网络交往的期待也有所不同，因此他们对网络交往的评价也存在差异，调查显示，年龄越低、学历越低、收入越低、网龄越短，对互联网拓宽人际关系的认同度越高。[⑤]

---

① ［美］Elliot Aronson，Timothy D. Wilson，Robin M. Aker. 社会心理学(第5版，中文第2版)，侯玉波等译，北京：中国轻工业出版社，2007.282.

② ［美］Elliot Aronson，Timothy D. Wilson，Robin M. Aker. 社会心理学(第5版，中文第2版)，侯玉波等译，北京：中国轻工业出版社，2007.283.

③ ［美］Elliot Aronson，Timothy D. Wilson，Robin M. Aker. 社会心理学(第5版，中文第2版)，侯玉波等译，北京：中国轻工业出版社，2007.283.

④ 黄荷、黄冲. 社交网站红胜火 网络交往是对现实的模拟还是颠覆？中国青年报，2009-05-07.

⑤ 中国互联网络信息中心. 第24次中国互联网络发展状况统计报告，2009(7).

（2）自我表露与关系发展

在人际交往中，随着交往时间的延长，外表的吸引力对交往的作用逐渐减小，交往者将不再以貌取人，人际的吸引力逐渐转向内心世界。因此，随着交往的深入，互相敞开心扉，走进心灵深处是必然趋势，适当地自我表露（self-disclosure）是交往双方增进了解的必要途径。

在人际交往中，自我表露对人际关系的发展有积极的作用，适当地自我表露可以表达信任，获取交往的快乐，促进亲密关系的建立，大量有关成人自我表露的研究表明，自我表露对友谊、恋爱和婚姻等亲密关系的形成具有重要作用。

Yalom（1985）认为，自我表露是一种人际交互过程，在这个过程中重要的不是表露给对方什么，而是在这个关系情境下进行表露……更重要的是表露会使与他人的关系变得更丰富、深入和复杂。[①] 所以，在人际交往中，"自我表露"指的是我向他人交心，向他人传递属于"我"个人的信息，包括表达亲密情感、私人愿望、个人经历、思想观念、人生观察及生活目标等。[②]

而在网络世界的人际互动中，由于身份的匿名性以及身体的不在场，交往双方感受到的来自交往情境的压力大大降低，由此也鼓励了他们的自我表露行为，高自我表露水平也成为网络交往活动的重要特征之一。[③] 同时，人际交往中的表露还有互惠效应，即其中一个人的自我表露会引发对方的自我表露，交往中双方都会遵守一种"相互性规则"，也就是说双方的表露水平保持相互对应，以免因为一方不愿意暴露而造成另一方退缩。

自我表露的主题可以是有关自己的浅层的表面信息，也可以涉及个人非常重要、秘密的部分；自我表露可以是表露自己体验到的积极情绪、情感或自己经历的具有正向性的事件，也可以是对自己一般情况下不愿提及或社会不期待、不赞许的事件或主题的表露。总而言之，表露的主题会涉及不同的广度和深度，某些主题更可能也更容易表露。[④] 本研究通过访谈发现，在网络交往中，个人的兴趣爱好、共同关心的话题、生活中发生的事情等是发展关系的重要表露内容，还有些网友表示，个人的烦恼、心事等也是进一步表露的内容。随着交往的深入，交往双方向对方表露越来越多的信息，而当彼此的关系发展到比较信任的阶段时，个人真实身份信息往往也随着被相互知晓。有网友表示，透露自己的真实身份信息，表示相信对方不会对自己有伤害。这时候还可能发展更多的联系和交往方式，例如邮件、电话，或者是现实生活中的见面交流。

现实生活中，女性间更多的以"纯聊天"形式来发展关系，男性间则更多地以"共同的

---

① 蒋索、邹泓、胡茜.国外自我表露研究述评.心理科学进展,2008(1).

② 王怡红.人与人的相遇——人际传播论.北京：人民出版社,2003.173.

③ 丁道群、沈模卫.人格特质、网络社会支持与网络人际信任的关系.心理科学,2005.28(2).

④ 蒋索、邹泓、胡茜.国外自我表露研究述评.心理科学进展,2008(1).

活动"来发展关系,因此在同性关系中,女性之间的自我表露程度比男性高,成年女性也比男性更容易有亲密的同性知己。在网络交往中,本研究的调查也显示,女性比男性在网络交往中也更愿意表露自己的相关信息,特别是自己内心的真实想法。

3. 网络交往关系稳固或瓦解阶段的传播心理

(1) 网络交往关系稳固阶段的传播心理

当人与人之间的直接交往和互动增多时,就会增进了解、理解和同情,彼此的关系也渐渐进入稳定状态,双方之间逐渐产生亲密感、安全感、依赖感,这些感觉还将随着交往的发展不断增强。网络世界中的人际关系发展也遵循这一发展规律,随着自我表露的深入和交往的常态化,虚拟世界的人际关系进入稳固发展阶段。

在关系稳固阶段,当交往参与者感觉到双方维护这段关系的成本和收益相同时,彼此的关系将处于最稳定的状态,这就要求交往双方都能积极回应对方的需求,这也是公平理论在人际关系稳固阶段的具体表现。如前所述,在没有现实利益的压力下,网络交往形成的人际关系往往情感性较强,因此彼此之间情感的表达和倾听,宣泄和理解是网络人际关系稳固的重要标识之一。在本研究的访谈中,有网友就表示在虚拟的网络世界中,可以尝试聊一些在现实生活中难以启齿的话题;有的则表示网络交往不用面对面交流,可以比较自由、轻松地表达真实的自己;还有的则觉得网络交往没有面对面的接触,可以把对方和彼此的关系想象得美好些;而有的则直言身体不在场的交流和部分信息的虚拟让人充满幻想……

情感上的满足感将有利于促进双方关系的亲密,增加对对方的依赖感,对彼此关系的安全感也将增加。一位大学生访谈对象就表示,她的网友就是自己的一个倾诉对象,有时候甚至觉得他就像是自己的情感垃圾桶,每逢生活中遇到有不顺心的事情,都会想到和网友说,即使对方不在线,也会以留言的形式告诉他。而网友似乎也不在意自己说了什么,因为生活上没有交集,他也不会太关心事情的细节,只知道自己不开心,安慰一下就是了。其实自己在乎的也不是网友如何安慰,重要的是把不好的情绪表达出来了。

(2) 网络交往关系瓦解阶段的传播心理

没有现实利益的驱动,没有现实社会道德规范和人际关系的约束,虚拟的网络世界中形成的人际关系主要依靠交往双方的情感交流来维系,当双方的情感需求得到满足时,这段关系可以稳定地维持;一旦某一方的情感需求发生变化而对方无法满足时,彼此的关系就可能走向瓦解。

在现实生活中,一段人际关系的结束往往要经历以下几个阶段:首先是关系双方不断思考对关系的不满意程度,而后选择终止与对方的联系,有可能双方还会见面正式讨论结束关系,这一行为尤其在男女之间的亲密关系中多见。接下来身边的其他人感觉到双方关系的破裂,再来个体会总结或反省这段关系瓦解的原因、自己的得失、今后的打算等。

也就是说，一段关系的瓦解会经历单个个体、两个个体、社会群体，再到单个个体的过程。而网络人际关系的瓦解则要简单很多，可能所有的行为只发生在一个个体身上，例如通过即时通信工具 QQ 发展的网络交往，如果想结束交往，其中一方不再回应，甚至把对方拉至黑名单，也就把对方彻底排除出自己的世界。因此，网络人际关系的瓦解没有现实舆论的压力，不需要和对方商量，不需要向周围人解释，整个瓦解的过程往往简洁、干脆，个体情感的需求是主要的决定因素。

而导致网络人际关系的瓦解，除了具体交往中出现的个别原因外，本研究的访谈显示，主要有以下几个原因：一是虚拟世界中的真实性不足带来的安全感、信赖感不足。有网友就表示，网络世界中虚实信息交织在一起，有些信息无法判断其真实性，即使对方透露了一些身份信息，但没有可靠的中间人的证实，也不敢完全信赖对方，所以当自己的疑虑积累到一定程度时，便会降低交往的热情，一段关系最后可能就不了了之。二是身体不在场的交往往往让人产生过于美好的想象，以至于对方的缺点和不足显露时无法接受。虽然网络可以实现音频和视频的聊天，但通过话筒、摄像头传递的信息都是经过选择和过滤的，因此网络交往在一定程度上较容易隐藏自己的缺点和不足，形成的也是比较好的印象，而一旦发现对方的缺点和不足时则可能无法接受，彼此的关系也就不再美好，而可能走向终结。三是由于无法确定对方的真实程度，很多网友在进行网络交往时并不会对该段关系付出过多的感情，而且由于没有现实人际关系的压力和人际礼仪的约束，对关系的责任感很小，感觉不对了，便马上停止与对方的交往，因此，对关系本身缺乏感情和责任感是导致网络人际关系瓦解的另一个重要原因。

第二节 网络交往型传播参与者的心理

 一、 网络交往传播者的动机和观念

1. 网络交往型传播参与者的需要与动机

需要是有机体内部的一种不平衡状态，体现有机体的生存和发展对客观条件的依赖性模式，是有机体活动的积极性源泉。[①] 而动机是激发和维持有机体的行动，并使该行动朝向一定目标的心理倾向或内部驱力。[②] 动机是一种内部心理过程，不能直接观察，但是可以通过任务选择、努力程度、活动的坚持性和言语表示等行为进行推断。需要和动机都

---

① 林崇德、杨治良、黄希庭.心理学大辞典,上海：上海教育出版社,2003.1473.

② 林崇德、杨治良、黄希庭.心理学大辞典,上海：上海教育出版社,2003.223.

是行为的基础,个人的任何行为背后都有相应的需要和动机的驱动。

人又是社会的人,个体不可能完全独立地存在。通过交往,个体不仅仅实现了与他人的联系,同时还可以有很多其他收获。因此,学者马斯洛也把通过交往以获得归属感、爱、别人的尊重等视为人类的基本需求。心理学家阿特金森(1954)、McAdams(1980)等人认为,有两种动机影响人们的社会交往:一是亲和需求(the need for affiliation),指的是一个人寻求和保持许多积极人际关系的愿望;二是亲密需求(the need for intimacy),指人们追求温暖、亲密关系的愿望。而美国社会心理学家舒兹则认为人的交往需求有三种类型,个体又有可能主动和被动地实现自己的交往需要(表2-1):

表 2-1　人际关系的基本需要和反应类型表

反应内容　行为倾向	主动型	被动型
包容需要	主动与他人交往	期待别人接纳自己
控制需要	支配他人	希望别人引导
感情需要	主动表示友爱	等待别人对自己亲密

网络世界的出现为人类的交往行为提供了更广阔的空间和无限的机会,在这个虚拟的世界里,现实时空的限制、阶层的隔阂对交往的约束大大减小了,人际交往也成为网民主要的网络行为。根据调研显示,早在 2007 年,中国网民中就有 95.1% 的曾经进行过网上聊天,他们对网络聊天的依赖性较大。[①]

在网络世界中,所有的个体都处于散漫、孤立的"原子"状态,彼此之间缺乏有机联系,因此在获得最大程度的自由的同时,个体在虚拟世界中是孤独的、寂寞的。本研究的访谈发现,排解孤独、消解寂寞是网民进行网络交往的主要动机之一。寂寞感指的是指当人们的社会关系缺乏某些重要成分时所引起的一种主观上的不愉快感。心理学家魏斯把寂寞分为情绪性的寂寞(emotional loneliness)和社会性寂寞(social loneliness)。前者是指没有任何亲密的人可以依附而引起的寂寞。社会性寂寞则是指当个体缺乏社会整合感或缺乏由朋友或同事等所提供的团体归属感时产生的寂寞。而在所有年龄段中,青少年最容易感到寂寞。早在 1979 年,Parlee 就在一项调查中发现,18 岁以下的人约 79% 有时或经常感到寂寞,在 45～54 岁的人群中只有 53% 这样回答,而 55 岁以上的人同样回答的比例降到了 37%。研究表明,18 岁以前的青少年的交往动机主要是为了获得社会支持。[②] 而在现实生活中,对负面情绪采取回避态度的个体相对来说,更可能通过网络虚拟空间的人

①　艾瑞咨询集团.2007—2008 年中国即时通讯行业发展报告,2008.

②　王德芳、余林.大学生虚拟交往的研究及相应教育建议.www.sociology.cass.cn.

际交往来获得补偿性的满足。由此可见,网络空间的人际交往对现实交往具有一定程度上的补充意义。[①]

除此之外,个体进行网络人际交往的动机还包括:可以充分展示、实现自我;成就动机,能够满足现实社会无法满足的欲望,寄托、宣泄情感,能够自主地扮演角色和转换角色,可以归属心仪的群体,可以随心所欲地谈情说爱等。[②]

而个体通过网络交往实现自身需要的程度又存在性别差异,研究表明,在大学生群体中,男性更容易获得成就感,而网上自我感觉良好又在一定程度上满足了他们实现权力欲和维护自尊的需要。他们在网上基本上没有安全的隐忧,因而其交往观念和行为会表现得更为开放,这同时又强化了男生的网络交往动机。[③]

2. 网络交往型传播参与者的观念

虚拟性是网络世界的基本特征,在网络交往中传递的信息也是真假混杂。如前所述,在人际交往过程中,个体感觉到双方交换的信息是公平的状态才更有利于交往的继续进行。对于网络交往而言,对方是否传递了真实的信息对个体的公平感具有重要影响,而个体对于信息真实程度的判断又往往借助于感受到的对方态度的真诚度。当感觉到对方真诚地参与交往时,个体往往能对了解不多、匿名的网友倾诉内心不为人知的一面。这就如同现实人际交往中的"火车上的陌生人"(strangers on the train)现象,即人们更容易向不知名的同座乘客分享内心深处的信念和情绪。所以学者 Mckenna 等人称互联网为"亲密的互联网"。[④]

当交往双方都真诚地建立和发展一段网络人际关系,逐步深入地进行自我表露,这种公平的交换是建立在信任的基础上的。因此,建立一定的人际信任是网络交往继续发展的关键因素之一。对于人际信任,学者 Rotter 认为是个体在人际互动过程中建立起来的对交往对象的言辞、承诺以及口头或书面的陈述的可靠程度的一种概括化的期望。信任在人际交往中具有重要意义,吉登斯就认为信任可减少处于人际互动过程中个体间由于时空分离所造成的距离感。[⑤]

在虚拟的网络世界中,人际信任就是在网络空间的交往过程中对对方能够履行他所被托付之义务及责任的一种保障感。研究者白淑英认为,网络交往中的人际信任主要通过三种信任机制来建立和发展,一是预设性信任,指的是网上互动的双方彼此相信网络中的秩序规则能够得以履行,且对方能承担他所托付的责任及义务,即双方先验地认为他人

---

① 郑丽丹、张锋、马定松、周艳艳.情感性动机网络使用者对负性情绪线索的前注意偏向.应用心理学,2007,13(3).

② 赵德华、王晓霞.网络人际交往动机探析.社会科学,2005(11).

③ 辛妙菲、陈俊.大学生网络交往动机的差异研究.中国健康心理学,2008,16(9).

④ 陈秋珠.网络人际关系性质研究综述.社会科学家,2006(2).

⑤ 丁道群、沈模卫.人格特质、网络社会支持与网络人际信任的关系.心理科学,2005,28(2).

是可以信任的,这是在网上能够进行交往的前提。二是由网上声誉产生信任。网络使用者根据对昵称所代表的交往者网上行为的体现和声誉,决定是否给予对方信任,这就解决了网络交往中信任谁的问题。三是在给予信任过程中进行主观判断。网络交往者根据自己的交往经验和主观判断,对他人的网上交往行为进行主观认定,最终决定是否给予对方以信任,并决定是否继续保持同他的交往关系,在此过程中,网络交往不像日常关系中的交往那样受第三者判断的影响。[1] 如果网络交往者不能建立以上三种信任的任何一种,都将影响其在网络交往过程中与他人建立的人际信任度。由于在网络世界中的交往主要是依靠文本、图像来进行的,在此基础上建立的"社会关系"相对于现实世界而言,是一种弹性的、可变的结构,具有松散性和不确定性。因此网络的人际信任也比较松散,信任关系随时可能终止。由于对方是匿名的陌生人,可以说进行网络交往的个体都给予了对方一定的预设性信任,但在信任程度上有所差异,有些人信任度高一些,有些人则防备心理强一些。而网上声誉产生的信任更多的是通过个体对交往场所网上声誉的认知来建立,也就是说交往发生在哪个论坛、哪个网站、哪个交友工具的可信任度就高。

二、 网络交往型传播者的人格

1. 现实人格和网络人格

人格(personality)是具有动力一致性和连续性的自我,是个体在社会化过程中形成个人特色的心身组织[2]。作为个体在行为上的内部倾向,人格具有整体性、稳定性、独特性和社会性的特征[3]。具体包含性格、气质、能力、兴趣、爱好等成分。其中性格是表现在人的态度和行为方面的特征,主要由于后天学习和生活锻炼而形成的。兴趣是个体力求认识、探究某种事物或从事某种活动的心理倾向。表现为个体对某事物、某项活动的选择性态度和积极的情绪反应。兴趣的基础是个体的需要,是一种带情绪色彩的表现。[4] 人们对感兴趣的事物,总是愉快地、主动地认识它、接受它,并且能够集中注意力,产生愉悦的心理状态,对认识事物的过程产生积极的影响。

在虚拟的网络世界中,交往的时空环境和对象有鲜明的网络特征,个体也表现出了只存在于网络世界的网络人格。由于网络交往的去身体性和匿名性等特点,所以参与者在网络空间中展示的个人信息可能具有真实个体的特点,也可能带有个体某些理想化和编造的成分。同时,在网络交流过程中,网友可以自由地按照自己的意愿设计自我形象,除

① 白淑英.网上人际信任的建立机制.学术交流,2003(3).
② 黄希庭.人格心理学,杭州:浙江教育出版社,2002.41.
③ 黄希庭.人格心理学,杭州:浙江教育出版社,2002.8.
④ 林崇德、杨治良、黄希庭.心理学大辞典,上海:上海教育出版社,2003.1454.

了重新设计自己的基本情况之外,还可以重新设计自己的"性格"。这样,他们就在网络交往过程中就形成了与现实真实人格有差异的网络人格。① 个体的网络人格可能呈现出与现实人格相反的特征,也可能是现实人格的延伸。而个体的现实人格特征不仅影响了其网络人格的塑造,同时也决定了其在网络世界中的言行举止。

2. 人格特征和网络交往行为

对于在现实社会生活中形成的现实人格,个体的满意程度存在差异,这往往对现实人格与网络人格之间的关系形成影响。一般而言,对现实人格满意程度较高的个体的网络人格与现实人格的差异性较小,对现实人格不满意的则差异性较大。

研究表明,自尊水平高的个体在人际交往过程中比较主动、自信,更容易赢得别人的信任。② 长期的孤独无友,会使人们感到孤独、自卑、焦虑和恐惧,当现实生活无法提供相关的资源,网络能满足之,便会转向网络。网络社会的虚拟性、宽松性和广阔性,为个体的独创性提供了广阔而宽松的空间,有利于个体独立性、创造性和自尊性的培养,从而使个体的自我价值意识得以保存,而良好的个体自我价值意识是健康人格塑造必备的心理基础。人们往往利用平等的身份及网络社会的易沟通性、对方的心灵空虚性、受众的广泛性等,来实现和达到现实社会中不能或不容易实现和达到的目的。③ 所以部分个体在进行网络交往时,经常扮演与自己实际身份和性格特点相差悬殊甚至截然相反的虚拟角色。

罗杰斯的人格自我论中提道:"个体根据直接性经验与评价性经验形成自我观念时,对别人怀有一种强烈的寻求积极关注的心理倾向。所谓积极关注,简言之就是'好评',希望别人以积极的态度支持自己。"④而不同人格特征的个体对网络交往活动的评价也存在差异。研究表明,在大学生群体中,独立性高比独立性低的网络使用者更认为网络交往能丰富生活、广交朋友并提高自己的社会交往能力,更认同"网络交往有助于人与人之间的真正沟通"的观点,更容易在网络交往中体验到网络优越感。⑤

3. 人格障碍和网络交往行为

当个体的人格特征明显偏离正常时,就构成了人格障碍,他们会在个人生活风格和人际关系方面表现出异常的行为模式,这种模式明显偏离特定的文化背景和一般认知方式,尤其是在待人接物方面,表现出对社会环境的适应不良,而社交适应不良则很有可能产生

---

① 欧光耀.试析网络交往中的双重人格.当代教育论坛,2008(2).

② Astra RL,Singg S. The role of self-esteem in affiliation,Journal of Psychology Interdiciplinary&Applied,2000,134(1).

③ 王让新.网络社会与人格塑造.电子科技大学学报(社科版),2003,5(1).

④ 张进、黄俊华.网络时代的人际传播特点.新闻前哨,2007(9).

⑤ 辛妙菲、陈俊.大学生网络交往动机的差异研究.中国健康心理学,2008,16(9).

冲动型障碍(出现发脾气、打人、毁物、自残等行为),甚至出现反社会型障碍等攻击性行为。

　　人格障碍的类型主要有以下几种:一是偏执型人格,又叫妄想型人格,指以极其顽固地固执己见为典型特征的一种人格,表现为对自己的过分关心,自我评价过高,常把挫折的原因归咎于他人或客观因素。固执的一个重要原因是自尊心过强。他们在人际交往过程中,往往采用顶撞、攻击、无理申辩等方式获取别人的认同,因此在情绪上经常出现比较大的波动,社会的适应性比较差,不关心周围的环境和人,没有耐心,容易与人发生摩擦。二是分裂型人格,指的是个体身上存在两个以上完全分离的人格系统,几种人格之间是截然相反、互相冲突的。具有人格分裂特征的个体在网络交往时,会出现自我隐匿和自我暴露、怀疑与信任之间摇摆、情感沉醉与漂移等心态。① 此外,具有人格障碍特征的个体还可能表现为表演型人格、自恋型人格和回避型人格,在人际交往中,表演型人格的个体多以自我为中心,好交际和自我表现,对别人要求多,不大考虑别人的利益。自恋型人格的个体则喜欢指使他人,要他人为自己服务,过分自高自大,对自己的才能夸大其词,同时希望受到特别关注,渴望持久的关注与赞美。回避型人格的个体则容易轻视自己,认为自己在某些方面不如他人,所以会存在着不同程度的交往障碍。

　　随着当代信息技术的发展,越来越多年轻男女的生活依赖网络所形成的虚拟世界,成为"宅男"、"宅女",他们大多单身,年龄在20～30岁之间。他们依赖电脑,沉迷于网络,喜欢沉溺于自己的世界当中;极少出门,不愿与陌生人接触,性格多少有两面性;作息时间不稳定,少数人则不想上学、工作。"宅男"、"宅女"的生活逐渐远离现实世界,他们下意识地逃避人际交往,把从外界感受到的压力在内心世界缓解,成为他们自我保护、应对压力的一种逃避方法。有心理学家担心他们身上出现新型"自闭症",容易成为社交缺失症或社交恐惧症人群,甚至造成焦虑抑郁症,产生情感障碍。因为 Michael L. Spezio,Ralph Adolphs,Robert S. E. Hurley 和 Joseph Piven 通过实验发现,自闭症的患者在人际交往时往往过分依赖语言信息,而缺乏对眼部区域信息的利用。②

三、 网络亲密关系中的个体心理

1. 网恋的激情心理

　　爱情是比普通人际吸引更复杂更高层的一种情感状态,包括审美、激情等心理因素及生理唤起和共同生活愿望在内的一种强烈的情感状态。

---

① 陈泳华. 网络人际传播中网民的分裂心态及自我调适. 河北师范大学学报(教育科学版),2003(1),5(1).
② Michael L. Spezio, Ralph Adolphs, Robert S. E. Hurley and Joseph Piven, Journal of Autism and Developmental Disorders,2007,37(5).

斯腾伯格(Sternberg)认为人类爱情包括三种成分,并将这三种成分形象地比喻为爱情三角形的顶点,分别是:亲密成分(intimacy),指在爱情中能促进亲近、连属、结合等体验的情感。换句话说,它能引起温暖体验;激情成分(passion)或称"情欲成分",指内驱力,这些内驱力能引起浪漫恋爱、体态吸引、性完美,以及爱情关系中的其他有关现象。或者说,该成分就是在爱情关系中能引起激情体验的各种动机性唤醒以及其他形式的唤醒源;决定/承诺成分(decision/commitment),也即是指短期方面一个人做出了爱另一个人的决定,或是指长期方面那些能维持爱情关系的投入、义务感或责任心。这三种成分一共能组合出多种爱情模式:A=喜爱;B=迷恋;C=空爱,比如为了感恩而和某人在一起;A+B=浪漫之爱,比如没有结果的爱情;B+C=愚昧之爱,没有时间进行很好的沟通和了解,例如闪电结婚;A+C=伴侣之爱,比如兄弟姐妹式的伴侣;A+B+C=完美之爱;以上三种成分都没有的是游戏之爱,例如男女双方之间的逢场作戏。[①]

由于网络交流中的超人模式(hyper-personal model),也就是在视觉信息缺少的情况下,网络交流者会选择性地传递正面特征,从而给对方留下更好的印象,这又会进一步加强接受者对传播者理想化的印象。这就使网络交流中的人际关系得到夸大性的提高,超越了人与人之间关系的正常发展,与面对面交流相比,网上留下的印象要强烈得多。而且,当网络交往参与者的自我形象在恋爱关系中的发展不太顺利时,个体往往会选择在没有视觉信息的条件下进行网络交流,以避免负面信息的传递和交流中尴尬场面的出现。[②] 由此可见,在此基础上产生和发展的网络恋情,要成为完美的爱情并不容易,现实时空的距离、信息交流的不完整以及网络世界的弱约束力等都可能导致网恋的夭折。

在缺乏爱情必要成分的情况下,很多网络恋情都不是真正完整的爱情,甚至只是双方逢场作戏的游戏之爱。而双方对关系的情感投入可能有所不同,或者是双方或其中一方人格特征上的缺陷,当网络恋情关系破裂时,不能很好处理彼此关系导致的悲剧时有发生。

据《重庆晚报》报道,重庆市某高校在校学生邹某和杨某(女)通过网络QQ结识后,邹某因对杨某求爱不成,心生不满,伺机报复。2009年6月,邹某分别在渝中区一家重百商场和沙坪坝王府井百货购买了两把不锈钢刀,想用刀将杨某毁容,这样杨某就再也没其他男性喜欢了。7月13日,邹某电话邀杨某到江北区茂业百货见面,在二楼迪士尼专柜旁,邹某再次向杨某提出一起吃饭,被杨某拒绝,邹某顿时心生杀意,遂用事前准备的两把不锈钢刀对被害人杨某颈、头、腰、手等部位割、刺、砍数十刀,致杨某当场死亡。[③] 而据《扬

① 林艳艳、李朝旭.心理学领域中的爱情理论述要.赣南师范学院学报,2006(1).
② 鲁曙明.沟通交际学.北京:中国人民大学出版社,2008.312.
③ 大学生向女网友求爱遭拒商场内将其刺死,http://news.sina.com.cn/s/2009-07-31/014418332455.shtml.

子晚报》报道,南京的某中学女生也因为和网友的恋情破裂,被对方刀砍并劫持,最后不治身亡,而此前该女生还曾经逃课去深圳会见该网络恋人。[①]

2. 网婚的游戏心理

台湾学者的相关研究及各项调查数据都显示与异性交往是上网者的一个强烈动机;网络上的交友网站数量的增加也显示网络交友市场渐趋扩大,再加上网络男女性比例渐趋均衡的趋势,更有利于在网络上寻找异性对象。[②] 因此,在网络世界中,男女之间不仅可以建立亲密的恋人关系,还可以发展进一步的关系,即网络婚姻。

网婚指的是男女双方在网上"发喜帖"、"办喜宴",在虚拟的网络世界里"结婚安家",甚至"生儿育女"。如果日子过不下去了,还可以"离婚"。在我国的网络世界中,网婚的发源地在天涯社区的"天涯婚礼堂",这是最有影响、最权威的网婚站点,拥有独特的网婚文化。目前不少网站都开辟了虚拟婚姻社区,双方只需发个消息给网站人员,注明自己和"对象"的昵称,如果两情相悦,就能"结婚成家"。网婚有两种形式——虚拟婚姻虚拟婚礼和现实婚姻虚拟婚礼。所谓虚拟婚姻,是指在虚拟的网络上进行结婚登记、并领取虚拟结婚证所缔结的婚姻关系。虚拟婚礼则是以网络为场所举行的婚礼,可以通过在虚拟社区、BBS中发帖回帖的形式进行,或者在聊天室里发言的形式,还有在网络游戏中角色扮演,以及通过语音和视频的形式进行。而虚拟婚姻虚拟婚礼,是指双方通过互联网相识、相知、相爱,并相约缔结虚拟婚姻、举行网络婚礼的行为。如果双方感情进展顺利,将来就有可能在现实中缔结婚姻。现实婚姻虚拟婚礼,则是指双方在现实中已经存在婚姻关系,却因为种种原因不能在现实中举行婚礼,于是选择网络;或者现实中已经进行过婚礼,又想尝试一下新的婚礼形式等。

与现实生活中的婚姻相比,经营"网婚"主要的手段是在虚拟世界中聊天。和现实婚姻具有法律约束力,婚姻双方必须承担一定的责任不同,网婚在一定程度上只是个体在网络世界中参与的一种游戏而已。因此,游戏心理也成为网婚关系中男女双方的重要心理特征。北京军区总医院青少年心理成长基地曾对 80 名 14~18 岁的学生进行了一次调查,结果显示,23%的人有过网婚的经历,在网络婚姻中他们一般都会直呼对方"老公"、"老婆",他们选择网婚的原因主要是因为好奇以及与游戏本身规定有关。小风在一个网络游戏"劲舞团"里认识了女孩小雨,产生了好感,并在网上结合,但结婚两个月之后的一天,小雨和她的朋友一起玩游戏的时候,一个朋友不小心点到了申请离婚的按键,确定之后宣告了小风和小雨成了离婚夫妻。网婚中的"丈夫"和"妻子"都不需要对对方怀有责任感,因此"网婚"关系的缔结和解除与现实婚姻相比要简单、随意很多。例如 18 岁的男孩

---

① 女高中生遭网友劫持被捅十余刀身亡,http://news.163.com/09/0623/03/5CFA071600011229.html.

② 庄伯仲、林佳莹.虚拟同居人际互动之初探——以爱情公寓为例.网路社会学通讯(台湾),2005.48.

小江在一年时间里结婚 100 多次,他说自己平均每个月至少结七八次婚,现在有 100 多个"老婆",结婚次数多了,对婚姻就没有感觉了。只要在网络上一起玩游戏感觉不错,双方聊天时交流也不错,小江就会提出网婚的要求,并且大多数时候都能顺理成章地结婚。为了能保证每天和网上的"老婆""见面",他耽误了许多学习的时间。小江认为,网婚就是一种游戏,他不会当真,快乐就可以了。[①]

①　敲击键盘 即可结婚离婚——逃避责任 惧怕现实婚姻,http://news. sina. com. cn/s/2006-10-27/013011343016. shtml.

网络广场型传播心理

网络是自由的空间,每个网民可以随便出入,也可以随意发言。有了这样一个平台,有各种各样想法的网民,带着各种观点的民众,就会聚到了这样一个开放的言论自由的"广场"里来了。如同民众纳凉的广场、聚会的广场一样,这里完全是没有组织、没有约束的交流,甚至是没有持续的中心议题的谈话、争辩、闲聊。到这里的人们可以纵论国家大事,评说社会热点,戏说明星政客。无论是政治、经济、文化乃至八卦传闻,无不在这里交流。这种在网络虚拟环境中以讨论为主的传播,我们可以把它叫作网络广场型传播。

第一节　网络广场型传播及其介入者

一、网络广场型传播的特点

第二章已经讲到了网络广场型传播是在网络的一些开放的可以自由讨论的平台,各种各样的网民进行的观点发布、问题争论。在这里网络独有的特性,使之与现实社会的聚会、论坛、讲演、讨论等,有极大的差别。

首先,是它的开放性。网络广场是向所有人开放的空间,无论是谁,无论什么目的,无论你在哪里,只要能上网,你随时都可以进入这个广场。你发言也好,围观也好,起哄也好,想干什么,就干什么。而你一旦不想待下去了,随时可以关闭窗口,马上离开,没有人能阻拦你。这种开放性、自由性,就使网络广场型传播具有极大的吸引力。哪怕是看热闹的心理,也会使很多人乐此不疲。

其次,是它的自发性与偶发性。尽管网站、论坛等是有人管理的,但是这些网络广场型传播的内容是自发的、每每变更的议题。能不能传播,完全看今天的到场者的临场发帖。而网络广场的参与者为各色人等组成的临时性群体,它是一种非常松散的非组织性人群。与有组织的人群不同,网民在社区中的活动很难形成一致的目的,三五个人组成的小社区或是人数众多的大的广场一旦参与者离开了,其活动空间自然解体。这种偶然性的、成分复杂的聚众,大多没有长期的有延续的活动。

最后,是它的匿名性。到这里来的网民一般不用自己的真实姓名,不显示身份,都使用一个自己随意起的网名登场,有的只是用一个符号,而且可以用多个网名参与不同社区的活动。他们可以踊跃发言,可以肆意批评,可以情绪激动的辩论,也可以默默地冷眼旁观。在这里的网民都无视发言的是什么人,无视对方的身份、年龄、性别等。这样的发言,显然会比在现实社会中的发言更大胆、更犀利,或者更煽情,因此以模糊的身份进入广场就让各色人等容易表现生活中难有的行为冲动与夸张的表达。

二、 网络形式支持了网络广场型传播

随着互联网技术的发展,网上可以作为"广场"的空间多起来了,但是主要的公众性的"广场",还是 BBS/论坛、网络聊天室和网络社区。

1. BBS/论坛

在前两章里曾提到过的 BBS(bulletin board system)是"电子布告栏系统"或"电子公告牌系统"。1978 年在芝加哥地区的计算机交流会上,克里森(Krison)和罗斯(Russ Lane)一见如故,但不住在同一个地方,为使交流和合作简洁顺畅,他们就借助于当时刚上市的调制解调器(modem)将家里的两台苹果 II 通过电话线连接在一起,实现了世界上的第一个 BBS。这就是原始的 BBS 的雏形。BBS 是一种电子信息服务系统,它向用户提供公共电子板,用户可以在上面发布信息或提出看法。早期的 BBS 由教育机构或研究机构管理,只发表一些信息,如股票价格、商业信息等,并且只能是文本形式。随着网络技术的进步,这种"电子布告栏系统"的发展,也被叫作论坛,它的功能更丰富了,BBS/论坛可以为用户提供一个交流意见的场所,能提供信件讨论、软件下载、在线游戏、在线聊天等多种服务。还可以按不同的主题分为许多板块,用户可以按自己的爱好,进入不同的论坛,既可以阅读,也可以把自己的观点贴到论坛中。目前多数网站都建立了自己的 BBS/论坛。我国的 BBS/论坛大致可以分为校园 BBS/论坛、商业 BBS/论坛(主要是进行有关商业的宣传、产品推荐等)、专业 BBS/论坛(指部委和公司的 BBS/论坛,它主要用于建立地域性的文件传输和信息发布系统)、情感 BBS/论坛(主要用于交流情感,是许多娱乐网站的首选)、个人 BBS 等。其主要功能有信息发布、定期检索、发表评论、文件传输、实时对话等,主要特点表现在交互性和实时性。网络论坛不仅对现代人的日常生活和工作产生了重大影响,而且日益成为民众讨论公共话题和影响现实政治的领域。网络论坛在中国的诞生

和发展可以追溯到 1997 年的十强赛。网友老榕的《大连金州没有眼泪》振聋发聩,当时的四通利方体育沙龙吸引了各界极大的关注,并由此会聚了网络论坛的第一代风云人物。进入到了 1999 年,网络论坛进入"战国时代",大大小小的网络论坛逐段地产生着也不断地消亡着,网民们也逐渐分野细化,各种分类细化的网络社区随之出现。其中里程碑式的事件是"北约导弹袭击事件"。1999 年 5 月 8 日,由人民日报网络版对此突发事件做出反应,在暂停体育论坛的基础上,开办"抗议北约暴行论坛"。一个月的时间内,论坛的帖子就达到了 9 万余条。随后网友的话题渐渐转入"强国",因此人民日报网络版将"抗议论坛"改名为"强国论坛"。进入 21 世纪,随着技术的发展和人们对互动式传播新的需求,一方面,网络论坛的数量在高速增长;另一方面,网络论坛的形态在不断创新。网络论坛与网络新闻的结合,产生了巨大的"新闻议事厅"效应。网络论坛与搜索引擎的结合,产生了海量的"贴吧"、"说吧"。作为网络媒体最活跃的组成部分,网络媒体论坛具有以下三个主要特点:①自由发表、畅所欲言;②话题广泛;③融新闻信息传播与多元意见发表于一体。

2. 网络聊天室

网络聊天室是网站中供人们自由交谈、同步沟通的空间。各个聊天的单元有的叫房间,有的叫频道。网络聊天室的特点是网民的交流具有实时性、同步互动性。和论坛等相比,一般情况下它不保存交流的谈话记录。

最初的聊天室只有文字聊天,后来随着技术的进步有了语音聊天、视频聊天。进入网络聊天室的方式通常有三种:一种是经过管理员审查、允许后,才有资格进入的网络聊天室,比如一些 QQ 群等就是这样。一种是松散的注册制,无论什么人,只要按要求注册一个网名即可进入。还有一种是敞开的聊天室,任何人任何时候都可以进入。

网络的开放、自由、匿名等各种特性,在聊天室同样表现得淋漓尽致。特别是后两种网络聊天室,网民想说什么就说什么,想看什么就看什么。正因为这样,网络聊天室出现以后在我国迅速火了起来。2004 年 7 月中国互联网发展状况统计报告(CNNIC)调查显示,在用户经常使用的网络服务/功能里,网上聊天(聊天室、QQ、ICQ 等)占被调查人群的40.2%,达到了网民总体的四成。但是随着后来交友网站的兴起,网络聊天室逐渐衰落下来。到了 2006 年中国互联网发展状况统计报告(CNNIC)调查显示,在用户经常使用的网络服务功能里,网上聊天占被调查人群的比例降到了 19.9%,现在就进一步减少了,主要是它的许多功能已经被其他网络形式替代了。

3. 网络社区

现实社会的社区是指进行一定的社会活动,具有某种互动关系和共同文化维系力的人类群体及其活动区域。网络社区,从社会学的角度看,是指由网民在电子网络空间进行频繁的社会互动形成的具有文化认同的共同体及其活动场所。它包含 BBS/论坛,又比 BBS/论坛有更多的功能,它包括贴吧、公告栏、群组讨论、在线聊天、交友、个人空间、无线增值服务等形式在内的网上交流空间,同一主题的网络社区集中了具有共同兴趣的访问者。网络社区就是社区网络化、信息化,简而言之就是一个以社区为内容的大型规模性局域网,涉及金融经贸、大型会展、高档办公、企业管理、文体娱乐等综合信息服务功能需求,同时与所在地的信息平台在电子商务领域进行全面合作。

最早的关于网络虚拟社区(virtual community)的定义由瑞格尔德(Rheingole)界定的,他将其定义为"一群主要借由计算机网络彼此沟通的人们,他们彼此有某种程度的认识、分享某种程度的知识和信息、在很大程度上如同对待朋友般彼此关怀,从而所形成的团体"。虚拟社区的类型根据沟通的实时性,可以分为同步和异步两类:同步虚拟社区如网络联机游戏,异步社区如 BBS 等。虚拟社区最重要的几种形式有 BBS、USENET、MUD,在国内逐渐形成以 BBS 为主要表现形式,结合其他同步异步信息交互技术形成的网络化数字化的社区形式。

由此可见,虚拟社区与现实社区一样,也包含了一定的场所、一定的人群、相应的组织、社区成员参与和一些相同的兴趣、文化等特质。而最重要的一点是,虚拟社区与现实社区一样,提供各种交流信息的手段,如讨论、通信、聊天等,使社区"居民"得以互动。但同时,它具有自己独特的属性。

① 虚拟社区的交往具有超时空性。通过网络,人们之间的交流不受地域的限制,只要你有一台计算机,一条电话线,就可以和世界上任何地方的人(也具备相应硬件条件)畅所欲言了。

② 人际互动具有匿名性和彻底的符号性。在虚拟社区里,网民用 ID 号标识自己。ID 号依个人的爱好随意而定。例如"硬盘",一看就是计算机硬件爱好者;"红叶飘飘",估计是一个有品位的人;"潜水艇",很可能是个军事爱好者……在现实中不可能有人起这种名字。传统的性别、年龄、相貌等在虚拟社区里可以随意更改。网上有句名言:和你聊天的也许是条狗。

③ 人际关系较为松散,社区群体流动频繁。社区的活力主要靠"人气"和点击率,吸引这些的主要是看社区的主题是否适合大众口味。

④ 自由、平等、自治和共享是虚拟社区的基本准则。这个特点其实和人际互动具有匿名性有关,在这里,传统的上下级被"斑竹"代替,只要网友不违反论坛条例,你什么都可以说,俗称"灌水"。

三、网络广场型传播的介入者

网络广场是自由的空间,进出者又都是匿名状态,因而很难用一种身份界定这些传播的参加者是谁,但是通过分析他们的参与程度及其参与方式,可以看出他们是:网络广场传播的组织者——管理员、版主、群主；组织网络广场传播议题的启动者和响应者——发帖人、回帖人、网络广场传播的围观者——潜水者。

1. 网络广场传播的组织者：管理员、版主、群主

每个网站都会有管理员，他们管理着本网站构成的计算机硬件和软件。主要负责计算机和网络设备的部署、配置、维护和监控。在网络广场型传播中，他们是这种讨论的技术支持与保证者，监控传播全过程，对种种违规行为进行技术干预。有些栏目的管理员，也直接组织某些讨论。而在论坛、社区，除了管理员之外，具体组织网络广场型传播的是版主或群主。他们一般是由创建者或创建公司的员工担任，也可以从论坛、社区、群中推举一些活跃的网友担任。他们的任务是协助管理员维护相应论坛、社区、群的秩序，活跃版面，为网络广场传播建立良好讨论环境与交流气氛。他们负责删除"垃圾帖子"，给好的帖子加"精品"或"置顶"讨论等。

在具体网络广场传播中，他们相当于报纸的责任编辑或电视的主持人，他会听取各方意见，对网络传播广场讨论活动加以引导，以确保论坛规范有序地进行下去。论坛、聊天室、社区的管理功能中，有"置顶"、"精华"、"推荐"、"加锁"、"加黑"等，其中，"置顶"（sticky post or stickie）意为把该帖放在最前面，因为它可能是热帖、佳作或最有见地的帖子。"置顶"的方式一般是，如果网友想向版主或管理员推荐有价值或需要别人注意的好帖，可以跟版主商议申请"顶"；版主也可以自己决定或与管理员商议把有价值的帖子"置顶"，以引起大家注意。"置顶"有一个规定："置顶"禁水，意思是在置顶的帖子中不允许发布一些废话（"水"为"水货"之意），有补充意见的可以在置顶帖里说明。

2. 网络广场传播的三类主体：发帖者、回帖者、灌水者

进入一个网络广场的发帖人，一般是对这个广场相关栏目、议题感兴趣的人。他在这里发帖把自己的观点表达出来，已期引起他人的关注，展开讨论。由于网络广场的开放性、匿名性，所以在这里发帖的人有各种各样的人。比如某个事件的当事人、见证人，当事人的亲友，事件的围观者、起哄者，风闻到某个消息的人，甚至有被一些部门、企业雇用者等。正因为这样，网络广场传播的发帖者的动机是形形色色的，但是他们有一个共同的特点——他们的发帖是为了传播某一观点，启动这个议题的讨论。

进入网络广场传播的还有回帖者，其中一些人也被称为顶帖者。这些人都是在网络广场看到别人的帖子，或有感而发，或不同意见，或积极支持。在网络用语中，"顶"与"挺"同义，意为赞同、支持，如著名的免责调侃："本人只是顶顶帖子，并不明白其中意思，故本人不对以上内容负法律责任，请不要跨省追捕。要详查请自己联系原作者，谢谢！"其中，网上抢到第一个回帖位置的俗称"沙发"，就是指第一个回复或评价论坛里面的某个帖子，其观点和意见会置于该帖子之下，亦即"第一楼"。第二个发帖位称"椅子"，第三位是"板凳"，接下来叫作"第……楼"。非常有意思的是，所谓"楼"、"沙发"、"椅子"、"板凳"、"地

板"等称呼都贴近传统社会的议事厅或广场摆设,也与一般会议的设置颇为相像。如会议中,靠近主席台的前几排位置是嘉宾席,其摆设要考究些,较板凳而言,当然"沙发"要舒服多了,而且其身份也要特殊点。

其实,网上所有的回帖都可以叫"顶帖",表明对某一话题的关注或对某个问题、现象感兴趣。网易论坛(bbs.163.com)2010 年 2 月 6 日有这样一个主题帖:一道宝马公司面试题,月薪 8 万元,90% 人都做错。题目是:房间里有十根点着的蜡烛,被风吹熄灭了 9 根,请问最后还剩多少根? 在 79 个回帖中,大多数围绕最后的结果,对这一看似简单的问题讨论不休。虽然没有答案,楼主也没提供出题者的标准,因为问题本身的诱人并能刺激大家思考,所以能引来回帖无数。下面是具有代表性的帖子:

- 看来这里还没有人拿到月薪 8 万元。
- 9 根,没吹熄的那根燃完了。
- 我觉得是一根。我估计这个题是考人在面临诱惑时,能否做到诚实。
- 我想最后还剩 10 根,因为他问的是最后剩余多少根,并没有问还有几根燃烧着? 即使是被风给吹灭了,但蜡烛还是依然在的!

进入网络广场传播的第三类人是所谓的灌水者,就是在论坛里发一些没有实际意义、不怎么切题或没有阅读价值的帖子,有时甚至废话一堆,如顶、同上、路过、不错、有理、哈哈等,有的网友这样做的目的实际上只是为了拿回帖的分数或经验值。一般把类似无实质内容,有时就是凑凑热闹的跟帖称为纯净水,又称水蒸气,而称那些喜欢灌水的人为水手,级别高者也称水桶、水鬼、水仙。特指女性灌水狂人时,还有一个特定的称呼:水母。现在,则习惯上把绝大多数的网络发帖、回帖统称为"灌水",不含贬义。许多传统媒体也不同程度地借鉴这种灵活快捷的互动方式以提升受众的参与积极性,比如,

《潇湘晨报》长沙讯:中国网民数量已刷新到近 4 亿人,网络问政也正在中国兴起。2010 年全国"两会"将于 3 月 3 日在北京开幕,"两会"期间本报每天都将推出互动专版——"网络问政"。在这个平台,您可以通过灌水、发帖、"织围脖"(写微博)、发短信、发邮件等多种方式表达您的诉求、意见和建议。

3. 网络广场传播的围观者:潜水者

"潜"意为潜伏、不露出水面,意思是要么因为长期不上线要么上线亦采取隐身登录的方式,不发言、不参与任何评论,浏览网上的帖子但不回帖。具有这样上网行为的人就被称为潜水者。因为这种行为,不利于论坛人气的提升,所以这也是论坛管理者和积极发帖者极为反感的一类人,有时候就会把某些潜水者"踢出"房间或论坛。如果长期不发言的潜水员,突然发言或表露自己的观点,则称为浮上来。

网络就像汪洋大海,在网上冲浪的人们只是众多网民中的一小部分,而大部分则潜伏于水下,或观望,或闪身而过,或发呆,或沉思但默默无语,这类潜水者"他们很像现实社会

中普通的芸芸众生,没有丝毫张扬,谨小慎微地做着自己该做的事。他们大多由于性格内向或是疑心较重,不轻易相信网上出现的新面孔和新事物,他们上网更多地是收收邮件,看看网上新闻或下载'东东',极少会在聊天室、ICQ 或论坛里出现,但他们绝不是一个专题的发起者或主持人什么的,他们乐于做一个积极的观众,或是作为一个微不足道的参与者夹杂其中。其实他们很是羡慕那些在聊天室或是论坛里发表长篇宏论的网友,也喜欢自己有朝一日能在网上激扬文字,指点江山。这个群体是最为庞大的,是他们构成了网络社会的底层文化,属于网民'金字塔'的基座"。[①]

第二节   网络广场型传播心理过程

一、 网络议题及其生成心理

网络广场型传播最主要的活动,是一个个议题的讨论。有的时间很短,几个人争论一二十分钟,就结束了;有的时间就很长,一讨论十天半月。有的仅仅是就事论事,或者一种情绪宣泄,过了就完了;有的却能形成一种网络舆论,会在整个网络上扩散开来,甚至和社会舆论产生互动。

网络议题就是网络广场中网民讨论的具体题目,它是网民生活中关注的一个个话题。一旦关注的人多起来了,就适合当作网络议题进行讨论。当然,要成为许多人都关注的大家愿意参加讨论的议题,就要适合该栏目、该群里众多人的胃口,有新意,切合当时的社会热点。这里有一个议题竞争与筛选的过程。一个话题的帖子发到网络广场,一旦有人连续回帖,这个讨论的议题就算生成了。

在网络广场型传播的议题生成中,网民一般可以体现出这样一些心理:

1. 陈情心理

陈情的目的主要是反映各种问题,有的悬而未决,有的地方政府隐而不发,有的事关民生但传统媒体难以及时跟上,其中重心在"关乎国计民生的重大事件,即事涉公权力大、公益性强、公众关注度高的'三公'部门公信力和其公职人员声誉的'涉腐'、'涉富'、'涉权'案件和议题"[②]。因为网络的透明度高、匿名性强、信息补充及时,加之网络广场的交往频率高,无论是对于个人事件还是有关国计民生的重大问题,通过网络可以把有关事件各方面的信息公之于众。同时,进入虚拟广场基本上没有门槛限制,民声、民意能够比较

①   彭兰. 网络传播概论. 北京:中国人民大学出版社,2001. 309.
②   何国平. 网络群体事件的动员模式及其舆论引导. 思想政治工作研究,2009-11-12.

通畅地释放,这正是网络舆论监督的一大特色。"据国家有关部门调查显示,在当前公众最愿意用什么渠道参与反腐的调查中,排在首位的是'网络曝光'(占75.5%),接下来是'举报'(58.2%)、'媒体曝光'(53.8%)、'信息公开'(48.0%)、'信访'(30.6%)、'审计'(30.1%)。"①

经由互联网信息传播,普通事件可以成为公众关注的焦点,"三公部门"的议题也很难如以前一样隐瞒,群体事件在如此强力的动员手段和传播渠道中,受到万人瞩目亦是常事。"正龙拍虎事件"、"天价烟事件"、"官太太组团出国事件"、"邓玉娇案"、"躲猫猫事件"、"史上最牛的中部地区处级官员别墅群"、"史上最牛的官员语录"、"史上最牛公章"等,首先在网络曝光后,形成了声势浩大的民意潮流,这种"一呼万应"效应的产生,正是网络的优势所在。网友在广场上发帖出题,无非要引起各方特别是官方的注意,其心理指向在针砭时弊,表达关怀,或寻求问题的尽快解决。

2. 宣泄心理

在现实世界,人因为情绪的波动,或高兴或不满或愤懑甚而疾恶如仇,都会引发各种心理反应,有的付诸于行为,如向他人讲述快乐之事、倾吐对生活的各样感受、表达对事与人的痛切;有的则沉默不语。与此不同的是,在虚拟的网络世界中,有时即便是非常内向的人,也会异常活跃,因为网络给他们提供了一个"大倒苦水"或"尽情欢言"的平台。一般而言,在网络论坛或社区中的发帖,为求自我释放或与他人共享愉悦。如果有极端反应,出现舆论一边倒的情况,则往往会变成群体恶性事件,"铜须门"与"艾滋女事件"便是最好的例证。

但大多数情况下,人们为解郁闷和烦恼而寻求放松,要么把自己遭遇的故事"晒"出来,要么把所见的人和事以图片、视频或文本形式在广场上展示,以求诙谐搞笑,参与者满意而去,留下欢声笑语在广场上。2010年愚人节期间,天涯社区惊现"赵本山曾拿15万元'行贿'打黑英雄王立军,被其拒之门外"的帖子。署名"独孤意"的网友爆料:赵本山与铁岭四大黑社会头子中的某几位关系匪浅,曾为了保释铁岭的一个涉黑头目,拿15万元行贿王立军,最后被其拒之门外。独孤意还透露:"赵本山的保镖张建设就是石家庄道上混的,此事广为人知。另外,赵本山老搭档何庆魁被抓案、朋友陈相贵万里大造林案、朋友王凤友蚁力神案等诸多案件,都同赵本山有千丝万缕的关系。"同时,帖子还透露,赵本山是搞卖煤和运输发家。"究竟赚了多少钱,赵本山本人一直讳莫如深。"帖子一出,舆论一片哗然,本山传媒、王立军均同斥其为假新闻。事后,发帖者新锐作家承认,此纯属愚人节开的一个玩笑,并以道歉澄清了事。可谓是不负责的肆意宣泄。

---

① 莫小松.广西"局长日记"被爆炒再引"网络反腐"话题.法制日报,2010-03-03.

3. 逐利心理

网络广场是各类信息的集散地,其中充斥财经、营销、购物等方面的帖子,主要在于发布相关资讯,以营利为目的。最为主要的方式有四类:个人或小店经营者提供与自己业务有关的信息,商业网站的产品推广,企业依托网络的广告活动,职业策划人或组织的网络制造。其中有兼职的发帖或议题提供者,也有专职的网络推手,如类似"经常泡论坛、贴吧等,有常去论坛,写博客的习惯(电脑专业优先)"等招聘广告所聘用的人员即是。现在最著名的推手当推"淘客推广"。其基本模式是:通过阿里巴巴广告平台,网站(淘宝网店主)可以具有网络联盟推广的功能,淘客(个人或网站)通过申请成为联盟的会员,然后选择相关网店的产品代码,放置到自己的网站、博客,通过 E-mail、QQ 等方式把商品链接网址发送给自己的好友,或者发布在论坛、社区中等。此中信息可成为广场议题,供网友选择或加以讨论,并刺激现实的购买行为。当用户链接到淘宝网店购买交易成功后,网店店主支付给联盟会员(淘客)一定比例的销售佣金。

一般而言,网络推出是依据现实信息的,但也经常会出现网络制造的虚拟人物或故事,最为经典的例子当属"贾君鹏事件"。2009 年 7 月 16 日上午 10 时 59 分,一 IP 地址为"222.94.255."的网友在百度贴吧魔兽世界吧发表了一个名为"贾君鹏,你妈妈喊你回家吃饭"的帖子,随后短短五六个小时内被 390 617 名网友浏览,引来超过 1.7 万条回复,被网友称为"网络奇迹","贾君鹏,你妈妈喊你回家吃饭"也迅速成为网络流行语。而事实是,虚拟人物贾君鹏为重庆一传媒公司所制造推出,真正的目的在帮助"魔兽世界"这款游戏保持关注度和人气。该事件历经两个月的反复思量和流程设计,动用了四个执行席媒介,轮班监测执行情况,两小时一次电话汇报。总计动用网络营销从业人员 800 余人,注册 ID 2 万余个,回复 10 万余个。这一创意为该公司赚到了"六位数"的收入。网络推手的利益回收如此,可见一斑。

4. 炒作心理

网络炒作就是通过互联网使用捏造、夸大、推测等非正常手段对人或事进行不负责任的报道,或制造故事,或包装人物导演事件,或利用偶像崇拜心理鼓吹所谓"明星"、"大腕"的花边故事、小道消息、绯闻秘事。炒作的目的是制造噱头,吸引眼球,最终达到炒作者想要的眼球经济效应。炒作的窍门是充分利用人们的成功欲、窥私欲、窥阴欲,最大程度地利用流行元素,充分发挥炒作者的制造力和想象力,置客观事实于脑后。目前整个炒作市场上的参与者主要分四类:一是大型的广告公司;二是网络公关公司;三是一些私人网站;四是个人推手。前三者的影响面较小,而个人推手则成为市场上大部分网络炒作的始作俑者。按炒作的指向,又可分自我炒作和炒作他人他事两类,前者如在天涯论坛"天涯真我"发帖,把自己的裸照搬上网络的"感性娇娃"绿茶、奥巴马访华时的"红衣女郎"王紫菲;后者如著名的"王老吉事件"。

2008 年 5 月 12 日,汶川大地震撼动世人。在这场特大灾难中,企业的赈灾善举成为备受关注的焦点,捐赠额度和速度成为人们评判企业是否乐于履行社会责任的重要标准。5月18日,在中央电视台《爱的奉献》大型募捐活动中,生产红罐王老吉的加多宝集团为四川灾区捐款1亿元,一夜之间这个民族饮料品牌迅速成为公众聚焦的中心。

5月19日晚,天涯论坛上出现了名为《让王老吉从中国的货架上消失,封杀它!》的帖子:"王老吉,你够狠!捐一个亿,胆敢是王石的200倍!为了'整治'这个嚣张的企业,买光超市的王老吉!上一罐买一罐!不买的就不要顶这个帖子啦!"这个热帖迅速被搜狐、网易、奇虎等国内人气最旺的论坛转载,受到网友的热捧,几天之后,类似的帖子已经充斥大大小小各类网络社区,"要捐就捐一个亿,要喝就喝王老吉"、"为了'整治'这个嚣张的企业,买光超市的王老吉!上一罐买一罐!"等言论如病毒般迅速在网络里扩散,成为民众热议的话题。事后证实,发帖者不过是声称"王老吉太感人了,号召网友去买光超市的王老吉",纯属炒作而已。

当有网友得知"爱国王老吉"是一次有组织、有预谋的宣传策划活动后,表示很"受伤",自己淳朴的情感被利用了。还有网友直言,今后再遇到这样的帖子时,就会冷静思索,而不是头脑发热,甚至形成逆反心理,越是夸成一朵花,越认为其中有诈。

在现实生活环境中,多数人的意志很难轻易被左右,推手们没有用武之地;但在网络上,推手们很容易通过各种调查活动制造"民意",裹胁网民。"推新闻"、"顶帖子"、"新闻表决"等,都是近年来发展起来的网上调查形式。

过多过滥的网络炒作,已经遭到越来越多的网友的抵触和反弹。《中国青年报》社会调查中心通过民意中国网和搜狐网展开了专题调查,共有2 359人参与此次活动,而调查结果显示,仅仅只有2.1%的网民认为网络热炒的事件和人物"都是真实的",还有9.1%的网友干脆说"几乎没有一件是真实的",但是90.3%的网友担心,越来越多的网络炒作会引发公众对网络信息的信任危机。①

二、 跟帖中的心理

在网络广场中,只要出现主题帖就会有跟帖,这与传统意义的广场多少有些类似,一旦有人振臂一呼,便有张望者和附和者,即便不是心有灵犀也会出现凑热闹似的欢呼,不管这人与你熟不熟悉,也不管你对他有多了解。网络广场的跟帖因人而异,内容与情感表达差别很大。年龄、性别、知识与文化背景、职业、对所发帖信息的知晓度都会关乎跟帖内容,所有这些均与跟帖人的价值取向和心理因素相关。而在某个具体的网络广场传播情境中跟不跟帖,跟什么帖,主要源于两个方面的心理作用:

---

① 张楠.网络炒作遭遇信任危机.深圳特区报,2010-04-08.

1. 认同心理

当论坛中的帖子立场、观点和自己的想法一致或接近时,网民就会产生心理共鸣,从而跟帖表达自己的态度。一般是"赞"、"顶",或是直接表达自己相关的想法。这种例子在网络论坛中俯拾皆是。比如2006年2月26日晚上,一个网名叫"碎玻璃碴子"的网民在猫扑论坛发了《愤怒:半老徐娘血腥虐杀小动物》的帖子,公布一个中年女人用高跟鞋残忍踩踏一只麻醉过的幼猫的图片,并声明这些图片是从一个crush(踩踏)小动物的变态视频中截出,他本人无法相信中国人竟有如此虐杀小动物的变态,"我无意于宣扬这种丑恶,但良心也让我无法选择沉默!我很渺小,我一个人无能为力,我只是希望能用大家正义的声音去战胜邪恶!"这个观点得到了广大网民的认同,无数的网民跟帖谴责这种残忍的行为,声讨此女恶行的声浪迅速传遍国内各个网站的论坛,像天涯、淘宝、QQ、新浪、搜狐、网易等网站上都是群情激奋。在舆论的推动下,网民仅用6天时间,就查出了这名女子是黑龙江萝北县药剂师王珏。同时也查出了拍摄的地点、拍摄的人员。3月15日萝北县人民政府网站公布了该县广播局、县医院对虐猫事件涉事人的处理意见,王珏公开道歉,被院方暂时停止工作,拍摄者也受到处分。当然,这种跟帖认同是就跟帖者初次见到主帖时的认识而言的,一般来说会以自己的理解,用自己固有的价值观和分析方法去评判,从而对与自己见解一致或比较接近的跟帖支持;而对不符合自己观点的,则给予"拍砖"(批评)。然而网络上出现了新的证据、新的更能说服人的说法,从而使网络舆论转向后,多数网民也会思考,最终会走向理性的认同这种新的舆论指向,而继续跟帖。比如2005年9月15日西南大学文学院大三女生陈易在天涯社区重庆版发布《希望好心人可以救救我妈妈,我愿意付出一切代价》的帖子,为妈妈筹款做肝脏移植手术。帖子一出,网友齐顶孝女,马上就有上百名热心网友跟帖,或帮其出主意,或给予祝福和支持。网友要求陈易将她的银行账号发布在论坛里,第二天第一笔捐款200元即汇入她工行的账号。"女大学生卖身救母"迅速在国内各大网站的论坛中引起了巨大反响,人民网的描述是"一帖激起千层浪",陈易用她悲惨的境遇和至真至纯的孝心打动了无数人,帖子点击率不断飙升,跟帖者蜂拥而至,同时陈易公布的个人账号也迅速收到超过10万元的社会捐款。由此可见网友的认同与同情心。但是在帖子发表后第三天,一个ID为"蓝恋儿"的神秘人士发帖说,陈易"穿的是阿迪达斯和耐克的新款,用的是手机加小灵通,还买了一副据说是500多元的带颜色的隐形眼镜"。接下来一位自称是个行动主义者的网民八分斋到重庆去实地调查,并在天涯论坛上发表了上万字的不利于陈易的调查报告。事态就此发生了180度的大转弯,原来对陈易母女无限同情的网民开始群起质疑,要求对捐款的用途进行公开。① 各个网站论坛中的网民又纷纷跟这两个帖子,谴责陈易。10月22日,因第二次肝移植手术失败,陈

---

① 王晓雁.重庆卖身救母事件社会募捐面露尴尬.人民网,2005-11-08.

易的母亲死在了医院,论坛上的网民开始反思这个事件的全过程,就有帖子谴责八分斋等人"文字杀人不见血"、"踩在别人身上想出名",认为不实的导向与压力"害死了陈易的妈妈";也有帖子理性分析"母亲的病是真,女儿的不懂事也是真,网民的善良也是真的,一切都是真的,但都没有被正确地表达出来",论坛中的多数人又跟帖支持这种理性分析与总结。

2. 起哄心理

网络中常见的跟风起哄,出于一种娱乐心理。这些人见到帖子好玩,就跟;或是某个事情本平淡无奇,但想闹一闹,也会一哄而上。这里既没有什么理性思考,也没有什么规则可言,一句话——逗乐子。

2009年,有一款网络游戏QQ农场非常流行,以至于在现实生活中不少大人小孩均以谈论"偷菜"为荣。有一顺口溜这样形容其风行程度:开心农场大坏蛋,培养网上盗窃犯。不睡觉,不吃饭,睡到半夜到处窜,他攀墙,我跳院,月黑风高好作案,人手一张麻袋片,这拔葱,那拽蒜,茄子土豆偷成片,谁家菜地都不管,偷完马上往家窜,自家蔬菜全不见!然而到了2010年,好多"偷菜者"不再"种地"了,有的"菜地"甚至"荒芜"了,原来"反偷菜"开始行动了!一个《再见了,QQ农场;再见了,偷菜》的帖子被网友热捧。发帖者用"一点技术含量都没有、最幼稚的游戏、愚蠢的行为"等字眼描述了QQ农场,并认为QQ农场之所以能够风靡一时,是因为很多人不喜欢动脑,喜欢玩一些不用大脑的活动。在帖子的最后,楼主表示,自己要戒掉种菜戒掉寂寞,往新的明天飞去。

帖子一出,引来跟帖无数。不少人都跟帖声讨"偷菜",认为该游戏每天都是重复播种、锄草、收割,实在是很无聊。有人表示,为了升级快,还用了外挂,买起了肥料。可到头来得到了什么,什么都没有得到,"花掉了时间,卖掉了菜,卖掉了寂寞,可真的收获了充实吗?""QQ农场这个只是消遣的东西,不用天天泡在上面的。闲的时候可以进去转转就好,也不用搞得来宣誓说一定要告别QQ农场。越是刻意做某件事越是无法完成。"[①]

2008年,一网友在天涯论坛上发了一个帖子:"我要回到1997年了,真是舍不得你们。"本来只是一个司空见惯的跟帖游戏,最后却引发了人们惊人的心理共鸣。发帖几天后,该帖就有737 642人次访问、10 754个跟帖。可能是现实生活的诸多无奈,引发了人们的怀旧情绪,共鸣在不期然间产生了。看看一些有代表性的跟帖,便可见一斑:

麻烦楼主在2006年告诉我买基金买股票,而且在2007年年底的时候全部抛出。

看在老乡的分上提醒你,2008年春节前后千万不要去南方;3月14日不要去拉萨;之后不要去安徽阜阳;4月22日不要坐火车走胶济线;最后,5月初不要去四川玩,"5·12"当天即便是在北京,还是在大街上晃悠着比较踏实,尤其是下午2点28分左右……

①　曹哲虎等.网友发帖"反偷菜"引来跟帖"狂顶".当代生活报,2010-02-03.

请告诉 1997 年的我,好好读书,认真努力,这样 10 年后就不会连一平方米的房子也不能给妈妈买,这样 10 年后就可以让妈妈幸福地安享晚年,不用那么辛苦。

三、 "置顶"中的心理

"置顶"是论坛管理员或版主把帖子放在论坛或者版面的顶端的行为,被"置顶"的帖子称为置顶帖。置顶帖的位置不受其他帖子的影响,一直位于版面顶端。通过"置顶",管理员能将一些重要的帖子放在论坛头条,提高大家对该帖的关注,吸引网民参与到话题讨论中来。置顶帖可以分为通知型置顶帖和精华置顶帖两种。通知型置顶帖的内容主要为论坛活动通知,起到告知作用。精华型置顶帖是管理员挑选出的符合论坛宗旨、内容精彩的帖子。

一个论坛里有成千上万条的帖子,置顶帖只有几条,什么样的帖子才能成为置顶帖呢? 我们就此问题访问了华中科技大学白云黄鹤 BBS 的站长余欣雨。白云黄鹤 BBS 是华中科技大学的校园论坛,成立于 1996 年,现在注册 ID 超过 4 万多个,每天到访人次超过 2 万人,日均发帖量保持在 1 万个左右。作为校园论坛,白云黄鹤 BBS 的定位是面向本校师生,倡导积极向上的校园文化,促进学生和学校之间交流和良好互动。在谈到选择置顶帖的标准时,余欣雨说,虽然各个版面都有自己的置顶标准,但是总的标准有如下几点:①重要通知,比如版面活动、学生会等学生组织的活动、讲座通知等。②校内热点事件的主题帖也可以"置顶"。但是在"置顶"前必须对帖子内容进行核实,帖子必须对事件进行客观描述和理性分析,过于偏激的煽动性帖子不予"置顶"。③有益于学生身心健康发展和建设良好的校园文化的帖子,比如分享求职经验、考研经验的帖子等。可见,该论坛"置顶"的标准与其宗旨是一致的。

这是一个大学的校内论坛,管理的可能严格一些,社会网站的论坛会更开放一些。尽管各个论坛由于宗旨不一样,它们对置顶帖设置的具体标准各不相同,但是"置顶"的标准归纳起来大致有如下几点:①帖子符合论坛和版面的宗旨,对论坛的发展有益处;②跟帖量大,网友关注度高;③帖子内容涉及重大事件、公共话题或者新奇事件;④内容充实,可信。

帖子"置顶"的过程会受到主客观因素的影响,同时也反映了网络管理员、版主当时的心理。归纳而言,置顶心理一般出于以下几点。

1. 推崇心理

管理员从成千上万条帖子中选择某条帖子置顶,其实就是对帖子内涵的推崇,帖子传达的价值观念与管理员的价值观念相吻合。凤凰论坛是依托凤凰网建立起来的社区。它秉承了凤凰网时评犀利的特点,论坛中有很多掷地有声的时评帖子。整个论坛有社会、城市、人文等24个分论坛,其中社会论坛里的锵锵杂谈是整个论坛做得最出彩的版,里面的帖子多为针对时事所做的评论帖。论坛首页专门为这个版开辟了一个栏目,管理员将一些优秀的帖子在首页置顶,并用特殊字体显示,以引起网友注意。这些帖子与其他帖子相比,具有观点独特、辩论理性、论证充分的特点,论坛管理员将它们挑选出来表示论坛对作者观点所持的是一种推崇的态度。

这一点在豆瓣社区等一系列提供文化产品分享的社区表现得也非常明显。豆瓣社区成立于2005年,用户主要是年轻人,职业以学生和公司职员为主,学历层次较高。豆瓣社区为用户提供图书、电影、音乐唱片的推荐、评论和价格比较,用户也可以将自己喜欢的作品通过同城、小组、友邻等方式推荐给其他网友。在首页,网站会将一些内容置顶:首先是推荐新上架的新书、备受好评的电影和音乐;其次是推荐"豆友"们所写的高质量的书评、影评、杂文或者日志。显然,社区管理员从心理上对这些帖子的内容是认可的,并且想要把这些东西向其他人推介,广为传播。

2.预见心理

在选择置顶帖时,管理员或版主首先要对帖子的价值进行判断,对帖子是否会引起网民普遍关注作一个预测。因为置顶帖的数量有限,所以管理员依靠自己的经验进行判断并慎重选择置顶帖是十分必要的。其次是要对帖子内容的真实性以及发帖者是否理性进行评判,非理性的主题帖如人身攻击的帖子是不能被置顶的。

2012年11月17日上午10:30,凯迪社区网友李元龙在该论坛发布了一篇名为《五流浪儿为避寒闷死垃圾堆,事发贵州毕节》的帖子。帖子中说,11月16日,贵州毕节,一个捡垃圾的老人发现在一个垃圾箱里有5名10岁左右的男孩全部死亡,孩子们是谁,从哪里来,没有人知道。帖子用第一人称叙述了作者当时来到事发现场的所见所闻,版主预见到此事是新奇的社会新闻,会有重大社会影响,就很快置顶,之后此事迅速在网络上传播开,引起了强烈的社会反响。《新京报》18日的报道证实了这个消息。经当地公安部门初步调查,5名男孩是因在垃圾箱内生火取暖导致一氧化碳中毒而死亡。11月19日,央视《新闻1+1》栏目对此事进行了跟进,传统媒体的跟进使得此事更受瞩目。

20日,凯迪社区、天涯社区、凤凰网论坛等主打社会和时事评论的论坛纷纷将与这一事件相关的帖子放置在论坛首页。尤其是帖子的首发地:凯迪社区,将帖子"我是毕节人,也来说两句五个孩子之死"以超链接形式推送至首页顶部,并且使用加粗字体显示,使每个进入论坛的人第一眼就能看到这个帖子。在帖子下方的时事评论的栏目里,总共有六篇与该事件相关的帖子被推送至首页,分别是:《我是毕节人,也来说两句五个孩子之死》、《谁为五个孩子的非正常死亡负责》、《李元龙:披露"五流浪儿身亡"事件始末》、《流浪儿童之死,繁华社会之耻》、《孩子,你为何无声息地死去》、《毕节市"皮带哥"书记和五名避寒死的流浪儿》,网民从多个角度表达了自己对该事件的看法。

事后,毕节市委、市政府对在此事件中负有领导和管理责任的有关部门和人员进行了严肃处理,8 名官员被撤职或免职。随着事件的发展,论坛首页的置顶帖子也在不断变更中。

我们可以看到,在揭露此事的第一条帖子中,作者只是陈述了事实,并没有加入任何的猜测或者评论。正是这条帖子在置顶之后引起了网友和相关部门的关注。随后,论坛推送至首页的帖子也保持在理性的范围之内,评论有一定的思想深度,可见论坛管理员在选择置顶帖的时候显然是经过了判断,是有预见的。正是由于一系列的判断、选择才使得事件受到了持续的关注,也没有出现过分的偏离理性的舆论。

3. 引导心理

从论坛的页面来看,置顶帖位于版面顶部,在版面中最容易受到关注。论坛管理员出于引导论坛讨论的目的,往往会精心选择一些非常符合论坛宗旨的帖子置顶,作为发帖的榜样。华中科技大学白云黄鹤 BBS 在校园舆论中一个很重要的功能就是起引导作用。许多事关全校师生切身利益的问题,在白云黄鹤上成为大家讨论的热点,这些问题都会反馈到学校领导层,最终使问题得到解决。

2010 年发生的"开水门事件"就是典型的例子。2010 年 8 月底,新学期刚开学,返校的同学们发现位于韵苑食堂的开水房铁闸门紧闭着,而离水房不远的 5 栋楼下出现了 4 台崭新的电开水器,但未投入使用。于是有同学在白云黄鹤 BBS 上发帖猜测学校不再提供免费开水。帖子一出,同学们立刻在论坛上热烈议论开来:学校为什么要实行开水收费?是不是为了赚钱?电热水器是否安全?是否会给大家的生活带来不便?同学们大多对学校的做法持质疑态度。

9 月 1 日,关于开水收费问题的第一次座谈会召开,校方邀请了论坛上反对开水收费的同学作为学生代表,听取了他们的意见,并解释了关闭开水房,使用收费电开水器的原因。第一次会议情况在论坛上以帖子方式被转播之后,论坛上质疑的声音有所减少。

9 月 28 日,学校再次召开了关于开水收费问题的座谈会,校方承诺将实施收费补贴政策,为每个学生每年给予 50 元开水补贴,并对同学们提出的问题集中进行了解答,也表示会采纳同学们的一些建议。

当天,参加了这次座谈会的论坛管理员在华中大学子版发表了题为《关于开水收费问题座谈会纪实》的置顶帖子,帖子用一种客观的态度对座谈会内容进行了描述,并且呼吁大家理性看待问题。这个帖子被置顶之后,论坛里很多关于开水收费问题的"声讨"就此打住了,大部分同学对开水收费采取的措施表示理解,"轰轰烈烈"的"开水门事件"就此结束,这一问题得到了圆满解决。

4. 论坛竞争心理

现在大大小小的网络论坛如过江之鲫,访问量比较大的论坛也有不少,如天涯社区、百度贴吧、猫扑大杂烩、凯迪社区以及各大门户网站的论坛等,显然,这些论坛之间存在着较大的竞争,每个论坛都希望把更多的网民吸引到自己的地盘上来,并且使之成为忠实的会员。

各个论坛在选择议题上除了进行差异化竞争以外,有时候为了避免重大议题被错过,网络论坛之间的议题具有高度的传染性。通常某一个论坛比较关注的事件,会迅速被其他论坛的管理者发现,然后对原帖加以编辑和修改推荐到自己的论坛里,相互转载。有很多引发公共舆论的帖子都是首先在某一个论坛被置顶,然后其他论坛纷纷转载、置顶,这其中可以看到管理员在置顶的过程中的竞争心理。

2012 年 11 月 19 日,各大论坛都出现了以"最牛小学生作文"为主题的帖子。帖子内容是一幅小学生的日记图片,日记内容让人忍俊不禁:"时间过得真快,一下就到半期考了,现在已经在开始紧张的复习了,我必须要开始努力了。"之后,小作者就开始他强大的"蝴蝶效应"思维,从如果不努力,成绩就上不去;到成绩上不去,就会被家长骂;之后,小作者又担心被家长骂,就会失去信心;再之后,如果不好好读书会引发第三次世界大战,继而引发核战,最终导致人类消失。[①] 不少网友被小作者强大的逻辑思维"震撼"。网友笑称,"小小年纪就领悟了'蝴蝶效应',前途不可限量"。还有网友调侃说:"看完后责任感油然而生。"

这样一则新奇的帖子在凯迪社区置顶首页后,在短短的时间内点击率不断攀升,几乎在同一时间,其他论坛也出现了类似的帖子。天涯社区当天出现了 8 条以"最牛小学生作文"为主题的帖子,凤凰论坛在当天也出现了 8 篇这样的帖子,分布在锵锵杂谈、八卦娱乐、网罗天下等 6 个板块。

短短的一天时间,这个帖子在各大社区的点击量最高达到两千多次,覆盖面也从论坛到了新闻网站,该贴成为当天的网络热议话题。

四、 议题消退中的心理

"网络议题在整体上呈现如下特征:一、基本处于分散状态,只有极少数议题能从普遍的分散状态中脱颖而出;二、议题表达的情绪色彩浓厚而理性分析较弱,但随着讨论的持续,部分议题表达出现了'先情后理'的变化;三、大部分网络议题的讨论不能随时间的延续而深入,或处在'静止'状态或被转移了兴趣点。少数逐渐深入的网络议题则从对单一社会事件的关注转为对社会现象的思考。可见,通过网络议题表现出的网络言论最常

---

① 凯迪社区,http://club.kdnet.net/Dispbbs.asp?boardid=55&id=8782595.

见的特质是：分散、简单、不够深入。"①

由此观之，就整体而言，大部分网络议题的"存活"时间不会持续太久，只有少数从单一事件上升到类型问题或相关社会现象的关注，因而延伸的时间较长。网络广场中的人们来来去去，其非稳定和随意性特征注定了议题的持续时间也如此，大部分将会在较短的周期里慢慢消退。大体看，其消退的心理机制主要有：

1. 网民注意力下降

2009 年 5 月 10 日晚，湖北巴东野三关镇政府官员 3 名官员到本镇雄风宾馆梦幻城消费，其间要求服务员邓玉娇提供"特殊服务"等进行骚扰挑衅，无耻纠缠，邓玉娇在与几人的冲突中出于防卫，用水果刀刺向两人，其中一人经抢救无效死亡。邓玉娇拨打 110 自首。巴东县警方以涉嫌"故意杀人"拘捕邓玉娇。

11 日，巴东警方第一次向地方媒体通报案情，12 日湖北媒体报道本案，当日上午，警方又第二次向社会通报案情，称 3 名干部强索特殊服务引发血案，全国各网站均有转载，评论也渐多起来，人民网强国论坛也于此日开始出现关于邓玉娇的帖子。15 日起，外地媒体记者到达巴东。18 日，警方第三次通报案情，称邓玉娇涉嫌故意杀人，这彻底引爆舆论，各种媒体全面报道，各大论坛民意汹涌。期间，不断发生事实变动，网络舆论与地方政府博弈。5 月 31 日，由湖北省恩施土家族苗族自治州公安机关组织侦办的"邓玉娇案"侦查终结，认为邓玉娇防卫过当。同日中共巴东县纪委、县监察局以开除党籍、撤销职务、治安拘留等严肃处理涉案相关地方官员。6 月 2 日最高法院表明对"邓玉娇案"的立场："越是媒体关注，办案法院越要保持理性。"6 月 5 日下午，辩护律师收到巴东县法院送达的起诉书，巴东县检察院目前已经以涉嫌故意伤害罪起诉邓玉娇，同时认为邓玉娇具有防卫过当、自首等从轻、减轻或免除处罚的情节。② 此时，尽管还有网民对"防卫过当"表示不满，但大多数网民认可这个结果。这个网络议题，就逐渐消退了。"邓玉娇事件"则因法定的端午节三天假期而发生转向。

2. 网民情绪缓解

2008 年 4 月 9 日网民"愤怒的愤青"在网络论坛发帖《28 岁的副厅级干部背后映射着什么》，反映 1980 年出生的张辉被任命为共青团山东省委副书记，年仅 28 岁。当时没有引起大家关注，回帖者寥寥无几。4 月 10 日网民"当代人"引用上述帖子，并在人民网强国论坛"深水区"发表评论，引起了网民的广泛关注。帖子称"史上最牛公务员！""同为'80 后'，差距咋就这么大！"显示大部人对政府的用人、选人方针表示不满，对这位 28 岁

---

① 王辰瑶、方可成.不应高估网络言论——基于 122 个网络议题的实证分析.国际新闻界，2009.5.
② 梁铭之.网民评论心理的阐释与评估——以人民网强国论坛网民对"邓玉娇案"的发帖及跟帖评论为例，人民网-传媒频道，2009-12-21.

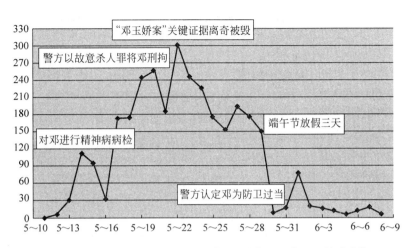

图 3-1　强国论坛中有关"邓玉娇案"主帖数量变化调查统计表①

干部的背景怀疑、推测。只有少数人认为政府应当"不拘一格"用人才。到 12 日,回帖达 55 人。该帖又被版主设在强国论坛的"热门排行榜"上,后又被设置在"今日关注"栏目,使谈论进入了高潮。而此时,回帖中理性讨论的比例就较多了。"深水区"的《多给"80 后"厅官一些掌声》的帖子,当日回帖 43 个,点击量 5 466 人次,但支持这个观点的人极少。4 月 13 日网民"红色土地"发帖"我支持大量提拔'80'高官,干部队伍就要吐故纳新",已无回应者,这个议题的讨论已经冷下来了。从对这个议题的高度关注,网民谩骂、抨击热烈的情绪表现,到逐步冷静下来,是在这个议题上情绪缓解的过程。②

　　3. 由争论到达认识趋同

　　2008 年 3 月 31 日,东航云南分公司从昆明飞往大理、丽江、西双版纳、芒市、思茅和临沧六地的十几个航班,飞到目的地上空后,东航称因天气原因无法降落,都返航昆明。而这天其他航空公司的飞机却都正常起降,气象也显示当日云南并未出现不适航的天气。4 月 1 日人民网强国论坛第一次出现了帖子《传东航多名飞行员罢飞致航班取消　千名旅客滞留云南》,但是无人回应,因为消息来源无法确认,多数人也没有注意此事,见表 3-1。

　　①　陈小红. 我国网络公共社区舆论的形成、发展与消解过程研究——以人民网强国论坛为例. 人民网-传媒频道,2009-12-18.

　　②　杨乐. 网络论坛议题演变分析. 知网空间,西北大学硕士学位论文,2008.39.

表 3-1　4 月 1—11 日人民网强国论坛有关"东航事件"的帖子状况统计

主帖 （标题、作者、日期）	回帖数量 （组合回帖、 单篇回帖）	回帖内容 （作用模式、主帖观点、回帖的主要内容或观点）
1. 传东航多名飞行员罢工致航班取消 千名旅客滞留云南 做人不能太 CNN!2008-04-01	0	无人回应型 主帖仅仅是在传达这样一个消息，无观点。同时，消息来源也不确切
2. 东航"集体返航事件" 延误乘客拟以商业欺诈起诉 宁可站着死二世 2008-04-03	1	响应型 主帖转载《新闻晨报》关于此次"集体返航事件"的新闻报道，从乘客、飞行员、东航以及民航局四方面进行全面采访，结论很明显即东航确实存在飞行员罢工情况。回帖表示支持飞行员罢工，乘客起诉东航
3. "东航事件"谁能看到实质？去银河取经的船 2008-04-05	1	冲突型 主帖认为"东航返航事件"反映的问题是国企的领导已经不适应现代企业的发展，而回帖认为错在飞行员，跟领导层没有关系。也就是从 5 号起，论坛进入了理性讨论阶段
4. "东航返航事件"折射出什么？今日关注 2008-04-07	46	冲突型 主帖引用人民网和新华网的消息，针对东航对外宣称的天气原因不能服众的情况，指出东航应尽快公布事实真相。网友的矛头针对飞行员的薪资问题比较多，一部分网友认为可以理解飞行员的罢飞行为；一部分网友认为飞行员把获取自己的利益建立损害在广大乘客利益的基础上。该帖是强国论坛版主设置为今日关注的，在很大程度上起到了舆论引导的作用，引导网友在各个层面进行理性思考
5. "东航班机事件"是整个中国当前劳资关系的一个缩影 养的一团春风在 2008-04-07	5	螺旋型 主帖认为"东航返航事件"是当前中国劳资关系的一个反映，如何处理以及处理的方式将影响中国的劳资现状。这一观点引来了无数争议，有人认为飞行员的行为不对，他们应该选择合法的方式维护自己的权益，有人认为东航的管理层需要改革，有人认为国内法制不健全，没有工会组织
6. 东航 15 个返航航班数据丢失 被疑集体毁灭证据 今日关注 2008-04-09	39	响应型 主帖是强国论坛版主所转的来自国际在线的消息，东航航班数据丢失被大家怀疑是集体毁灭证据。对内是精诚团结齐心协力，对外同流合污卑鄙下流。现在矛头一致指向东航，而非飞行员
7. 返航门内幕调查 东航第一时间监控网络舆情 jinhuachunmeng2008-04-11	0	无人回应型 主帖来源于《南方都市报》，对此次返航事件进行了详细调查报告，指出"返航门"官方调查已经结束，对外宣称是人为因素，而实际上成立网络舆情监督小组，监督控制网上的负面消息。报道指出飞行员罢飞的真实原因是个税太高，薪资矛盾一直得不到解决，当矛盾积累到一定的时候就造成了现在的状况，并指出东航现在的问题是管理体制的问题

4 月 3 日的帖子《"东航返航事件"谁能看到实质?》,简单提出观点,没有进行详细阐述,回应者很少。强国论坛的"今日关注"沈寅的帖子引用人民网和新华社的消息,综合了前 8 天的讨论,以《"东航返航事件"折射出什么?》为题,指出如果事实真如媒体报道是飞行员因为待遇问题而把返航作为维权手段,那么,这些飞行员必须受到职业精神以及道德等多方面谴责;如果"返航门"真是祸起维权,那么航空公司同样难辞其咎。作为航空企业,最重要的就是安全和乘客的信任。如果出了问题不是尽快让公众了解事实真相,而是回避搪塞,那如何获取广大乘客的信任? 帖子抓住了要害,得到了广大网友的共鸣,使这一议题的谈论达到高潮,这一天强国论坛的回帖达到51个。此后,这一议题的讨论逐渐降温,4 月 9 日帖子《东航 15 个返航航班数据丢失 被疑集体销毁证据》回帖 39 个,到了 4 月 11 日帖子《"返航门"内幕调查 东航第一时间网络监控舆情》,已经无人回应。原因是对这一议题搞清了事实,分析了原因,网民的认识达到了基本一致,大家也就没有兴趣再讨论它了。[①]

4. 兴奋点转移

网络广场议题消退的另一种心理表现,是随着新的热点的出现,会替代原先的议题,使网民心中出现新的兴奋点。并且,网民的这种兴奋点是不能笼统地用议题的重要、影响大、正义等标准来衡量的,这里的准则只有一个——网民在虚拟世界里的兴趣。因为网络广场活动的随意性、偶然性、自由性、轻松性,人们往往对常规或社会常见现象不怎么关注,转而标新立异,追求那些奇怪或令人惊异的事物或信息,以获得感官的刺激,从而满足自己的好奇心或窥视欲望。

2010 年 4 月 14 日青海省玉树发生地震,这期间关于玉树地震的各个议题在网上持续火热。但一周后,网友天牙草民的帖子《5·12 王老吉捐了一个亿,玉树大地震王老吉还会捐那么多吗?》访问量只有 559,回帖更糟糕,仅有 16 个,而"斑竹"白色彩色的《"80 后"成长纪念册——我的青春仿佛因为爱你开始》一帖,回帖高达 23 657 个,访问量竟达到 1 590 643 次,但其内容不过流水琐事而已,从其《题记》可见一斑:"吃喝玩乐,囧人囧事;游戏和漫画,电视和明星;小暧昧,小伤感,小美好。我们都是这样长大的——献给我们那鸡零狗碎,囧囧有神的青春。"

同时,另一网友"keep 情节"的《真人直播,参加〈非诚勿扰〉相亲幕后血泪史!》,讲的是自己因肥胖,无法参加《非诚勿扰》,发誓要寻求快速减肥的好方法,并帖出自己"肥事凶凶"的照片,引来无数网友(访问量 300 436 次,回帖 1 168 次)或支招或谴笑,不一而足:

皇天在上,厚地在下,肥女子我在此焚香祷告——本人只要在三个月以内瘦下 60 斤,本人就公开征婚、到处相亲! 另外,本人以宣誓入党的严肃认真公开宣誓:只要本人瘦到

---

①　杨乐.网络论坛议题演变分析.知网空间,西北大学硕士学位论文,2008.33.

110斤以下,本人就报名参加现在最火的相亲节目《非诚勿扰》!!!绝对做到!请大家监督!好吧,先介绍一下我本人,我今年29,无男友,无房,无车,有惊人体重180斤,及多余脂肪70斤!本人身高1米67,体重180斤,根据我的身高瘦到100斤应该是最纤瘦苗条的,但我不奢望成"纤瘦",只希望"苗条",就满足了。

搞怪之事竟成热点,而生活世界的重大问题却置若罔闻、视而不见。可见网络议题的持续性是很差的,往往来得快,也消解得快。一个新的兴奋点出现后,马上就取代了原来的兴奋点。并且,在网络广场的虚拟世界里遨游的大多数网民求新、猎奇心理很重,原因是在网络上是很多人放松的地方,宣泄的地方,乐闻趣味是大家愿意津津乐道的,而那些沉重的话题则相反,它们带给人们无尽的思考,有时是无形的压力。

第三节　网络广场型传播心理效应

由于互联网的特性,虚拟、匿名、自由,使得网络广场的网民讨论、发言无所拘束,在这样的传播中往往会出现情境影响现场气氛,与讨论的走势,外在力量影响网民个体心理的网络广场心理效应,主要有网络广场的从众心理效应、权威心理效应、沉默的螺旋效应。

一、　网络广场型传播从众心理效应

从众指个人受到外界人群行为的影响,而在自己的知觉、判断、认识上表现出符合于公众舆论或多数人的行为方式。社会心理学认为,从众心理是由于真实的或想象的群体压力而导致的行为或态度的变化。现实生活中,存在的或想象到的压力会促使个人产生符合社会或者群体要求的行为与态度,尤其是当个人缺乏自信或冷静判断时,往往会产生"追随多数人没有错"的心理,甚至在根本信念上改变原来的观点,放弃原有的意见,最终产生了从众的行为。

在网络广场的信息传播中,网络用它的虚拟现实技术创造了一个独特的现实的精神文化空间,成为一种强大的社会力量。它以信息海量、更新迅速、互动性强等优点最大限度地吸引了网民的眼球,其信息的娱乐性、多样性,更强化了网民的注意力。但是面对这么多的信息、观点,怎么分析,怎么评价,怎么表态?网民常常没有可以分析的标准与参考的框架,因而在许多时候某一方面来势汹汹,某一观点人多势众就成了许多人无法选择的选择。因此在网络这个虚拟的世界里,网民就在很多时候、很多事情上出现了的从众现象。比如有许多社会性热点新闻,事实还没有水落石出,网友们就开始盲目的跟帖,出现

"一边倒"的极端化现象。例如 2010 年年初流浪宁波街头的程国荣就是被网友 ken119110 偶然抓拍,并将照片上传至蜂鸟网,2 月 23 日,因天涯论坛的一篇跟帖——《秒杀宇内究极华丽第一极品路人帅哥! 帅到刺瞎你的狗眼! 求亲们人肉详细资料》而迅速走红,被网友誉为"极品乞丐"、"究极华丽第一极品路人帅哥"、"乞丐王子"等。之后,被网友广为追捧,并加以"人肉搜索"。因他"那忧郁的眼神,欹欷的胡碴子,那帅到无敌的风衣,还有那杂乱的头发,迅速秒杀了观众"。继而,又有网友恶搞评论:欧美粗线条搭配中有着日范儿的细腻,绝对日本混搭风格,绝对不输藤原浩之流。发型是日本最流行的牛郎发型,外着中古店淘来的二手衣服搭配 LV 最新款的纸袋。绝对谙熟混搭之道,从视觉色彩搭配上讲,腰带绝对是画龙点睛之笔。这就是盛极一时的"犀利哥"事件。

因为许多人觉得"犀利哥"程国荣的眼神忧郁,风衣潇洒,乱发很"酷",因而更加以"人肉搜索",网上跟帖无数,拥趸众多。因为其外貌颇合后现代随意之时尚,年轻人但凡对此不甚了了就会被认为"out",因而,在跟帖中大致可以分为关心、凑热闹和恶搞三类,都以穷尽可能搜索各种信息,或谑笑取闹肆意联想,以达到娱己娱人之能事。网络事件之从者众,可引来网上万人介入,或围观,或品头论足,或深入其事,不一而足。其影响之一就是从网上到网下,传统媒体亦随风而上跟踪报道。正如一位网民所言,"犀利哥"比淹没在电视银幕的很多年轻偶像都更出色,也许与张国荣同名更具有使人发挥想象的张力。通过论坛和博客,"犀利哥"已经流行到中国香港、台湾地区和日本。《中国日报》也这样报道,作为中国一位无家可归的男人,觅食的流浪汉因为自己的时尚外表和准确的衣着搭配几乎具备了明星地位。英国的《独立报》甚至这样说,他是一个英俊的中国流浪汉,他被称为中国最酷的男人,他的名字我们不知道,只知道他的外号"犀利哥"(brother sharp),他是一个谜。

与此类似,之前有名的"极品男事件"也是起源于最初的一篇万言网文。文中绘声绘色地描写了人大研究生王奔在火车上与邻座女生搭讪的种种不堪情形,其动作细节与个人特征的描述可以说是淋漓尽致,还不时穿插大段伴有侮辱性的评论,网友们群而哄之,拼命跟帖追击,挖掘其隐私,都希望一睹这位"恶心男"的风采……王奔万万没想到几天工夫自己竟成了网络中的"极品男",人格上遭到的莫大侮辱令他精神几近崩溃。

为什么有时候一件小事经过网络的渲染后会出人意料地大范围辐射呢?"社会心理学家比较一致的意见是从众的行为基本动因有三种:一是渴望获得正确的信息;二是为了被喜欢和接受;三是减缓群体压力"。① 因为在网络广场中的人们认为,通常情况下多数人的意见往往是对的。从众服从多数,一般是不会错的。

---

① 崔丽娟、才源源.社会心理学——解读生活 诠释社会.上海:华东师范大学出版社,2008.251.

二、 网络广场型传播权威者心理效应

权威效应，又称为权威暗示效应，是指一个人要是地位高，有威信，受人敬重，那他所说的话及所做的事就容易引起别人重视，并让他们相信其正确性，通俗点讲，就是"人微言轻、人贵言重"。"权威效应"的存在，首先是由于人们有"安全心理"，即人们总认为权威人物往往是正确的楷模，其思想、行为和语言往往是行事的指南，服从他们会使自己具备安全感，增加不会出错的"保险系数"；其次是由于人们有"赞许心理"，即人们总认为权威人物的要求往往和社会规范一致，按照权威人物的要求去做，会得到各方面的赞许和奖励；另外，人们往往还怀抱着"期待心理"，即出于对信息与知识的寻求，人们容易相信某些消息灵通人士或学术权威的宣讲，一方面使自己掌握相关信息；一方面又获得了某些领域的知识，从而提高自我的认识，实现自我目标，期待社会认同。因为人们总是因某些方面或信息或知识的缺乏而求助于他人，学习资料、生活点滴、工作压力甚至购物指南等等，如果有相关专业人士的指点，则会为他们提供某些行事指导，减缓压力，少走弯路。网络广场是各种信息交汇的场所，又是各学科专业人士经常发言的地方，这里既有下里巴人也有阳春白雪。参与广场活动的人们因为各种目的聚会在一起，有的成为权威鼓动者和学术宣讲者，而大多数人成为旁观者和聆听者，是粉丝群体，为他们自己的偶像欢呼，这就容易形成权威者心理效应。

如轰动一时的"虎照门事件"中，人们由开始的信以为真到最后真相的揭露"虎照"为假，其中的转变的关键就是植物学家傅德志、法律学者郝劲松的呼吁以及网友提供的自家年画的"虎照"原型。他们要么因专家的身份，要么因提供信息的准确性，使众多网友转变了原有的看法，开始怀疑"虎照"的真实性了。

网络传播融人际传播和大众传播于一体，为公民新闻的勃兴提供了平台。在网络广场中，各路权威在网民群体中威望和声誉高，受到万众拥戴。从某种意义上讲，这些权威就是网络广场中的舆论领袖，他们或发布内幕信息或传授各方面知识，其真知灼见，往往在引导舆论走向中有举足轻重的作用。

三、 网络广场传播沉默螺旋心理效应

传播学的沉默螺旋认为，大众传播具有遍在性、累积性和一致性的特点，通过三者的共同作用而营造出的"意见环境"会对舆论的形成与改变产生有力的影响，这是针对大众传播媒体所做的研究。待到网络出现后，不少学者对这种理论在网络环境中作用的有效性进行了论证，尽管有种种争论，可以说在有些议题中效果有所削弱，而在另外一些议题

中比如"群体极化"的情境中,这个理论的效果反而更强化了。

比如 2008 年"家乐福事件"出现后,第一个研究从理性与非理性的角度分析后指出,网络上一边倒的言论是抵制家乐福,凡有网友呼吁理性对待家乐福,不赞成抵制行为的时候,就会被责问"你是中国人吗"、"你会遭报应"等等而被这样的言论所挟制。曾因在巴黎不顾自己身体状况拼命保护火炬,被网民视为爱国英雄的奥运火炬手金晶,因发表言论不赞成抵制家乐福,于是被网友说成汉奸、脑残,与前期对金晶的褒扬形成强烈的对比。中央电视台主持人白岩松在"家乐福事件"发生后,也在自己的博客中呼吁民众理性对待抵制家乐福,随后不久,他就成为网民攻击的对象。"叛徒"、"不爱国"等字眼也被扣在了白岩松头上,这位名嘴在此时也没有现身网络再与网友进行辩论。连名嘴都被骂得闭嘴了,我们不由感叹中国网民的集体强大和他们在对待不同意见时的团结一致。此时的网民认为这事件体现出大家在网上进行的是维护道德维护国家尊严的好事,但他们的言行却往往以非理性的方式表达出来,甚至以语言暴力剥夺不同意见发表的权力,理性的声音却很小,即便有,也会被群情激昂的网民以非理性的话语方式骂的不敢发声。①

第二个研究是对帖子作内容分析。在网上有人号召大家 5 月 1 日不去家乐福购物后。研究者选取搜狐社区和博联网博客为平台,分别检索抵制家乐福信息,并对支持和反对帖子进行统计,结果发现:

① 在同一论坛中,持有主流观点(支持)的人数(511),远远大于持少数观点(反对)的人数(190);

② 在同一论坛中,支持帖子中的中立态度和不同意的观点各占 22.3%,而反对帖子中,态度中立和不同意的观点占 47.9%;

③ 在同一博客平台上,持支持观点的博客,态度中立和不同意占 42.1%,持反对观点的博客,态度中立和不同意观点所占比例竟高达 61.1%。

研究者认为虽然网络对个人身份的屏蔽,在一定程度上可以减弱或消除个人对孤立的恐惧,使个体能够更为充分地表达真实的思想,但网络空间与现实社会又有着密切的关联。对每个网民而言,ID 是代表着个体身份,在任何时间都可以随意转换,但在特定群体形成后,每个 ID 又是相对固定的。这种身份的固化,使人在以各种"马甲"发表观点时,也会受到约束,有时心理压力更加突出。此外,在网络中引起关注的话题、主题或事件,大多为敏感、尖锐的社会问题,人在表达观点时的非此即彼态度更能吸引人们的注意,网民的态度显得更为偏激,温和、中立的观点往往没有生存空间。互联网虽然改变了信息交流和传播的方式,但在虚拟世界中网民对社会孤立的恐惧感依然存在。网络对个人身份的屏蔽,使人可以随意表达观点,但在主流观点形成后,大多数人仍会受到从众心理的影响,少

---

① 陈华明、李畅.当下中国互联网语境中的沉默的螺旋.西南民族大学学报人文社科版,2009.2.

数非主流观点持有者依然会感到压力。①

　　第三个研究是实地调查方法的研究。采取网上调查和面访调查快速收集数据,共获得 361 个有效样本。研究在较大程度上证实了孤立恐惧对意见表达中的文化因素的依赖,但并非简单地对"发言"还是"沉默"的作用。"说出来"的反面不一定就是"沉默",而还有可能是刻意或无意的"掩饰"。无论是谎称自己同意大多数人的意见,还是以折中妥协的方式给出既非自己的真实想法也不同于主流意见的说法,其结果都会和沉默一样,将真实的意见隐匿于表露出来的意见丛中,令原本就不易把握的"舆论"变得更加扑朔迷离。研究结果表明,人们因为害怕孤立而选择折中评价或者说谎,但人们之所以选择沉默,却并非出于免受孤立的考虑,而更多的是因为自己对谈话和交流的畏惧心理,以及所谈论的议题对其本人来说是否重要。另外,所有的焦虑诱因都未能显示出对"参与"策略的影响,不过自我效能感等个人特性诱因却对此有着很好的解释力。②

　　从以上研究中可以看出,在网络广场传播中无论是一边倒的主流态度对不同意见非理性强力压制而形成的反对者的沉默,还是争论中主流意见在正反帖子中的绝对优势对少数人的心理压力,都会形成沉默的螺旋效应。而在网络形成的心理压力下的沉默螺旋效应,更多的是弱势一方的网民对这种情境中谈话和交流的畏惧心理在起作用。

① 乔欢、陈颖颖.基于沉默螺旋理论的网络信息行为研究.情报资料工作.2009.2.
② 张金海、周丽玲、李博.沉默的螺旋与意见表达——以"抵制家乐福事件"为例.国际新闻界,2009.1.

网络组织型传播心理

第
四
章

随着互联网的发展,网民在网络虚拟空间中建构的组织,同现实社会组织一样成为了人们生活中的一部分。比如在网络的聊天室、BBS、论坛中活跃的网民,使用这些网络技术互相联系,久而久之,网民的行为就由个体转向群体,并促使大量网民通过持续的网络互动形成较稳定的交往联系,从而形成网络群体与组织。

从狭义上来说网络群体、组织是指人们以网络为中介,因为兴趣、工作、学习、个人需要等因素而在网络空间中通过持续的网络互动而保持稳定联系的集合体。在这种网络组织中,有一种是现实组织的延伸,即现实组织借助网络在虚拟空间中再次建立的网络组织;另一种是互不相识的人们通过互联网而形成的群体,这些群体成员基于网络而结成的组织,这是本书所指的典型的网络组织,即网络趣缘组织。比如近年来有一类趣缘组织在网络中发展很快,这就是网络粉丝组织。这类组织因电视选秀节目而起步,因网络虚拟社群而壮大。在这种趣缘组织中,大量粉丝因为喜爱共同的选秀偶像而集聚在网络中,成员之间进行聊天、拉票,不同粉丝群体之间互相竞争。他们的传播特征和传播心理很有代表性,本书选取网络粉丝组织作为研究网络组织传播心理的个案,试图从中探讨网络组织的传播心理特征。

第一节 网络趣缘组织中的传播

一、 网络组织与网络趣缘组织

任何一个群体的存在关键是看它处在正式的或非正式的社会结构的支撑。这种社会结构通常以地位和角色关系的形式表现出来,所以一个社会群体就是凝聚在一个社会结构中紧密联系的一群人。从社会动力学的角度来看,社会群体是指社会上存在的各种各样的人类共同生活的单位,是具有一定稳定性的所有结构形式,并且易于形成成员对群体的认同感和归属感。

从以上的定义出发,我们可以概括出社会群体的基本特征:首先是具有联系的纽带,这种纽带关系可以表现为共同的利益、社会互动或社会关系等,这些是社会群体存在充分条件中的首要因素,它是人们之间稳定的互动模式;其次是社会群体成员具有共同的身份和群体意识,也称群体认同感和归属感。他们在群体互动关系中逐渐形成关心群体存在和发展的意识,与群体荣辱与共的思想感情;最后是社会群体还需具备群体规范的特征。规范用以约束社会群体成员的行为,规定成员须行使义务和赋予的权利。群体规范除了包括社会所通行的一般原则以外,还有适应于本群体内的具体要求。

群体又有正式群体与非正式群体之分,正式群体就是有组织机构,有共同目标,有规章制度的组织;而非正式群体则是在一个特定的环境中人们通过互动形成的人际关系系统。二者的区别在于组织化程度上的差别。或者说组织是群体正式化趋势的结果。组织的特点有:第一,它有特定的组织目标,这一目标表明了组织的性质与功能。第二,有一定数量的固定的成员,他们进入组织有一定的程序,如审查等手续,这是组织自身存在的实体基础。第三,有制度化的组织结构,通过职位分层和部门分工的结构以达到组织设定的目标。第四,有自己的行动规范,作为组织成员活动的依据。

众所周知,凡是在真实生活中存在的事物,都可以在网络这个虚拟世界中找到其对应项,社会群体的现象也是这样。社会中存在的群体一进入到互联网所构筑的网络空间,就成为了一个全新的社会群体——网络群体。这些群体,有分散状态的,也有组织状态的,其中组织化程度高的就是网络组织。而这种组织中的趣缘组织就是典型的网络组织,也是我们研究的重点。网络粉丝组织就是网络趣缘组织的一种。

粉丝一词从英文单词"fans"演变而来,来源于"fans"的音译,意思是"迷、狂热的拥护者"。现在,粉丝一词主要用来特指各类明星的支持者和崇拜者。随着明星尤其是娱乐明星的知名度逐渐升温,追随的粉丝越来越多,当达到一定数量和规模时,这种以追求明星为兴趣的趣缘组织——粉丝组织便诞生了。

在互联网普及的情况下,粉丝群的活动普遍使用这一经济、快捷,触角伸向四面八方的平台。他们利用网络聚集在一起表达对偶像的崇拜,利用网络组织各种活动。这种趣缘组织是明星背后坚定而狂热的追随者,也是明星活动的造势者。他们把处于散沙状态的一个个"着迷的孤独者",凝聚成一个有共同口号的网络组织。组织内部有共同目标,有推选出的领导人,在各大网络媒体上建立自己的贴吧、群等。

如果把关于偶像的所有信息资源看作是一种媒介资源的话,那么在网络虚拟空间中,这个趣缘组织中的成员就有接受和传播他们共有资源的权利。任何粉丝成员都想尽快及时地从网络上获得并传播有关自己偶像的资讯，于是，为了共同的目标，他们便迅捷地在网络上聚集到一起组成一个团体，各自承担不同的角色，形成一定的任务分工，在有规范的标准下进行组织的运作。

这种趣缘组织最早活跃于网上是 2005 年湖南卫视的第二届《超级女声》，随即再到全国各大电视台竞相热播的选秀活动如江苏卫视的《名师高徒》、上海卫视的《加油，好男儿》等，粉丝在网络上"兴建"虚拟的组织，如最"热"的"全民偶像"李宇春的粉丝为了更高效地组织拉票、获得资讯等一系列活动，迅即在网络空间中建立各种虚拟载体。成员最初通过虚拟载体如 QQ 群、新浪 Utalk 交流分享偶像资源信息，随着偶像的"走红"，这些组织深得越来越多粉丝的关注，组织的成员已不仅仅是来获得与传播资讯，他们成为偶像背后强大的支援，出现在与偶像共同曝光的公共场合为其"摇旗呐喊"，以造声势。简单的传播载体形式已不能适应组织功能多样化的转变，于是，在一些粉丝的号召下，粉丝成员在网络上又不断建立新的虚拟载体，如 BBS、论坛、百度贴吧、网站后援会等，并且在这些空间中制定"规则"选择有管理能力的粉丝担当"官员"，保证网上与网下活动顺利开展。

传播学意义上的传统组织传播就是指各成员之间或组织与组织之间的信息交流活动。从这个意义出发，组织传播分为组织内传播和组织外传播。组织传播理论最重要的关键词是信息，一个组织各部分的联结就是通过信息的传递、传受者之间的关系组成一个有机整体。也就是说组织传播的过程就是以信息为纽带，以保障组织正常生存和发展，同时也是组织作为一个单位整体与外部环境保持互动和交流的过程。

网络粉丝群这个趣缘组织活跃于各个论坛、QQ 群、贴吧中，如果把这些看作是一个传播媒介的话，在这个虚拟的世界中各群体组织所提供的传播资源就属于本组织内的公共资源，活跃在其中的粉丝就可以随时随地地传播与接收这些信息资源。

二、 网络组织内的传播系统结构

在网络中，网络粉丝群这个趣缘组织聚集的最典型的场所便是偶像粉丝的百度贴吧，几乎每个偶像明星的粉丝都会在百度组成一个以偶像名字命名的贴吧。在这一个个虚拟的单位中，其组成结构和传播体系已初具规模。因此，本小节以粉丝贴吧的结构为代表，分析粉丝群这个趣缘组织内部的传播系统结构。

1. 内部人员结构[①]

百度贴吧可谓称得上是一个家族式组织，其灵魂人物是偶像明星，但其最高级的管理者是这个贴吧的创始人，他和其他若干个粉丝最先组织建立这个贴吧，然后在网络上就有

---

① 人员结构参照百度贴吧中的"赵又廷贴吧".

偶像的千万个粉丝注册加入到贴吧中,为确保"家族"也就是贴吧能目标更明确,效率更高,贴吧内会有清晰的部门分工、制度化的职务分工和详细的岗位职责。

每个网络组织的贴吧一般以创始人为核心,也就是吧主,一般情况下吧主只有一个,但如果这位偶像明星是台湾来的,那么吧主除了大陆的一个外,另外还有一个台湾的,因为目前台湾的一些网站和视频信息不能完全对大陆地区开放。吧主的活动内容分为两个方面,一方面与贴吧内支持的偶像明星进行联系,并发布重大消息;另一方面制定贴吧的规则和维持吧内的基本秩序。

在创始人的下一层设置的是各个分工部门及负责人。贴吧的基本部门设有视频图片组、新闻组、活动组、宣传组、原创组等,各个部门的负责人是这个贴吧内的最高执行者,他们分别承担所负责的部门的职责,策划每一次活动,是贴吧内创始人(吧主)与下一层级人员的纽带,通过他们的信息传播,保持了创始人(吧主)与下层普通粉丝的信息畅通。例如活动组通常是负责在网络中联系沟通,策划关于偶像明星的活动事宜,然后将事项和各种分工公布在贴吧中或相关论坛上,从而实现本组织的某些声势浩大的有关偶像的活动。宣传组正如现实中各种社会中的宣传部一样,行使的是对外宣传的职能。比如宣传偶像明星的正面形象,甚至还在其他贴吧中或论坛上发帖宣传偶像的活动安排,以引起其他粉丝的注意和参与,从而扩大偶像明星的知名度和壮大贴吧的声势。

在贴吧中数量最大的是活跃在其中的粉丝,他们大部分都是来自曾"游离"在贴吧外或其他各大论坛外的"散粉"。在虚拟的网络组织中,通过各个部门的组织管理,网络粉丝依据贴吧内的"吧规",在虚拟空间中进行各种虚拟活动或在现实中参与由吧主和各个部门负责人组织的有关于偶像明星的活动。

2. 组织传播系统结构

网络粉丝群这个趣缘组织在贴吧内的成员按照其所在的部门功能不同,贴吧的组织系统传播结构图可以划分如图 4-1 所示。

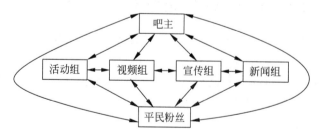

图 4-1　贴吧的组织系统传播结构图

在这个图示中,箭头表示信息的传递,从上往下看,往下箭头表示吧主对下两层级人员信息的下达和组织传播,横向箭头意味着各个部门组织中信息的平行交流沟通,而各个部门对下层粉丝的箭头意义等同于吧主对其他成员的传播意义。粉丝成员往上的箭头表示信息的反馈,这里包括两层含义:一种是粉丝对上层组织的信息反馈并传递至吧主;另一种是粉丝直接向吧主反馈信息。从这个传播过程示意图来看,整个网络贴吧内传播和接受信息的机制是快捷和便利的,同时使得信息集传者与受者于一身,从传播机制来看,这个传播过程是可逆的。

三、　网络趣缘组织对传统组织传播模式的改造

以上一节粉丝群这个趣缘组织的内部系统结构可以看出,这个趣缘组织的组织(贴吧)从传播方式的角度宣告了传统组织中单向为主的传播时代的终结。网络的出现,使得网络"粉丝"即受众可以在接受信息的同时也可以直接参与信息的传播,所有的受众都可以表达自己的需求、情感和见解,就共同的目标和关心的事项在组织中交换信息,协作办事。

不仅如此,网络粉丝群这个趣缘组织的传播特点与一般的群体组织传播也有所不同:

1. 组织成员关系的改造

(1)网络粉丝群这个趣缘组织成员具有很明显的临时性,并且流动性很大。由于网络的匿名性特征,粉丝群这个趣缘组织的成员可以随时加入或随时退出,尤其是在组织程序不规范、群体规则不严格的网络组织中。网络粉丝成员之间一般不涉及太多的直接利益关系,他们的情感纽带仅仅是一些共同的话题,当活动了一段时间后,粉丝成员往往会随意地离开。

(2)成员的平等地位。尽管有工作上的分工,但是在粉丝群这个趣缘组织中,没有明显的领导与被领导的上下级关系,每个人的地位不分高低,从而也就不会影响成员在组织中权利的使用和义务的履行。

在传统的组织传播模式中,每个成员的身份一般是固定并且明确的,那么他在传播中的地位和作用也就随之确定,比如上级往往是传者,下级是受者。而在网络粉丝群这个趣缘组织的传播结构中,传者与受者的地位可以互换,受者接受了传者的信息资源后,再在另一个传播过程中将得到的信息作为传者的身份传播出去。因此,网络粉丝组织的传播模式对传统的组织传播过程的首个要素进行了改造。

2. 组织传播内容上的不同

(1)随意的传播内容多对解决问题无实效。网络的随意性使得粉丝群这个趣缘组织内部的信息传递和交流往往不切实际,这在网络中有专业的描述为"灌水"。对某一个话题,网络粉丝可以在虚拟的群体中随意地发表任何看法,但是这里面的许多言论对于这个话题或者问题的解决没有太大的作用,许多粉丝成员可能只是一种情绪的发泄。这同时

也就增加了这个趣缘组织内部传播的随意性,使得传播内容的有效性大打折扣。

(2)追求信息资源的平等性。尽管这里的许多意见是无效的,但信息作为一种组织的公共资源,对于受众接收来说却是极其平等性的,信息的接受权利完全取决于粉丝个人。当论坛或贴吧中出现了一种观点,粉丝成员会根据自己的喜好和兴趣选择自己需求的内容,在这个过程中,粉丝的言论和行动而没有太多外在的压力。虽然在粉丝群这个趣缘组织中,一些发展稍微成熟的组织制定了组织规则,但由于网络环境的特殊性,这些规范的执行和实施还是大打折扣的。在网络上,粉丝成员的自觉性所发挥的效用要大于组织规则的约束力。因此,组织惩罚和制裁对于许多粉丝成员来说没有太大的约束力。

根据组织传播理论的模式,在一个传播过程中会有"把关人"的角色,这个把关人对于传者的内容会进行监督和过滤,通过一定的方式,借助组织的明确规则去掉不利于传播效果的传播内容,保留传者传递的有效信息,使传播过程中的所有信息趋于规范化,这样该传播过程便会流畅,传播的有效性会提高。在粉丝群这个趣缘组织中,把关人角色的缺位经常会导致传播过程的不畅,尽管在一些成熟的粉丝群中,有类似把关人作用的组织成员,但组织的发展不规范仍然使得该把关人形同虚设。这种传播模式的改造影响了这个趣缘组织的活动绩效和组织发展的稳定性。

3. 传播效果的特点

(1)对于组织成员个人而言,在粉丝群这个趣缘组织中,粉丝成员很易于形成所谓的"网络性格"。[①] 一方面,网络组织的空间中,成员地位平等,并且有免费享有公共资源的权利,低成本的信息资源导致网络粉丝可以追求平等的话语权;另一方面,如果网络粉丝没有恰当的舆论引导,在网络空间中很容易出现华而不实甚至激起组织负面情绪的言论,这样当出现一些非理智的思想和言论时,在这个趣缘组织中容易产生偏激态度。

(2)从社会效应来看,网络粉丝群这个趣缘组织的传播往往会解构"集合行为"。集合行为指的是由于在非常态社会集合现象产生后,组织多以"流言、骚动、恐慌"等形态,从而造成对正常的网络组织运行的干扰和破坏。这种行为的产生一方面是刚才所论述的第一个特点所引起;另一方面就是社会大众传播的非理性所产生的。但是在趣缘组织中,可以在一定程度上消解"集合行为"。这一方面来源于网络粉丝成员特立独行的个人色彩;另一方面也归结于约束力不强的网络组织特色,这样一旦有了一些流言飞语和偏激言语,部分网络组织成员也往往会从大众的人云亦云的氛围中脱颖而出,引出新的话题。

在传播效果方面,这个趣缘组织呈现出一种双重特色,它既使得粉丝成员出现偏激,但同时它的传播又能使得网络效果出现理性色彩。从这个角度来说,这个趣缘组织的传播效果给了网络管理新的启示。

---

① 于得溢.网络:传播的另一种生存方式.漳州师范学院学报,2005(4).

第二节　网络趣缘组织内的人际关系测量
——以现实班级 QQ 群为参照

无论是正式群体还是非正式群体,其存在和发展的关键因素在于群体凝聚力的大小。而在这其中,群体内的人际关系是反映并影响群体凝聚力的一个重要因素,网络组织更是这样。人际关系直接对组织成员的行为、组织活动及其绩效产生影响。研究一个组织的人际关系状况的目的就是为了协调组织内的人际关系,改善内部人际气氛,增加组织的凝聚力,提高组织活动绩效,从而促进组织的发展。

一、 选择参照群的原因

网络粉丝群这种网络趣缘组织是典型网上群体,粉丝成员在现实社会中互不认识,通过网络粉丝群交流信息、传递感情,从而产生联系。与这种网上群体相对应的是网下群体,这种群体是在网下的现实生活中已经建立起的群体,比如公司的工作团队、学校的班级、机关的科室等。而这种群体有时候也利用网络进行群体沟通,如高校班级 QQ 群里的同学都在学习生活中发生直接联系,但为了信息传递的便捷,几乎每个班级都会在网上建立 QQ 群等。

从人际关系的状况而言,这两种不同的群体尽管都以网络为传播媒介,但成员之间的人际关系的产生条件、人际关系稳定状况都有所不同。

为了更好地体现网络粉丝组织本身的网络特性,本书将其与网下群体分析比较,从而更加直观地分析粉丝群这个趣缘组织的人际关系状况。

二、 测量维度的界定

网络粉丝群这个趣缘组织作为一个非正式群体,其生存发展的空间很大程度上依赖于群体成员之间的人际关系联结。从网络管理和网络研究的角度来说,对于网络粉丝群体的态度可以从其内部的人际关系状况来判断和解读。

根据社会心理学研究方法,我们将群体的人际结构和群体凝聚力作为测量网络粉丝组织人际关系的参照维度。

1. 人际结构

人际结构首先考察的是每个成员在群体中受欢迎的程度和地位状况。通过量化,总体比较在网络虚拟的社区中,粉丝成员之间的亲疏关系的差异,从而判断群体是否呈现隔层化,即是否有某些成员因为个人职务的担任或持有信息资源等因素而备受欢迎或其社会地位指数在群体内偏高,从而产生了群体核心者或偏离者,进而使得成员之间关系的亲密或疏远,这样在群体内就产生了人际结构的隔层,导致人际结构的不均衡。

2. 群体凝聚力

群体凝聚力最直接的体现是成员之间关系的融合程度,当成员关系越亲密,那么群体凝聚力也越大。因此,群体凝聚力考察的是该群体成员的相容程度,即群体内是否存在小部分成员因为亲密关系的不同而在大群体的环境下成立新的小群体的现象。群体凝聚力与人际结构有很大关系,当人际结构出现了隔层,那么处于群体核心地位或群体边缘的成员就会因此而在该群体内部建立新的小群体,当有若干个类似的小群体出现时,我们称之为"小群体化"。当一个群体单位内出现了若干个小群体,形成小群体化,那么在群体内部成员之间的关系不能完全融合在一起,从而产生对群体活动的阻力,降低群体凝聚力因而影响该群体的绩效。

三、 实验假设

通过比较"网上群体"和"网下群体"的测量,结合参考测量的维度,本书实验假设如下:

H1:与网下群体班级 QQ 群相比,粉丝群这个趣缘组织的人际结构隔离层化低,人际结构均衡。

H2:与网下群体班级 QQ 群相比,粉丝群这个趣缘组织的凝聚力差,群体相容程度不高。

四、 测量方法及实验设计

1. 社会测量法概述

为了从实证的角度测量出维度指标,本书选用美国心理学家莫雷诺设计的一种社会计量法。莫雷诺的社会测量法主要是通过问卷形式,在问卷中设计具体问题,如你最喜欢和谁一起参与活动等,向群体成员提出问题,让其回答。问题设置最多不超过 7 个,最少不少于 3 个,并且问题多以正面回答为主。根据各成员的回答,绘制相关问题的矩阵图或表格图,根据指数分析法了解该群体内的人际关系结构和信息,评价成员之间的关系,从而客观地从整体判断该群体的战斗力和凝聚力。从实践来看,该方法可以是群体内的人际关系清晰化、具体化,它主要可以考量群体内部人际结构、群体凝聚力大小以及成员之间好感、反感的程度。[①]

2. 实验设计

根据莫雷诺的社会计量法，结合本书的两个测量维度，本实验设计主要分为四步：被测试成员挑选、设计测量问卷、实施测量与数据处理、指标量化。

① 第一步，被测试成员挑选。为了测量出人际结构与成员身份地位的关系，本书采取了身份对应编号的挑选方法。

本书选取两种群体的典型组织：偶像粉丝的贴吧和班级 QQ 群为代表，采用分层抽样的方法从每个群体内各抽取 10 名成员，在所有成员中，从群体创始人至普通成员各个级别都有代表个体。我们从一个偶像粉丝贴吧（台湾新兴偶像赵又廷的百度贴吧）和一个高校的研究生二年级班级 QQ 群各选取了 10 名成员，在粉丝群中有各个部门的负责人和贴吧创始人及普通粉丝，而班级群则有班干部和学生成员。

为方便成员身份的记录，我们按照编号给 10 名成员排序，其中，该群体的核心人物即贴吧创始人和班长都被安排 5 号，部门负责人和学习委员等干部分别有 1 号、3 号、7 号，其他成员为普通成员。

② 第二步，设计测量问卷，也就是要制定给群体成员进行回答选择的问题。这些问题要能够反映出成员之间的关系。

根据莫雷诺的测量法，为了避免引起被调查成员的消极情绪，问卷中题目以正面回答设计，这样在研究群体内成员关系时，成员之间的接纳和吸引的关系便一目了然。问题的选择项以选择 1～3 个为宜。根据以上原则，本调查问卷的问题（选项均为三项）如下：

(1) 你喜欢与谁一起参与活动？

(2) 你喜欢和谁在网上聊天？

(3) 你认为谁适合当吧主（班长）？

(4) 你愿意和谁交流活动心得？

(5) 你喜欢和谁在网络贴吧（QQ 群）外私自成为朋友？

③ 第三步，实施测量与数据处理。

给两个群体的 20 名成员分别发放问卷。为了消除成员的顾虑，在实际测量时采用问题和答案分开的形式，然后收回个案选择答案卡。

首先根据每一个成员对 5 个题目的选择制作一份图表。以贴吧群体中 2 号的选择情况为例，如表 4-1 所示。

---

① 凌翔.莫雷诺社会测量法在运动队群体内人际关系测量的运用.上海体育学院学报,1992(5).2.

表 4-1   贴吧群体中 2 号的问卷答题情况

选择者	被选择者										题号
	1	2	3	4	5	6	7	8	9	10	
2 号	√		√	√							(1)
				√	√			√			(2)
					√		√				(3)
						√			√		(4)
								√			(5)

注:选择者栏内填被试者的编号;被选择栏中的 1、2、3……编号是群体成员的代号;题号是对应问卷中题目的编号。

这样总共收集到 20 张个案选择答案图表。

每张个案选择答案图表收集后,把测量结果统计在"社会测量统计表内"(表 4-2),这个表是根据每个问题的选择情况设计一张,如针对第一个问题"你喜欢与谁一起参与活动?"的回答情况相对应的统计表如表 4-2 所示。

表 4-2   针对第一个问题"你喜欢与谁一起参与活动?"的回答情况相对应的统计表

选择者	被选择者										总计
	1	2	3	4	5	6	7	8	9	10	
1		√							√	√	3
2	√		√	√							3
3					√		√		√		3
4		√									1
5						√	√			√	3
6			√		√			√			3
7				√			√				2
8	√						√			√	3
9		√		√							3
10	√	√		√							3
总计	3	3	3	2	4	2	3	2	2	3	26

那么 5 个问题就可以得到 5 张选择情况的图表卡,每个成员的选择与被选择数量清晰地显示在这 5 张表里。例如表 4-2,针对第一个问题"你喜欢与谁一起参与活动?"1 号成员选择了 2 号、9 号、10 号总共 3 个,依此推理。同时,该表还可以反映出每个成员的被选择情况数目,比如从第一个纵列看,针对问题"你喜欢与谁一起参与活动?"有 2 号、8 号、10 号 3 个成员选择了喜欢与 1 号一起参与活动。

通过表格法的数据整理,针对这 5 个问题,每个成员的被选择情况如表 4-3 所示。

表 4-3　贴吧粉丝成员被选择数

粉丝编号	1	2	3	4	5	6	7	8	9	10
问题(1)	3	3	3	2	4	2	3	2	1	3
问题(2)	2	2	3	2	2	2	3	2	1	4
问题(3)	1	2	2	3	3	2	1	3	2	2
问题(4)	2	1	1	1	3	4	2	3	3	3
问题(5)	2	2	2	3	1	2	3	1	2	2
合计 Ac	10	12	11	11	13	12	12	11	9	14

该表的表示是,例如在问题一中,共有 3 名粉丝成员选择了 1 号,3 名粉丝选择了 2 号,依此类推。那么在所有的 5 个问题中,1 号粉丝成员被选择的数目为 10 个,2 号粉丝成员被选择的数目为 12 个,3 号为 11 个,依此类推。

表 4-4　班级 QQ 群同学成员被选择数

同学编号	1	2	3	4	5	6	7	8	9	10
问题(1)	2	3	1	4	0	2	3	3	2	1
问题(2)	1	2	2	2	2	3	1	2	2	2
问题(3)	1	0	1	1	3	1	2	2	3	1
问题(4)	3	4	2	2	1	3	1	1	0	3
问题(5)	2	4	2	2	2	2	2	3	1	3
合计 Ac	9	13	8	11	8	11	9	11	8	10

注:此图表原理同表 4-3。

另外,在前文中的问卷设计中,我们提到每个问题的选项可以有 1~3 人,每个群体共有 10 名成员接受了测量,根据莫雷诺的测量方法统计原理,每个问题的理论被选择数为 $3 \times (10-1) = 27$。而每个问题的实际被选择数根据表 4-3 和表 4-4 可得,如在粉丝贴吧群成员的测量中,针对问题(1),共有 26 次项的同学被选择。依次可制定以下表格(表 4-5)。

表 4-5　粉丝贴吧群内所有问题总被选择数统计

问题编号	理论被选择数	实际被选择数
(1)	27	26
(2)	27	23
(3)	27	21
(4)	27	23
(5)	27	20
总计	135(T)	113(A)

表 4-6　班级 QQ 群内所有问题总被选择数统计

问题编号	理论被选择数	实际被选择数
(1)	27	23
(2)	27	19
(3)	27	15
(4)	27	18
(5)	27	23
总计	135(T)	98(A)

④ 第四步,指标量化。在本章第二节中,本书设置了人际结构和群体凝聚力作为考量人际关系的参考维度,那么在这一步实验当中的任务就是,将这两个维度进行指标量化,通过计算有关指数来测量这两个维度。

人际结构的考察需要首先测量每个成员在群体内受欢迎程度,也就是成员之间的互相吸引关系的程度,进而分析其该群体内的地位。在莫雷诺的社会计量法中,成员在群体内的地位可以通过被他人所接纳的指数的指标来反映。"被接纳指数 Ip 是指实际被他人选择数 Ac 占可能被选择数 N 的比例(N 为问卷中选项总数),用公式 $Ip=Ac/N$ 表示。"[1]

群体的凝聚力最直接的体现便是这个群体的相容程度。这个指标可以通过计算群体相融指数来反映。群体相容程度通过测量问题的被选择指数来判断,"群体相融指数 I 是指全部问题的实际选择数 A 占全部问题的理论选择数 T 的比例,用公式 $I=A/T$ 表示"。[2]

因此,该测量实验中的的两个维度的指标为成员的被接纳指数和群体相容程度指数。

结合以上表 4-3～表 4-6,计算可分别得到群体内每个成员的被接纳指数和群体的相容程度如表 4-7 和表表 4-8 所示。

表 4-7　粉丝贴吧成员的被接纳指数

粉丝编号	1	2	3	4	5	6	7	8	9	10
合计 Ac	10	12	11	11	13	12	12	11	9	14
被接纳指数 Ip	0.67	0.80	0.73	0.73	0.87	0.80	0.80	0.73	0.60	0.93

$Ip=Ac/(N-1)$（$N-1=15$）

① 凌翔.莫雷诺社会测量法在运动队群体内人际关系测量的运用.上海体育学院学报,1992(5).2.
② 凌翔.莫雷诺社会测量法在运动队群体内人际关系测量的运用.上海体育学院学报,1992(5).2.

表 4-8　班级 QQ 群成员的被接纳指数

同学编号	1	2	3	4	5	6	7	8	9	10
合计 Ac	10	12	11	11	13	12	12	11	9	14
被接纳指数 Ip	0.60	0.80	0.53	0.73	0.53	0.73	0.60	0.73	0.53	0.67
$Ip=Ac/(N-1)$ $(N-1=15)$										

粉丝贴吧的群体相容程度指数 $I=A/T=113/135=0.837$

班级 QQ 群的群体相容指数 $I=A/T=98/135=0.726$

五、 测量总结概括

为了更好地直观分析以上四个指数的分布状况,我们先将统计的四个数据图表绘制成柱状图,首先分析人际关系维度中的指标数——被接纳指数:

贴吧粉丝成员的被接纳指数表示如图 4-2 所示。

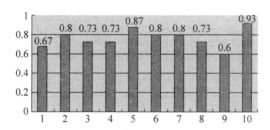

图 4-2　贴吧粉丝成员的被接纳指数分布图

班级 QQ 群成员被接纳指数表示如图 4-3 所示。

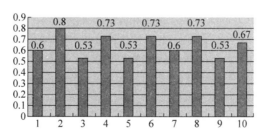

图 4-3　班级 QQ 群成员被接纳指数分布图

结合两个网络群体成员的数据图来看,总体上说,粉丝群这个趣缘组织与 QQ 群的成员被接纳指数均高于 0.5,这说明两个群体的成员互相吸引的关系良好。

再分别比较各个成员的指数,可以发现在班级 QQ 群的被抽查的 10 个同学中,在班里担任了职务的 1、3、5、7、9 号同学的被接纳指数均低于其他同学,这说明这 5 位同学在该群体内的受欢迎程度要低于其他同学。从人际结构的角度来说,这 5 位同学在该班级群内的人际结构中的地位就不同于其他同学,即这 5 位同学与另外同学之间出现了一定的"隔层",从一定的程度上该图示反映了该群体内人际关系的隔层化现象。并且我们发现,在该群体里职位最高的 5 号(班长)在该实验测量中被接纳指数为 0.53,为所有被测量对象的最低,这说明在网下群体中,成员个体与他人的人际关系与其所担任的职位是有一定的关系。而在贴吧中的测量实验中,这种情况却不明显。尽管同样在贴吧中掌握了一定的信息资源并担当了职务,1、3、5、7、9 号粉丝在贴吧中的受欢迎和被接纳的指数并没有因此相应地得到体现,各个粉丝的认可度比较均衡。相反,我们发现在测量中,10 号粉丝受到了其他成员的最大认可,他在该贴吧中没有其他职务的担任。

在粉丝群这个趣缘组织的实验中,成员的被接纳指数差异要小于网下群体的测量指数,则说明在这个网上群体中,每个成员受欢迎的程度比较均衡,成员之间的亲疏关系接近,那么人际结构就呈现低隔层化。从而说明假设是成立的。

接下来我们再从整体来分析群体的相容程度的数据,制出横条图如图 4-4 所示。

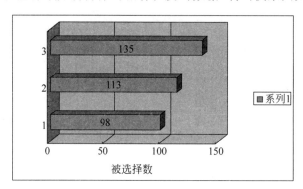

图 4-4   群体的相容程度

注:3 表示问卷中所有问题的理论被选择数;2 表示网络粉丝群体 10 名成员回答问题时所选择的总数;1 表示班级 QQ 群 10 名成员回答问题时所选择的总数。

根据莫雷诺的测量理论,群体的相容程度指数为所有问题被选择数占理论被选择数的比例。从图可知,两个群体的相容指数大于 50%,说明群体的相容程度还较高。在这个环节中,我们发现与测量实验假设的不同是,粉丝群这个趣缘组织的相容程度要高于网下群体 QQ 群。根据之前的维度指标量化可以推出,网络粉丝群体的凝聚力要大于班级 QQ 群,这与假设相矛盾。

这也与之前的许多相关理论研究不同,无论从成员之间的认可度与亲疏关系还是整体的相容程度,这个网上群体——网络粉丝群体的凝聚力在一定程度上是较高的。这成为本次测量实验最大的收获点,同时也为我们看待网络粉丝群体提供了新的视角,面对这样一群在一定时间段内具有高凝聚力的群体,网络管理者需要重新审视。

第三节　网络趣缘组织运行及其心理

第二节我们从静态的角度实证测量了一个粉丝群这种趣缘组织的人际关系,和一个社会组织进行了对比。这种对比反映的是它们各自组织内成员心理融通的差异。

本章采用个案分析和深入访谈法,分别采访了几位活跃在偶像贴吧和偶像论坛中的"粉丝头",并跟踪了发生在贴吧论坛里的关于偶像活动的事件。我们试图从中归纳出这个趣缘组织在运行过程中的心理特征。

根据群体过程的规律,一个群体组织运行过程大致可分为以下几个步骤:群体组织的形成、群体领袖的产生、群体规范的执行、群体决策的出台与实施的四个环节,在网络粉丝群体的内部也同样经历相似的过程。

一、 网络趣缘组织的形成心理

一个人要想加入某个群体,他就会四处打听这个群体的情况,接触这个群体的成员,了解相关的问题。这就是个体成为群体成员之前存在的一个勘查过程。在这个过程中,个体心理的选择性体现在人们总是希望加入那些为之提供最大报酬、付出最小代价的群体。①

一般来说,网络群体之外的粉丝们呈现一种"散粉"的状态。他们的散兵游勇式地关注偶像,孤立无援地四处搜索关于偶像的信息,常常是付出多收获少,很难满足他们要大量拥有丰富的偶像信息的渴望,更不要说得到权威性的资料了。网络粉丝群不同,它有信息整合功能,有集体的力量,往往还与偶像有直接的联系,它能够使加入的粉丝得到需要的信息,使之达到心理的满足,于是这个群体就吸引了许许多多"散粉"积极加入到群体中来。

在加入群体之前,"散粉"对于粉丝群这个趣缘组织所能提供的报酬和自身需要付出的代价主要从以下两个方面进行勘查。

第一,粉丝群这个趣缘组织的成员资格是否有助于这一社会层面的认同以及是否能满足他们的心理需求。如湖南电视台《超级女声》一类的选秀活动出现后产生了相应的粉丝群,由于地理和身份、背景等原因,数以万计的粉丝处于"闲散"状态。"散粉"在网下进行心理勘查时会发现,这些网络群体,粉丝们有了固定的名称,如张靓颖的网络粉丝统称

---

① Rupert Brown.群体过程.胡鑫、庆小飞译.北京:中国轻工业出版社,2007.16.

为"凉粉";群体里,粉丝也有了共同的话题和共同的组织活动,加入其中就能找到一种被认同感和归属感。于是,先看到者就先加入。而那些还处于网络群体之外的"散粉"就有了被冷落的心理落差,他们急切渴望也能加入到网络粉丝群体中,去选秀现场造势,在偶像到达的机场接机,获得一种自我价值实现的心理满足。

第二,网络群体对于身份要求是否苛刻严厉,这是粉丝个体在勘查过程中考虑到的代价问题。有相当一些群体对于成员的同质性有着较高的要求,如网上校友会、同乡会、学生班级 QQ 群、单位 QQ 群等,身份、背景、文化程度往往是个体加入群体之前需要考虑的因素。但是在网络粉丝群体中,"共同的兴趣"即对偶像的崇拜和喜爱是成员加入组织、参与组织活动的基本动力,加之网络的虚拟与匿名的特征,粉丝群对于新成员的加入几乎没有身份或背景的限制。成员在加入一个粉丝群时不像在社会普通群体里会有各种典礼或仪式,在网络空间中粉丝以主观愿望为基础,只要他注册了某个网络粉丝群,并主观认为自己从属于某个群体时,他便成为了这个群体的成员。并且,粉丝群这个趣缘组织在形成和发展过程中没有太多的约束,粉丝可以自由地加入或退出。

另外,粉丝个体在勘查的过程中会注意到,网络群体能为个体提供身份转变的平台。在网络群体里,成员的角色划分与现实身份没有任何关联,粉丝个体可以在网络中拥有新的身份,实现自己的身份转变。如曾经的最大粉丝团——"玉米"的粉丝头,在现实生活中只是一名普通的白领,但通过她组织的李宇春参加"超女"造势的一系列活动之后,被其他粉丝推选为一名"管理者"。

二、 网络趣缘组织的领袖产生与成员接纳心理

当粉丝群这个趣缘组织在网络上以虚拟社区的形式建立起来以后,整个组织需要有领袖的带领和协调。网络粉丝组织的"轴心"——偶像,事实上从未在群体里"现身",粉丝群这个趣缘组织的领袖就像是偶像明星在粉丝中的"代言人"。这个趣缘组织领导者的产生,是被其他粉丝推选出来的。与普通群体领导产生的特质理论有所不同,网络上的群体成员在选择领导时,与群体所处的情境和粉丝成员面对情境时产生的心理状态有很大的关系。

首先,粉丝团的成立往往是自发的行为,当一个粉丝团在网络上创建之时,粉丝之间的熟悉程度不高,彼此之间的了解也不深,粉丝团的活动就处于群龙无首的情境。多数的粉丝是处在一个慌乱、怀疑与不稳定的心理状态中来到这里的,大家都渴望此时能有一位振臂一呼、稳定军心的领袖出现。那么那些群体建立之初在各种虚拟社区中最活跃、最积极的粉丝,就容易得到其他粉丝的爱戴和认可,被大家推选出来成为粉丝群这个趣缘组织的领导者。或者是有成员能在虚拟社区里以积极的发帖、提供最新最准确的有关偶像的动态信息,用组织活动等形式表达对偶像的支持,带领其他粉丝参与各种活动,粉丝们也

会有找到了主心骨的感觉,从而把这类成员选成领导者。如当初中国最大的粉丝团——
"玉米"的粉丝头在天涯社区和百度贴吧以"醉春风"的名字发表了一系列的文章,表达对
李宇春的喜爱和支持,在网络粉丝群体中有了很高的声望后,被其他"玉米"推选为虚拟社
区的"管理者"。

其次,当粉丝群这个趣缘组织面临各种不同情境时,如自己喜爱的选秀偶像人气下
降、投票减少,其他粉丝群体对本群体进行"言论攻击"等,粉丝团内部会有情绪上和心理
上的波动,此时的粉丝头和其他管理者就应该对此采取相应的应对措施,稳定粉丝成员的
波动心理,使成员保持对领袖的认可。

粉丝头只有得到其他成员的高度认可,才能在粉丝群这个趣缘组织内部有一定的威
信和说服力,而这种认可度主要看粉丝成员心理被满足的程度,即粉丝群这个趣缘组织活
动的完成情况和粉丝从中获得的精神愉悦程度来衡量。如果领导开展的活动不能满足群
体成员的期望,那么领袖的声望就会降低,甚至会出现成员要求更换领袖的情况。在"玉
米团"建立初期,贴吧里 ID 叫"春风化宇"的人在李宇春朋友的特别授权下成为了"玉米
团"的"管理者",但是"上任"后发生了一系列因组织活动与管理不力引起粉丝强烈不满的
情况,于是遭到了其他粉丝的一片"声讨"。最后在大部分粉丝一致同意的情况下,把组织
权力交给了另一个"玉米"。

三、 网络趣缘组织的规范执行心理

网络粉丝群既然是一个组织,那么它就必须有一些组织与群体规范,以保证在组织活
动中不是一盘散沙。

群体研究理论认为,根据群体的构成方式的不同,群体可分为正式群体和非正式群
体。[①] 粉丝群这个趣缘组织属于非正式群体,这里的群体规范不十分严格,只是大概的几
条或多条约定而已。如一些粉丝群为了显示自己粉丝队伍素质,在贴吧或天涯社区的发
帖区会规定禁止发布一切与政治舆论有关的内容,禁止发布未经证实的小道消息和传闻,
禁止回复无意义的水帖,禁止人身攻击和谩骂等;外出活动工作组也规定见到偶像不得
使用闪光灯,不得跟车等。[②] 而在实际的规范执行中,由于这个趣缘组织不具有权威性,
它没有明确的组织权力来规定群体成员必须执行规则,群体内部也不会严格按照规则行
事,加之网络组织的成员可以"出入自由",这样一来群体内部的秩序就主要靠粉丝成员的
自觉性来维持了。换一句话来说,正式群体的组织力量保证了它的规则的强迫执行性,而

---

① 郑全全、俞国良.人际关系心理学.北京:人民教育出版社,1999.411.
② 杨静.关注网络粉丝俱乐部群体.青少年与网络,2008(1).77.

非正式群体的规范就只好由组织成员的心理互动来保证规范的执行了。

　　一般来说,每个能活动的群体都有一个核心。这个核心中的人物是群体的灵魂,是群体活动的发动者、组织者,也是群体规范的维护者。在正式群体里,核心可以说一不二,做到令行禁止;但是在非正式群体里,核心对群体规范的维护是服从于一种先入为主原则和简单多数原则。这两种原则都是心理效应的原则:当一个规范遇到某些群体成员质疑时,首先是核心中的人物拿出"以前什么时候我们就是这样做"的说法,以惯例沿用的准则来维护群体规范;其次是争得离核心较近的一些成员的支持,然后再拉拢一批其他成员的认可(有时只要默认就行),形成数量上的优势,核心就有了一定的力量,这个时候他就可以利用成员的从众心理,达到维护群体规范的目的,要求全体成员都来执行群体规范,排除违反群体规矩的行为。对于心理上追求归属感和认同感的众粉丝来说,这样做是会起到使之"随大流",而更好地与其他粉丝成员融合的效果。

　　在执行规范的过程中,群体内部往往会出现偏离者,这种人常常是心理上离群体核心较远的成员。偏离行为有多种多样的原因,比如一些偏离性行为的出现经常是因为粉丝成员对参照群体产生的一种"比较"心理。例如粉丝群体因为选秀偶像之间的竞争,各个网络群体之间也会有一定的"仇视",不同群体的粉丝成员会彼此进行比较,活动和工作不好的群体其成员心理上就会产生落差,严重时会使成员对群体规范甚至对所属群体产生怀疑。比如在第二届《超级女声》比赛中,成都三强李宇春、张靓颖、何洁赶赴长沙,接机的粉丝全部是"凉粉",而没有一个"玉米"。这件事在"玉米"的贴吧里引起很大反响。当时贴吧里一片哀怨。[①] 许多"玉米"纷纷埋怨贴吧没有组织好此次接机活动,认为"凉粉"的组织活动很有秩序,甚至有成员认为自己的"玉米"贴吧不及"凉粉"贴吧好。对违背了群体利益与规范的成员,粉丝群这个趣缘组织也往往采取心理上的惩罚来排斥偏离者。当有粉丝出现"身在曹营心在汉"的情况时,其他粉丝主要采用孤立他的方式来打击这类粉丝。如在韩庚帖吧里曾经出现过对韩庚不利的帖子,随即该帖被删,并且每当这位发帖者再次在贴吧里发表言论和进行其他活动时,别的粉丝采取了不予理睬的态度,这种从心理上排斥的做法体现了网络粉丝群体对于严重偏离者的态度。

四、 网络趣缘组织的决策及其心理

　　当网络粉丝群这个趣缘组织有了共同的趣缘,一致推选出了领导者,并且有了一定的秩序保障,这个趣缘组织就要"开展工作",开始执行组织的功能,通过各种造势和支持性

---

　　① 夏语. 中国最大粉丝团运作内幕. 转载 2007 年 6 月 3 日《晨晨的基地》. http://blog.sina.com.cn/s/blog_4d457890010009na.html.

的活动来表达对偶像的追随和崇拜。这里,每一项活动的开展都需要群体做出决策。

　　粉丝群这个趣缘组织内部有一定的分工,一般有管理员、版主、宣传组、视频组等部门,从一定意义上可以说这些分工是有一定等级的。从粉丝头到旗下的普通粉丝,这种等级性主要体现在决策制定和执行方面。粉丝团内部一般有几个地位平等的粉丝头,他们分别负责不同区域或不同场合下的工作。例如,"快男"魏晨的"乐橙"粉丝团内就有负责西北地区、北方和南方地区等区域工作的几个粉丝头,在偶像到达的机场有负责接机工作的粉丝头,在演唱会现场有负责造势的负责人。

　　如前所述,由于这些粉丝头具有最新最多的有关偶像动向的信息,有的还有一定的经济实力支持粉丝团活动,所以他们有一定的决策和安排活动的权力。当有了这种权力,管理者便遵循一切为了偶像的宗旨安排活动。在网上,管理者往往有专门的网络社区进行网上交流与策划。在这个专区中,决策的制定者虽然不是面对面的接触,但在网络空间通过 QQ 群聊、社区或贴吧发帖等形式能够有效地进行决策。另外,如果偶像有非常重大或重要的活动,管理者会在网下实地进行讨论,然后再决策。

　　然而,粉丝群这个趣缘组织作为一个既没有法定授权的群体,又没有经济契约制约和严格的规章制度保障的非正式群体,管理者做出的决策要被成员接受和执行也不是一件容易的事。在这个问题上,决策的执行主要以成员的趣缘心理为基础,通过赢得大多数人的认可,并加以心理说服与抚慰的方式,使决策能够得到较好地执行。

　　这个趣缘组织是一个基于趣缘的人际交往而逐渐形成的社会交往圈。因为对某个偶像的喜爱和崇拜,粉丝聚集在一起,他们有共同的偶像崇拜情结。在网络粉丝群体里,决策制定的所有指向都是针对偶像,大部分的决策活动能使成员更加了解、亲近偶像,满足粉丝的精神期望。虽然因为网络的随意性和匿名性,粉丝成员的许多行为并没有被监督和约束,但在大多数情况下,由于管理者所做的决策都是关于偶像活动的,多数粉丝是愿意参与的。

　　在赢得了大多数成员的支持后,在群体内部就容易产生"沉默的螺旋"效应,大多数人的舆论迫使少数反对者只能"沉默"下去。随后,管理者会在虚拟社区中以各种形式通过说服来影响少数粉丝,使之执行群体所做出的决定。例如有关议题被提出,需要大家参与,管理者会将决策的帖子"置顶",通过高点击率与回复率的方法在心理上对粉丝成员起到潜移默化的说服与鼓动的影响。如在每个贴吧里,被"置顶"的帖子都是有关活动决策的内容和对成员的集体要求,像在某个机场组织一部分成员现场"接机",在演唱会现场拉横幅造势等。即使到了最后仍有不同意见的个体成员,也会在群体内部"一边倒"的氛围下,在管理者以"不同心也要协力"来保护群体荣誉的压力下,被迫接受,并执行群体决策。

五、 网络趣缘组织的成败与凝聚心理

虚拟的空间,从未谋面的偶像,成员之间较少地进行面对面的交流,粉丝对群体十分自由的选择等等,面对这些问题粉丝群这个趣缘组织如何能够保持自己的内聚力呢?

通过我们具体地对粉丝成员的访谈,得知这个趣缘组织的内聚力主要来源于集体的威望、成员之间的相互吸引和完成目标时得到的满足感。

首先是,大量的网络粉丝对于群体的依赖感较现实生活中的粉丝要强烈一些,成员对于群体的声誉与利益的重视程度也更高。大家对于群体的归属感与认同感直接影响成员对群体意识的认识。当粉丝成员认为自己群体在同一层群体中有一定的声誉,那么个体就会有种强烈的集体意识和很好的向心力。

其次是,在群体内部人际交往的过程中,成员与成员之间的关系也是直接影响成员是否愿意留在群体里的主要因素之一。当成员之间有更多共同的话题,在心理取向和价值观念上有较大的一致性,那么成员之间的相互吸引力就加大了,成员对群体的向心力也就更强了。

最后是,粉丝群这个趣缘组织中的个体都期望能够在群体中得到自身需求的满足和个人目标的实现。如果网络群体能够在实际的活动中完成群体目标,甚至在一定程度上达到了个人的期望,那么粉丝成员就有一种满足感,他就更愿意参与到群体的活动中,对网络粉丝群体的忠诚度也就提高了。

粉丝成员的这种向心力强烈与否,主要依靠群体活动的完成情况,选秀明星的获胜与否,与其他粉丝群体的竞争如何。例如在百度贴吧里,有关为选秀明星的造势活动的文章是每个贴吧最热门、回复率最高的帖子,粉丝以一种急切关心偶像的心情和充沛的感情投入其中,为造势活动出谋划策。在每一轮的 PK 中,如果偶像能够因为场外观众的投票数高于对手而胜出时,这个趣缘组织在网络上的凝聚力就大大提高了。

在网络上,由于网络规范的约束性不强,网络上各种“语言性攻击”泛滥,在粉丝群体之间尤为明显,随着比赛 PK 制的进行,粉丝群之间的谩骂、恶意丑化对手的帖子在贴吧中也很多。在这种与对方群体的冲突中,通常会使粉丝成员对群体的向心力增强。这种忠诚度、向心力的增强,也使得这个趣缘组织的内聚力增强了。

第四节　网络趣缘组织传播心理特征

随着网络触角的不断蔓延,作为网络上一种非正式群体的典型代表——粉丝群这个趣缘组织已经成为网络虚拟空间中的一股新势力,而粉丝群的传播心理是该群体发展的重

要支撑条件之一。本节我们将在前几节的基础上,归纳网络粉丝群体的一些传播心理特点。

一、 群内的平等心理

这是粉丝群这个趣缘组织最大的传播心理特征,也是与现实社会群体最大的不同之所在。平等化主要体现在群体结构的平等,大部分粉丝之间的好感程度较高,没有明显的隔离层,即隔层化低,也就不存在极化的"小群体"。

无论从内部系统的传播机制还是群体建立发展过程中成员之间的人际关系,网络粉丝群体与普通社会群体的最大特征便是地位的平等,这与网络特征有极大的关系,网络媒介为所有网民提供的是一个平等的空间,在这个空间里,人与人之间没有较多社会化的标签区别,从而也就与现实中的诸如科层制似的社会规范相抵触。按照马克斯·韦伯的科层制的理论逻辑,金字塔型纵向权利结构模式的形成根源于信息资源的垄断化,而网络粉丝群体因其依托网络虚拟空间的开放,使得群体内部的中心权力"被零处理",成员在扮演各自角色的同时不必过多地趋向中心。在网络群体中,粉丝成员可以在网络上零成本或低成本地获取、分享资源信息,或者说信息的占有与其在群体内部所处的地位高低与权利大小没有直接联系,这样在网络粉丝群体中,从某种意义上说粉丝头的义务、责任大于其所享有的权利。这种现象与网下群体相比,带来的最大优势便是在其他因素排除的前提下避免了极化的"小群体"的产生。在现实的社会组织中,往往会在整体的环境中存在极小部分成员组成的小群体,这些成员很大程度上是因为个人地位的不被重视或自身权利的被剥夺导致成员心理的极化,对高地位的成员产生了反感甚至厌恶,于是心理认同与其他成员存在偏差,往往这些成员在不违背大群体的规范下私自成立了自己的小群体,从而也就容易导致该社会群体的隔层化。

随着地位的平等,网络粉丝的心理上也就形成了一种平等的意识。一方面,当他们在网络上活动时,甚至当偶尔需要在现实生活中执行必要的网络群体内安排的任务时,粉丝的"地位"意识淡薄,考虑人际喜好关系的习惯几乎不出现,这为该群体任务的执行提高了效率;另一方面,这种平等化鲜明地体现在粉丝成员之间人际关系的好感、排斥,与所处的地位没有正负相关性,这在一定程度上减少了粉丝群这个趣缘组织内部人员之间的关系摩擦,对提升群体的凝聚力具有正面作用。

二、 对外的开放心理

粉丝群这个趣缘组织的开放心理体现在两个方面。一方面是成员对于外来成员加入的不排斥。在普通群体中,大部分组织成员是基于地缘、业缘等人际交往而逐渐形成的社会交往圈。在群体形成过程中,成员在各方面都有很高的同质性,对于社会背景和个人素养存在一个隐性的筛选,或者说是老成员对新成员加入是有某种要求的。然而网络组织却不是这样,在前面的网络粉丝群体运行过程中可以得知,网络"散粉"要想加入一个明星偶像的粉丝群,他不用像社会群体那样经过各种手续或某种仪式,他完全凭着自主的愿望加入,就是某个网络粉丝群体的一分子了。而已经是该群体的粉丝们,对于外来的"散粉"也没有太多的心理防备,对于新加入者没有过高的要求。

另一方面体现在这个趣缘组织之间的开放。在网络的虚拟社群中,每个偶像明星的粉丝团之间是互通有无的,粉丝成员之间可以随意地在对方群体中发表言论,参与活动。而对方的网络群体成员对于这种现象是认可并支持的。他们认为这种开放式的交流可以更迅速地获得自己喜爱偶像明星的资讯,也可以了解偶像明星生活中的"花边新闻"。在获得资讯的同时,粉丝成员还利用这种开放的心理到对方的群体中发布自己推崇偶像的信息以及本群体内部即将举行的活动,这样既可以提高本偶像明星的知名度,有利于本群体的发展,也能达到扩大本群体影响的目的。

粉丝群这个趣缘组织的开放态度有其利弊所在。开放的心理使得传播沟通的障碍减少,降低了在传播过程中"噪音"等不利因素所带来的困扰。但同时,过于开放的心态容易引起外来负面因素对本群体内成员情绪的影响,毕竟在网络空间中,这个趣缘组织的各种规范还不成熟完备,一旦有不利于偶像明星的流言传入群内,那么本群内的粉丝因为"网络性格"而产生情绪波动,易造成群内情绪的不稳定。

三、 成员的自主心理

作为一个网上群体,其正常运行的空间都在虚拟的网络中开展,并且与偶像相关的各种网络社区的数目不断扩大、网络粉丝的队伍也越来越庞大,这其中除了一定的规范秩序维持外,网络粉丝的自主心理起了巨大作用。粉丝群这个趣缘组织作为一种非正式群体,其规范程度和制度完备程度都不及正式群体,从一个网络粉丝群体诸如偶像的百度贴吧来说,从建立贴吧到粉丝的集结再到贴吧活动的开展,网络粉丝群体的运行过程并没有像现实社会组织那样,拥有流畅的动态运行过程和完备的规章规范。其中,网络粉丝源于对偶像的超级喜爱与拥护,他们对于群体的心理认同会随着偶像的流行程度达到高度的统一,甚至高于一般的社会群体组织。因此,无论是在群体里的正常交流还是参与由网络群体组织的相关活动,粉丝大都会自主地遵守群规,按照规则共同维持好网络群体的秩序。

网络粉丝的自主性生成有一个过程。在我们的深度访谈和分析中发现,网络粉丝加入某个偶像的粉丝群这个趣缘组织时,在最初的阶段是存在一个功利心理的,如前所述他/她在准备加入一个群体时有一个"侦查"的比较心理,了解自己是否能够从该群体中获得自己需要的信息资源。他/她即便加入到这个趣缘组织中后,这种功利性的心理仍然持续一段时间,因为他/她此时还是对于该网络群体处于半信任状态。这位新加入者在群体内与他人的交流和执行活动任务时自主性相对较差,或者说他的自主性存在一定的功利性,这是网络粉丝成员自主性心理的第一个层面。

第二个层面体现在,当他/她参与了一些活动并在对该群体熟悉之后,该粉丝成员对于群体的认知程度随之提高,加之偶像明星的流行与群体活动的丰富,这名粉丝成员对于偶像更加崇拜,此时他/她的主人翁意识就强烈了,在遵守群体规则和执行群体任务时,内心的认同使得他有了强烈的自主性心理。这也就将粉丝群这个趣缘组织内的粉丝与经常游离在群体的"散粉"区别开来了。

四、 状态非恒定心理

追星目标持续性差可以看成是网络粉丝的一种网络性格,这种持续性差最主要体现在群体凝聚力不稳定。网络社区里的粉丝往往出现"情绪化"的心理特征,对于偶像的痴狂喜爱一方面会促进其对于群体的忠诚;另一方面这种对偶像的崇拜热度没有稳定的基础。无论真假,偶像明星的不良信息披露出来时,该粉丝群内就会出现不支持甚至讨厌明星的声音,这将严重影响群体的相容程度和群体的凝聚力。一方面,偶像的榜样作用会促使网络粉丝群体成员的高度统一;另一方面,当偶像明星的不完美形象出现时,就会影响该群体的凝聚力,一旦不良影响持续这些网络粉丝群体成员将很可能解散。

虚拟的网络空间中,粉丝的情绪也容易被其他网络因素所诱导,这与网络舆论的特点有着密切联系,网络传播中内容的复杂性、传播者的隐蔽性等特点使得网络传播的内容真伪不易鉴别,加之网络群体极化的现象,导致当一条小小的有关该群体成员偶像明星的绯闻或者不利于群体发展的信息传播在网络上,粉丝成员的情绪很容易被激发并不断"传染",于是就可能产生对本贴吧或 QQ 群所组织的活动的质疑,对内部群体个别成员的偏见等,这些都容易导致群体发展的不稳定而成为影响群体心理的诱因。

另外,粉丝群这个趣缘组织的群体凝聚力不稳定还来源于群体规范的不完整,在普通的社会群体中,群体规范和约束是任何一个群体生存发展的必备条件,但网络粉丝群体因为网络环境的原因,加上作为一个非正式群体的身份,它的群体规则并不完善,在奖惩制度方面无法严格规定与实施,从而无法保障该群体的持续存在。

网络公告型传播心理(上)
——网络新闻传播心理分析

2012年7月19日,中国互联网络信息中心发布的《第30次中国互联网络发展状况统计报告》中指出:网络新闻是网民的基础应用之一,随着微博、社交网站等社交媒体的盛行,网民可以通过更多的渠道接触到新闻资讯,并在对新闻的分享和转发过程中提升新闻的覆盖量。其次,随着智能手机的普及,更多网民可以利用碎片化时间且不受场地限制阅读新闻,极大促进了网民对网络新闻的阅读。①

这个中心调查的数据显示截至2012年12月底,我国网络新闻的用户规模达到5.64亿。由于第31次"中国互联网络发展状况统计报告"没有了"网络新闻"使用栏目,所以我们仍然使用中国互联网络信息中心发布《第30次中国互联网络发展状况统计报告》的数据,截至2012年6月底网民对网络新闻的使用率为73.0%。可以说,网络新闻已经是我国公众社会生活中离不开的一个社会信息类型了。

第一节　网络新闻及其传播

一、　关于网络新闻的讨论

网络是新事物、新信息传播的最佳渠道,而新闻又是新信息承载的最佳载体之一,因而自互联网出现以来,网络新闻的发布、接收、阅读、转载、评议便成为了上网者追逐的目标之一。

---

① 中国互联网络信息中心.第30次中国互联网络发展状况统计报告,2012-07-19.

随着互联网的成熟与发展，网络新闻和网络媒体获得了快速的发展，在很短的时间内赢得了众多的受众。网络新闻作为互联网上新闻传播活动中产生的一个新概念，学界已作了不少研究，提出了许多不同的定义：

——从新闻学理论的角度来说，所谓网络新闻，就是指各种机构和个人在互联网上利用网络技术和网络功能对最新发生、发现或正在发生的事实的报道。[①]

——网络新闻是通过互联网发布、传播的新闻，其途径可以是万维网网站、新闻组、邮件列表、公告板、网络寻呼等手段的单一使用或复合使用，其发布者（指首发）、转发者可以是任何机构也可以是个人。[②]

——网络新闻是指传受基于 Internet 发布或再发布，而任何接受者通过 Internet 视听、下载、交互或传播的新闻信息。[③]

——如今提到网络新闻，往往是指由报社、杂志社、广播电台、电视台、通讯社等建立的网站或其他专门化的新闻性网站所发布的新闻。[④]

以上定义从不同角度揭示了网络新闻的实质内涵，各有自己强调的重点。网络新闻的传播途径是互联网，这是网络新闻与其他新闻形式最根本的区别，也是网络新闻赖以生存的根基。网络作为一个开放的信息传播平台，造成了新闻传播主体的多元化，也导致信息与新闻在边界上的模糊及其相互转化。我们认为广义的网络新闻是指互联网上所有网民传播的所有新闻性的东西，像含有新闻信息的帖子、文章、图片、视频、音频等。但是，这是一种泛化的新闻说法，不具有新闻采写与正规传播的可操作性，因而本书所指的网络新闻是符合新闻职业化的定义，即最新发生或正在发生的为网民所欲知、应知而未知的事实的报道，其传播主体则为专业新闻机构，包括报社、杂志社、广播电台、电视台、通讯社等建立的网站或其他专门化的新闻性网站。网民个人当然可以传播新闻，他的传播进入专门网站后，才能被职业化地认可。因而网络新闻传播则是指专业新闻机构通过网络发布新闻的手段及其过程。

二、网络新闻的传播

以互联网为媒介的网络新闻传播的出现，给传播领域带来了全方位的深刻变革。其传播特征，一方面是由互联网的技术特征或者说是网络传播的特性所决定的；另一方面又是同传统媒体的新闻传播相比较而言的。传统媒体由于技术条件的限制，使得其传播

---

① 金梦玉.网络新闻实务.北京：北京广播学院出版社,2001.8.
② 闵大洪.网络新闻之我见——兼与郭乐天先生商榷.见 http://gaokao.zjonline.com.cn,2000.
③ 杜骏飞.网络新闻学.北京：中国广播电视出版社,2001.44.
④ 董天策.网络新闻传播学.福州：福建人民出版社,2004.20.

活动有较多的局限性。而网络媒体由于具有先进的技术平台,使得它具备了其他传统媒体无法拥有的优势,网络新闻传播在内容和形式等方面都呈现出前所未有的鲜明特征。

1. 传播速度的快捷性

网络传播是一种数字化的传播,它是以光纤通信线路为传输载体的。利用电流近于光速的传播速度,这就使得网络中的新闻传播得以摆脱时空的限制。比如在时间方面,网络媒体几乎可以做到 24 小时全天候即时性地发布新闻。网络媒体的编辑记者可以利用自己的电子设备,将正在发生的事实直接上网报道,让受众在新闻事实发生的同时就耳闻目睹到即时新闻。而在空间方面,互联网将地球变成了一个"小村庄",使国与国之间、地区与地区之间、人与人之间的距离大大缩小,网络新闻彻底打破了地域界限,使人们在获得异地新闻方面更为方便和快捷。

传统媒体受到技术、成本等方面的制约,其时效性受到很大限制。它们不仅有制作周期,而且每次都有截稿时间的要求。网络新闻传播则有着独特的优势,版面不受空间的限制,频道的更新没有固定周期,添加或者更新信息在操作上也十分便捷。各大网站对抢在第一时间报道重大新闻极为重视,纷纷展开了速度战,这更强化了网络新闻传播的时效性。除了遇到重大新闻及时发布之外,网上新闻大多采取定时刷新的方法来保证新闻的时效性,这就使网上新闻的刷新频率非常高。

2. 传播内容的海量性

与传统媒介信息承载量的有限性相比,网络新闻传播具有超大容量的特点。传统媒体中,报纸的版面是有限的,一定的版面所能容纳的字数和图片量也是有限的,若要多印 1 万字的内容,就需要增加一个版面,这将给排版、印刷、发行和成本带来很多问题。广播电视同样如此,固定时间内只能播出固定量的新闻信息。网络新闻传播却没有这些限制,网络发布的信息经过了数字化处理,储存在硬盘当中,只要提供几兆的网页空间,就可以容纳几乎所有的新闻信息。理论上讲,网络新闻传播的存储空间可以称之为海量。

网络新闻传播的海量性还体现在专题报道和数据库中,网络媒体可以不限时不限量地储存和传播信息,运行各种信息数据库,使得受众可以对历史文件随时进行检索。"随着时间的推移,网络媒体可将同一事件的相关信息归纳、分类,形成了解事件全貌且便于检索的新闻专辑,然后,分期、分批地将重要资料以数据库形式存储。这样,新近发生的事实的报道就以历史文献资料的形式保留下来。"[①]目前,很多网站都设有资料查询的服务,只要输入题目或关键字等相关信息,网民就可以随时查阅过去发表的所有新闻报道和文章。

3. 传播形式的多媒体并用

网络新闻传播是一种多媒体的传播。在互联网这样一个可以集文字、图片、声音和图

---

① 　雷跃捷、辛欣.网络新闻传播概论.北京:北京广播学院出版社,2001.69.

像为一体的多媒体平台上，网络新闻弥合了视听媒介、纸质媒介等传统媒体之间的鸿沟。网络新闻媒体兼容文字、图表、图片、声音、动画、影像多种传播手段，可以以多媒体的方式发布新闻。

"网络媒体不像报刊，仅有枯燥的文字，最多配一些相关图片；不像广播，只能用耳朵听，却没有任何的视觉效果；也比电视高明，因为它除了能够像电视那样声音与图像并茂，还能够辅助详细的文字说明。"[①]具有多媒体特点的网络新闻传播具有巨大的综合性和强大的包容性，它吸收了传统媒体所有的传播符号，允许信息以不同的媒介表现形式在网上自由流通，真正为受众提供了一个充分调动各种感官的媒体空间。多媒体技术使得网络新闻传播几乎同时具备了报纸、广播、电视三种大众传媒的优势。"它可以组织深度报道，而且比报刊更能就某一事件进行全面、深入、细致、充分的报道；它的图像、图表、声音和视频可以使报道生动形象，具有广播与电视一样的现场感；它的信息可以随时更新，以电子速度在网络中流动，迅速及时，又不受版面、时段与频率的限制，发布无限量的信息；还容易保存，更可提供全文检索。"[②]

网络新闻传播的多媒体形式，赋予了受众选择任意媒介表现形式的个性化的信息权利。受众可以根据自己的爱好，选择有字无声、有声有像、图文并茂等形式的信息，或是只听声音，关闭图像。受众能够用最少的时间、最自由的方式获得自己最愿意接收的信息。

4. 传受关系的交互性

网络新闻传播是一种开放的互动式传播，在这种交互性中体现了网络新闻最独特、最吸引人的特征。在传统的大众传播理念中，传者和受者是严格区分的，前者是职业的传播者，主动地传播信息，后者则是广泛的大众，被动地接受信息。传统媒体的传播方式通常是单向的，传受双方无法随时随地进行双向沟通。相比传统媒体信息反馈表现出的累积性、间接性和滞后性，网络媒体从多方面加强和改进了传者和受者之间的双向交流。网络新闻受众除了可以在极大范围内选择自己需要的信息外，还可以参与信息的传播。受众可以在同一时间与有关编辑进行交流，甚至它们的这种交流本身可以成为网络媒体实时发布的信息的一部分。

InfoWorld 的前任总编 Stewart 把交互性描述为四个层次：观看（watching）、浏览（navigating）、使用（using）和控制（programming）。在他看来，"观看"是最低层次的，其实没有任何"交互性"可言；第二层次是"浏览"，允许用户用相对随机的方式从一个项目跳到另一个项目，同时不必陷入到任何材料中；作为第三层次的"使用"，是指用户在与内容或媒介发生关系时，可以从中获得一些有用的东西；"控制"，被认为是"交互性"最强的方

① 谢新洲.网络传播理论与实践.北京：北京大学出版社,2004.15.
② 董天策.网络新闻传播学.福州：福建人民出版社,2004.47.

式,意味着用户可以自己定义概念,可以赋予内容以含义,并且可以控制整个交互过程。[①]在网络传播环境下,网络新闻受众进行有效的信息反馈,加强了媒体与受众之间的良性互动。受众可以通过订阅新闻,运用数据库搜索,参与在线调查、发布新闻等方式,实现互动,对新闻内容随时展开讨论。网络新闻传播的主体能够及时发现受众所关注的新闻热点、焦点和难点问题,掌握受众对重大新闻事件的不同看法,了解受众对改进报道内容和形式的意见与建议,并以此为根据,调整稿件结构,提高报道质量,增强报道的针对性,更好地满足各类受众的需求。

第二节　网络新闻编辑心理

2005 年 3 月,国家劳动和社会保障部正式将"网络编辑员"列入国家职业大典,该职业被定义为利用相关专业知识及计算机和网络等现代信息技术,从事互联网网站内容建设的人员。对网络编辑员的工作内容概括为:采集素材,进行分类和加工;对稿件内容进行编辑加工、审核及监控;撰写稿件;运用信息发布系统或相关软件进行网页制作;组织网上调查及论坛管理;进行网站专题、栏目、频道的策划及实施。[②] 据中国编辑学会估算,"目前从事网站内容工作的人数超过 600 万人,其中主要是网络编辑"。

网络新闻传播中网络编辑处于传者的地位,但值得注意的是,随着互联网的飞速发展,网络媒体编辑的传播功能犹在,而"把关"功能已经与传统媒体编辑"把关"功能大不相同了。网络媒介容量之大,是其他媒介无法比拟的,网络新闻媒体在信息资讯方面具有与生俱来的信息海量。《时代周刊》曾评论说"互联网与其说把新用户带入了信息世界,不如说是把他们领进了茫茫无际的大海"。这些会造成网络新闻编辑在工作理念与操作技能方面的不同,也会造成他们与传统媒体编辑心理的不同。同时,网络新闻传播借助的是新媒体技术的平台,在这里既可以发布新闻,也可以被及时跟帖、指点、批评,也可以被转载、下载;一则新闻,既可以发布文字信息,也可以增加图片,甚至添加声频、视频;既可以发布某一新闻,也可以链接相关的新闻或背景。这些网络与计算机新技术的使用,对网络新闻编辑的技术能力提出了新的要求,在这种编发稿件、制作网页的人机对话中,网络新闻编辑的心理会有较大的变化。

网络传播是即时的同步传播,从速率来说不但报刊的出版、发行周期不可比拟,就是电台、电视台的直播也往往因为技术的困难比它稍逊一筹。正因为它快,所以网络新闻编

---

①　彭兰.关于网上媒体的交互性.国际新闻界,1999(4).

②　孙炯.网络编辑员的职业发展攻略.成才与就业,2012(6).

辑承受的压力比传统新闻编辑更大一些。2010 年的《网络编辑职业基本状况调查》显示，网络编辑普遍感到工作压力较大，压力来源于多个方面。该调查中有 50.24％的编辑感到"内容的标准不断提升"(网络编辑核心工作即网站新闻信息等内容建设)成为编辑最大的压力来源。目前各网络媒体普遍施行商业化运作，对于网络编辑的考核标准也日趋多元化，如配合网站营销工作的效果，完成网站一定的流量指标，这些也对网络编辑构成较大的工作压力。还有媒体竞争加剧的问题，有 30.07％的网络编辑感到来自竞争对手的压力较大，成为主要压力来源。有 12.86％的网络编辑认为还有其他的压力来源。如工作量大、突发事件多，网络编辑需时刻保持工作状态；工作中需要源源不断的创新；网站经营的压力、工作比较琐碎又高度紧张，把握旧用户的同时不断拓展新用户等。[1] 由此，我们不难看出，要想成为一名出色的网络编辑，就必须增强自身意志和抗压能力，努力增强自身的心理承受力，在工作过程中要做到吃苦耐劳、锲而不舍，以顽强的意志力去战胜工作中的压力和困难。

从网络新闻编辑工作的角度来说，他们在传播中的心理主要体现在两个方面。

一、 网络新闻采编制作与编辑心理

1. 网络新闻甄别、挑选中的编辑心理

每个媒体的编辑在选稿中都有对新闻的甄别问题，但是网络新闻编辑遇到问题比其他媒体更加突出。这是因为网络媒体的信源具有高度的开放性和多样性，不仅是正规新闻媒体、专职记者的稿件可以采用，各个单位、各个网民自己的网站、网页中的新闻或相关消息都可以用，各种博客、微博的消息也可以用，这就容易使网络新闻编辑面对良莠不分的消息难辨真伪。其次是网络传输技术特点造成的问题，网络新闻的传播速度在所有的媒体中是最快的，当一个事件发生时，最先见到的反映是网络，然后才是其他媒体的跟进。这对网络新闻编辑甄别能力是严峻的挑战，而对应的要求网络新闻编辑一流的思维判断、鉴别、求证能力。比如当微博兴起并迅速发展成为"社交新闻媒体"后，更多的记者喜欢从微博上来寻找新闻线索，因此出现了很多虚假新闻。2012 年 3 月 24 日有消息称深圳机场发生飞机撞候机楼事故，并在网上转载。新浪网络新闻编辑得知这一消息后不是立即转发，而是去找人求证，得到民航有关部门的准确消息："据深圳航空方面消息，今日一架美国联合包裹(UPS)货机在深圳宝安机场准备降落时发生故障，飞行员驾机空中盘旋后，已于 19 时 25 分安全降落，并未撞上候机楼，现场无人员伤亡，目前深圳机场运营正常。"正是这种网络新闻编辑的求证心理，使新浪避免了一则失实新闻的抢发。

---

① 师静、王秋菊. 网络编辑职业基本状况调查. 当代传播，2010(4).

2003 年 3 月 29 日中国日报新闻网发布一条新闻称"微软总裁比尔·盖茨被谋杀"，消息来源于美国有线新闻网(CNN)，于是国内许多网站跟进转发。当日 12 点 20 分微软公司致电中国日报网，称该消息是 2002 年愚人节的恶作剧内容，一个网民模仿 CNN 网站制作了个网页发布该消息，使人误以为是 CNN 发布的新闻，[①]闹了一个大笑话。显然，《中国日报》这个网络新闻编辑没有重视网络技术普及中网民自制网页的能力，没有对西方愚人节期间的瞎闹保持警惕，误信所谓的 CNN 网站，并存有侥幸心理，使他不去多方求证美国的各大新闻媒体，才犯下了大错。

2002 年 2 月，某商业网站刊登题为《美国航天局要建人造通天塔伸向太空》的新闻，文中说"通天塔"是伸向太空的升降机，有一根长度为 50 公里的管道，一段系在人造卫星上，一段在地面固定云云。[②] 对于这个违背科学常识的假新闻，这个网站的网络编辑一点质疑精神都没有，竟然能发表。相反的，很多网民看到网络中贴出的照片、图片不轻信，多次从中找出"悬浮"式的弄虚作假，就是质疑态度在起作用。

2. 网络新闻整合中的编辑心理

网络版面、栏目是可以由网络编辑自由组合的空间，它比之报刊有更多的容量，可以容纳更多的内容，因而网络编辑要想作一个专题，往往会比报刊编辑有更多的自由和更多的施展余地。但是，怎么整合稿件，怎么组织一个专题的报道却是由网络编辑的思维决定的。在这里没有一定之规，网络编辑可以用一种思维整合稿件，也可以用另外一种思维组合，只要能到达组稿的目的，不妨多种思维方式都试一试。

比如说将内容相似或者相关的稿子拼接或者在同一页面上体现出现来，这在各大网站的头条的要闻区是常常见到的。一般拼接对某事物的解读，对某事物各方面的剖析等，从多个维度展开。像环球日报社主办的环球网 2012 年在巴以冲突危机中的 11 月 19 日，在网站头条报道《以色列防长称准备好地面进攻加沙地带》，同时整合了《奥巴马：以色列有权自卫"最好"避免地面进攻》、《巴以双方在社交网络直播战况系战史首次》、《加沙武装称击落一架以色列战机并击中以护卫舰》等，从美国总统声援、网络介入、巴方消息等各个视角反映这场冲突。很显然，这种整合体现的是网络新闻编辑的发散性思维，即由头条新闻这一处为起点，辐射到相关的各个方面。同样的将类似的文章整合在新闻末尾，一般以回顾历史居多。像凤凰卫视的凤凰网 2012 年 11 月 19 日报道《日媒称中国 4 艘海监船"换班"继续巡航钓鱼岛》之后，文章下的网页有相关专题：《钓鱼岛争端再次发酵》，刊登的相关新闻有：

- 罗援：钓鱼岛问题的解决还要依靠实力的最终增长

① 彭兰.网络新闻编辑教程.武汉：武汉大学出版社,2007.43.
② 张虎生等.互联网新闻编辑实务.北京：新华出版社,2002.237.

- 韩媒：安倍若当选将极大刺激中国 中日关系岌岌可危
- 日本新驻华大使下月赴任 并非出身"中国帮"
- 日本观光厅称 10 月中国游客访日人数同比下降三成
- 日媒：日中邦交正常化 40 周年纪念活动闭幕招待会取消
- 马俊威：日本右倾色彩浓厚 不太可能对华让步

同样是由一点，辐射向各个方面。

另外一种是将各类稿子内容打乱，变成素材，然后根据网络编辑自己的想法进行整合，从而形成一篇新闻。比如腾讯新闻首页上有一个固定板块叫《今日话题》，每天一个专题报道。2012 年 11 月 28 日专题报道是：《养老保险互转，七亿人的公平怎么摆平》。该专题由导语、正文、结语三个部分组成，导语介绍事件背景：2012 年 11 月 26 日，人力资源和社会保障部就《城乡养老保险制度衔接暂行办法（征求意见稿）》公开征求意见。正文从四个方面对养老保险互转的重要性、目前实施面临的困难、可操作性进行了分析。最后得出结语："三大养老保险之间的衔接当然是好事情，可能是实现全国社保大一统的一步。不过，政策不能忘记公平性和可操作性。否则只限于纸上谈兵而已。"在这个过程中，网络编辑运用思维归纳的方法，把分散到各个稿子里的内容，整合到了一篇新闻中。

还有一种整合是纵向梳理式的，比如腾讯财经 2012 年《网络解析》64 期报道的《百年柯达 10 年兵败路》：

10 年前，靠一盒盒红黄色纸壳包装的胶卷，柯达全球营业额达 128 亿美元，员工总数约 7 万人；10 年后，这家百年老店提出破产保护申请，如今柯达公司又与债主达成 7.93 亿美元融资协议，此举能否帮助曾领导全球胶卷业的柯达摆脱破产保护，令其起死回生……

然后分别按年限报道：

2012 年 11 月　柯达公司达成 7.93 亿美元融资协议 仍难"咸鱼翻身"
2012 年 1 月　柯达申请破产保护 获 9.5 亿美元信贷进行重组
2011 年 12 月　柯达股价 2011 年累计跌幅 80％ 面临退市
2009 年 9 月　柯达 2010 或出局：两次转型失败 从老大到追随者
2007 年 12 月　放弃胶片业务并购模式 柯达数码发展另谋出路
2004 年 1 月　柯达宣布裁员 停止在欧美生产传统胶片相机
2003 年 9 月　柯达将放弃胶片业务 斥资 30 亿实施数字印刷
2002 年 9 月　柯达利润增长 裁员仍将继续

随后，又配上分析评论：《余丰慧：百年柯达沦落的警示》，评论：《柯达没落彰显市场力量》，和相关背景的链接：《柯达英雄末路》《柯达陷入破产危机》等。显然，这个专题的主体部分，网络编辑使用了逆向思维来整合专题。

3. 网络突发新闻编发中编辑心理

由于网络在所有新闻媒介传播中占据"第一时效"的特点，所以网上突发新闻的传播是所有网站和网民都十分看重的问题。

众所周知,突发新闻是突然发生的事件的报道,这种事件出现前常常没有任何迹象,而一旦发生就会使网络新闻编辑感到突然。对于这种突发新闻网络编辑需要有准备,有研究,有组织报道的应急预案。比如网站需要在事前有专人对论坛、贴吧、博客、微博等新媒体的新闻源头严密监视,对报纸、广播、电视等传统媒体的动向进行跟踪,还应对可能的新闻发生地加以关注,密切注意可能发生突发事件的新闻线索。比如在 2001 年"9·11 事件"后,美国准备发动反恐战争,但打击的目标、时间、规模等一直没有明确。为了抢发美国开战的消息,新华网在新华社的配合下制订了专门的工作计划,组织专人 24 小时值班,对可能开战的几个地区分别进行跟踪,从而赢得了报道美国空袭阿富汗行动的主动权。[①]美英部队于北京时间 8 日凌晨 0 时 27 分开始对阿富汗进行军事打击,半小时后新华网就陆续发布了美国开始打击阿富汗的一些新闻。这实际上是得益于突发新闻发生前形成的心理定式与工作准备。心理定式是指影响和决定后继心理活动的趋势或形成心理活动的准备状态,又称为心向。它表现在人的心理活动的不同方面,比如注意定势会使人进入有预期的心理状态去接受特定信息。

突发事件发生时的突然性与紧迫性,会使网络新闻编辑的心理紧张起来,这是正常的现象,心理学上称之为应激状态。这是指有危险的或紧张的情况所引起的一种情绪状态。由于紧急的情景刺激整个有机体,就能使其激活起来,心率、血压、肌紧张度发生显著改变,引起情绪的高度应激化。[②]它可以使人活动抑制或是紊乱,但也可以使人的活动变得积极,思想变得清晰明确。这其中起决定性作用的是人的个性特征。像迅速的判断力、意志自觉性和果断性、类似的行为经验等,都是必不可少的条件。这些心理条件的具备就需要网络新闻编辑平时的培养与练习,久而久之,就有了这种心理基础。比如 2012 年 8 月15 日,当地时间 17 时 30 分许,中国香港保钓船采取冲滩的方式冲上钓鱼岛主岛,7 名保钓人士下船登岛,随后被日本当局逮捕。

训练有素的凤凰网的网络新闻编辑第一时间就此事进行了报道,报道内容非常简单,图文结合。图片 33 张,文字就一行:"'香港保钓行动委员会'成员 15 日登上钓鱼岛的主岛。据日本新闻网报道,日本冲绳县警察本部当地时间 15 日下午 18 时 30 分宣布,对 5 名登上钓鱼岛的中国香港保钓人士实施正式逮捕。"

在简单报道以后,17 点 48 分,凤凰网又转载了一段视频新闻,对事件进行详细介绍,文字报道也多了很多细节的描述。

随着事件的进展,报道也相对丰富起来,网站上多了很多专家点评的报道,最后凤凰

① 张虎生等.互联网新闻编辑实务.北京:新华出版社,2002.137.
② 宋书文主编.心理学名词解释.兰州:甘肃人民出版社,1984.158.

网将有关这次事件的报道整合成了一个专题。专题叫作"保钓，民间反日浪潮与中日博弈"，这个专题囊括了多方观点，并对此事进行了更深层次的分析，有些观点很锐利。

　　这就是在应激状态下平时养成与练就的本领，在有序的行动中从容表现出来了。他们不仅抢在第一时间报道了事件，并且明显的体现出了其"快—厚—锐"的工作原则：先是抢发快讯，哪怕只有一段话，体现"快"；之后结合事态发展，讲述详细情况，报道细节，体现"厚"；再用多方专家观点的专题，作深层次的犀利剖析，体现"锐"。可谓，紧张而又章法不乱。

二、　网络传播技术运用中的心理策略

　　网络新闻传播是建立在网络与计算机技术之上的传播，这种先进的技术可以比传统媒体有更大的容量，更好的传播纵深，更快的时效，更多的表现手段与形式，这些只要用好了，就都可以纳入网络新闻编辑影响受众的心理策略。

　　1. 运用链接技术以满足受众延伸信息的心理需求

　　网络新闻编辑的工作特点与互联网的超链接技术密不可分。超链接在本质上属于一个网页的一部分，它是一种允许我们同其他网页或站点之间进行连接的元素，各个网页链接在一起后，才能真正构成一个网站。在一个网页中用来超链接的对象，可以是一段文本或者是一个图片。当浏览者点击已经链接的文字或图片后，链接目标将显示在浏览器上，并且根据目标的类型来打开或运行。如浏览新闻网页时，我们大都只能在首页看到新闻标题，必须点击这些标题才能对感兴趣的新闻进行深入了解。网络新闻编辑运用超链接的方式报道新闻，能够充分满足受众延伸信息的心理需求。

　　比如2012年11月28日中国新闻网刊登《专家称北上广异地高考门槛可适当提高 防放开过猛》的新闻。这是一个讨论了很久，备受各方人士关注与争议的政策。因此可以想象，新闻刊登后，不同的阅读者都会寻找相关的报道来对比、思考，于是新闻下方"相关新闻"栏目就链接了数条新闻，栏目是《异地高考"破冰"专家解析推行难题》，内容有：

　　专家：除北上广外其他省区异地高考可参考皖黑方案

　　专家驳异地高考方案"踢皮球"：各地不能"一刀切"

　　专家谈部分家长组团反对异地高考：把习惯当特权

　　专家：异地高考若实行积分制实际是"拼爹游戏"

　　专家称"高考移民"现象源于考试特权

　　专家称高考系相对公平制度 需通过改革让它更公平

　　张千帆：异地高考方案应让公众参与 不应关门立法

　　专家析异地高考：谨防解决一个不公制造另一不公

湖南异地高考方案将"低门槛"以学籍管理为主

异地高考"门槛"成看点 京沪粤动向未明引争议

访谈预告:异地高考"破冰"专家解析推行难题

异地高考绕不开难啃的"硬骨头"

华西都市报:异地高考话题虽疲劳,开闸须重申

评异地高考:审慎对待也在情理中 慢不得也急不得

教育部将督察京沪异地高考方案 强调教育公平

链接从各个角度展示这一问题的方法思考、公平论证、各地做法、各方意见等,可以想象相关的读者无论向哪个方向思索,都可以得到相应的信息。

当然,如果编辑编发新闻是有指向性目标的,那么链接的设置就要在充分考虑受众信息需求满足的基础上,有引导性,不能没有选择地设置链接而使那些浏览者在阅读中越走越远,而离开了网络编辑预期的目标。

2. 使用多媒体技术以信息、观点、情境融合打动受众

网络新闻与传统新闻相比,具有明显的多媒体特征,图片、音频、视频也成为网络新闻版面中吸引受众注意的制胜法宝。有心理学家认为,一个有创造性的和谐的版面设计,就是要在版面上安排一个强有力的视觉接触中心,而图片就是版面上最具强势的视觉刺激物,它直观、形象,比单调的文字要有趣得多。①

比如人民网 2012 年 11 月 29 日报道了《高铁建设完成规划过半 总里程稳居世界第一》,大标题下面就安排了一则中央电视台的视频新闻(图 5-1)。

图 5-1 《高铁建设完成规划过半 总里程稳居世界第一》视频新闻截图

---

① 刘京林.新闻心理学概论.北京:中国传媒大学出版社,2007.266.

紧接着列表式的摘要题回答了公众最关心的四个问题,并配上了高铁列车的图片(图 5-2)。

高铁能节省多少时间

○京沪高铁:北京到上海最快5小时内,比原来缩短约5小时。

○郑西高铁:郑州到西安最快2小时内,比原来缩短约4小时。

○京广高铁:北京到广州约8小时,比原来缩短约12.5小时。

○哈大高铁:哈尔滨到大连约3.5小时,比原来缩短约6小时。

图 5-2　高铁列车

然后,才是新闻全文:

本报北京 11 月 28 日电(记者陆娅楠)截至 10 月底,我国新建高铁里程已达 7 735 公里,加上 12 月即将通车的哈大高铁、京广高铁北京到郑州段,高铁里程将近 1 万公里,约占我国《中长期铁路网规划》中高铁路网的一半以上。中共十八大报告中将高速铁路与载人航天、探月工程等作为创新型国家建设的"重大突破"……

正文之后,又设置了两个链接专题栏目:

《我国高铁建设》:

- 一批高铁干线今年相继通车 四纵四横高铁网初具规模
- 中印举行次轮战略经济对话 或商谈高铁项目合作

……

《关注热门高铁路线》:

- 宁杭高铁或于 2013 年上半年开通 票价有望减半
- 京广高铁全程 2 200 公里 二等座票价或千元左右

可见其全面、丰富与形式多样,使受众不仅有信息的满足,也有视觉与听觉的愉悦。

3. 启动网络互动能使受众获得平等感、参与感

互联网的出现,一反大众传播中的"传者中心论",使网民在阅读新闻的时候可以参与互动。网络编辑正是利用这种互动的过程,调动了受众的平等感,使他们愿意介入,愿意说话,这种参与实际上创造了新闻的"增殖"空间。也就是说,单纯的一则新闻,讲完了5W 就没有了,但是读者如何解读它,有没有不同的看法,可不可以补充等,就没有下文

了。网络新闻传播则不同,一旦让受众介入了报道后的参与和互动,这些方面的内容都可以展现出来,就等于由这个新闻点子辐射、扩展创造出了一个多角度、多层次的多条新闻或系列新闻。

利用网络这种互动技术,许多网站都会在新网下面留有受众回帖,参与互动的空间。在相当多的网站里网络编辑还会开辟专栏与受众互动。比如腾讯大楚网上很多篇新闻底部都设置有这样的栏目:"读完这篇文章后,您心情如何?"以及"网友评论"的对话框(图 5-3)。

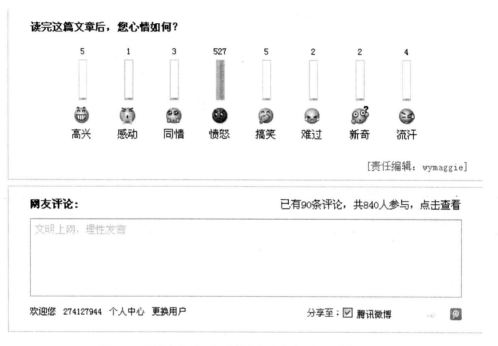

图 5-3　腾讯大楚网上很多篇新闻底部都设置的栏目列举

再比如南方周末网站 iNFZM. com 上有一个固定栏目《民调中心》,里面都是一些民意调查。所涉及的问题除了近期热点话题以外,还有一些虽然不是热点但与百姓生活相关的话题,这些调查能较为客观地反映出网友的真实想法,是记者报道时难得的素材来源。

当然,网络编辑在设置互动项目的时候也要充分考虑到受众的心理,一般来说受众参与阅读之外的互动耐心是有限的,所以互动搞得太多了效果不好,题目多了也不好,以三个至五个题目为宜。

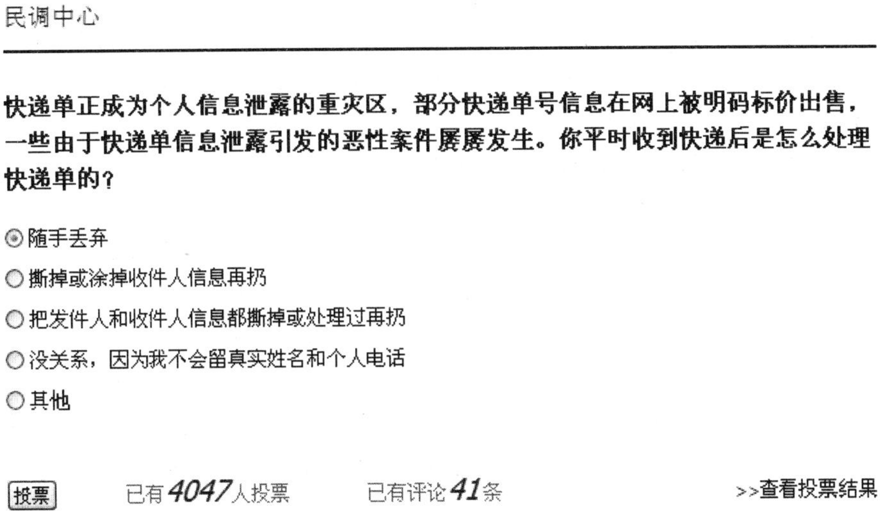

民调中心

快递单正成为个人信息泄露的重灾区，部分快递单号信息在网上被明码标价出售，一些由于快递单信息泄露引发的恶性案件屡屡发生。你平时收到快递后是怎么处理快递单的?

◉ 随手丢弃

◯ 撕掉或涂掉收件人信息再扔

◯ 把发件人和收件人信息都撕掉或处理过再扔

◯ 没关系，因为我不会留真实姓名和个人电话

◯ 其他

投票　　已有 **4047** 人投票　　已有评论 **41** 条　　>>查看投票结果

图 5-4　《民调中心》的民意调查结果

第三节　网络新闻受众心理

网络新闻是借助网络平台发布的新闻,网民的接收与阅读也是借助网络平台来实现的。网络技术的运用对新闻的呈现方式与接收方式有巨大的影响,有一些甚至是革命性的变化,这些必然会影响网络新闻读者的行为与心理。同时,网络又是个自由的空间,阅读网络新闻的读者在网络的平台上可以无拘无束的发言,随意转发消息,这些都影响了网络新闻受众的心理。

网络新闻传播过程中,受众不再是被动接受信息,而是主动发现、处理信息。传者与受者之间的关系发生了根本的变化。"受众中心"开始代替"传者中心",受众地位得到充分的尊重。传统媒体在网络的压力下,也纷纷打出"专业频道"和"个性化服务"的招牌,传播的"窄众化"和"个性化"成为历史的潮流。传播活动中的"传者本位论"开始向"受者本位论"发生决定性的转换。[1]

---

① 谢新洲.网络传播理论与实践.北京:北京大学出版社,2004.47.

同时,网络新闻传播打破了传统的大众媒体单向传播的模式,使传受者之间有了双向交互和点对点的特点。这种传播特点决定了受众获取信息的方式:一方面具有主动性,受众可以从丰富多彩的网络中自己"拉取"信息;另一方面是个人化,受众根据个人的需求选择性地接受信息。这种从群体向个体的转移,无疑增强了受众的自主性。互联网的兴起,使真正个性化的传播成为可能。

另外,受众的接近权在网络新闻传播中也有了很大的突破。"接近权,指大众即社会的每一个成员皆应有接近、利用媒介发表意见的自由。"①在传统大众媒介环境下,媒介信息容量的限制使得受众的意见不可能全部被反映,只有极少数人才有可能获得在大众传媒传播中的机会。同时,传统媒介具有高度的选择性,媒介往往是从自身的立场和利害关系出发,符合其利益的信息就传播,违背其利益的信息则可能被遏止,受众的意见很难获得公平对待。而网络新闻传播则打破了传统媒介的信息准入权,受众的地位在传播过程中得到提高,由被动接受者变成主动的参与者,只要具备一定的技术、文化和物质条件,就能将个人的意见传播开来。受众在网络中将突破强势媒体的垄断,使得自身的意见在"观点的自由市场"上占有一席之地。

为了进行网络新闻受众心理研究,我们在武汉市对经常阅读网络新闻的网民进行了深度访谈。在研究中我们发现,网民在网络新闻的接收中有一个"阅读行为链",由阅读前选择行为链、阅读中反应行为链、阅读后处置行为链组成。为了不暴露访谈者的个人信息,我们在下面的论述中只选取访谈者姓名拼音的第一个字母,用来表示是该访谈者。

一、 阅读前选择行为链的心理分析

网民在上网阅读新闻前首先就有个选择的过程,即想拿什么来读,先读哪个后读哪个。这里就有了读者的阅读前的期望心理、阅读排序心理等,这些心理既是阅读前的心理准备状态,也是阅读前的心理选择的体现。

1. 阅读前的期望心理

心理期望亦即期待,它是一种预期心理,是人们对自己或他人行为结果的某种预期性认知,也就是说人们根据自己以往的经验,希望在一次活动中或一定时期达到某一目标,或者是满足某种需要的心理活动。

想要阅读新闻的网民打开机子之前,一般是有心理期望的。比如觉得无聊、解闷者进热闹的网站期望看到有意思的新闻,正在进行某类工作的网民会下意识地进到自己了解的网站看相关的新闻,关心某一事件的人会点击这类的论坛和搜索引擎。

---

① 张国良.传播学原理.上海:复旦大学出版社,1995.171.

在我们的调查访谈中也发现,由于每个人的兴趣不一样,关注点不一样,所以他们在上网阅读新闻前的心理期望差别很大,基本没有规律性。在访谈中网民 H 想看有关民生的社会热点新闻和一些有意思的新闻,而网民 L 的兴趣点却在有趣味的体育、娱乐方面的新闻,网民 W 常常是没有一定取向的随便看看,但是网民 P 却喜欢重大的政治事件和国际新闻,比如美国总统大选是当时的时事热点,他上网就想了解奥巴马和罗姆尼在竞选期间的一些举动以及他们各自的对华政策,于是上网查看了相关新闻。

阅读前期望心理的实现,一是自己熟悉的网站与栏目,打开那里就可以得到自己希望得到的东西;另一种实现的方式是通过搜索引擎检索到自己需要看的新闻。常用的有百度、搜狗、谷歌等。据中国互联网络信息中心(CNNIC)发布的"中国互联网络发展状况统计报告",2008 年搜索引擎的使用率为 68%;2009 年为 73.3%;2010 年上半年达到 76.3%;而到了 2012 年 6 月底,搜索引擎用户规模达到 4.29 亿人,使用率也到了 79.7%,是仅次于即时通信的第二大网络应用。[①] 可见网民在阅读中使用的普及程度。

2. 阅读排序心理

当一个新闻网页展现在网民面前,或是数条新闻显示在网民电脑的屏幕上的时候,这里就有个先看哪条后看哪条的问题,这是典型的阅读选择心理。对于新闻网页上内容的选择,是一个选择性注意的问题,即形式上引人注意的文章会首先引人注目。

网络新闻的阅读路线是一种开放的网状形式,网站基本先是按照一定的划分方式确立几个大的频道,频道下设栏目,并采取多级划分方式,逐层细化。各网站对新闻的发布,都采用大量新闻堆积的方式,以获取新闻的时间顺序为线,将新闻标题分类排列于页面。而对特别重要或者是特别希望引起受众注意的信息,网络新闻传播者通常会在视觉上加以夸张、凸显。网页制作者在采用传统媒体惯用的添加图片、改变字体样式等编辑手法外,还使用了诸如放在网页的突出位置,标题字号大而醒目,文章标题具有煽情性等,都可以让网民优先阅读。像新华网 2012 年 11 月 23 日在网页头条位置用彩色大字标题登出:《最高检详解刑事诉讼规则"大修"》,就会使打开这天新华网的人首先关注到这条新闻。这种选择性注意从心理学的角度来看主要是靠网页上突出的刺激来吸引阅读者的无意注意,正因为这样,从网页制作者的角度来说叫作选择性暴露。

一般情况下,网络新闻在主页上只呈现出新闻标题,将最重要、最有可读性、最能吸引受众的新闻标题放在第一层次,将详细内容和相关报道、背景资料放在第二或者第三层次上。网络新闻受众的自由选择,使得新闻标题直接决定着该网络新闻点击率的高低,只有第一层次的新闻标题吸引住了受众,他们才会逐层深入,不断点击链接,从而了解新闻的全过程。正因为这样,网络新闻中的被网民戏称为"标题党"们做标题很多都是为了用突

---

① 中国互联网络信息中心.第 30 次中国互联网络发展状况统计报告,2012-07-19.

出的标题吸引读者的眼球。

而对于检索到的数条新闻而言,主要是看内容与阅读者心理期望的契合度。一般来说,与个人期望一致的新闻会吸引读者优先阅读,适合读者口味的新闻会优先阅读,读者需要的新闻、内容有趣的新闻都可能吸引读者优先阅读。在这里心理预期与读者需要是决定阅读排序的决定性心理。

二、 阅读中反应行为链的心理分析

网络新闻在阅读中有与传统媒体相同的地方,比如读到文字就有对文字的解码、理解、联想等,但是由于网络的便捷性、链接性、互动性,网络新闻又有了报刊新闻阅读没有的反应行为链,像比较阅读、链接阅读,阅读中回帖、跟帖等。

1. 比较阅读心理

由于网络具有极其便利地获取各种各样新闻的技术条件,网民在阅读网络新闻时就极易于将眼前的新闻和其他网站的同一新闻或同类新闻作一比较,这就大大地丰富了自己的阅读内容。在我们的访谈中网民 Y 说:“看新闻时只知道发生了某件事,想了解为什么会发生,知道事件后果以及事件怎么处理的。”所以看到新闻就常阅读其他网站、媒体的报道。网民 G 则认为,通过比较阅读,可以比比不同媒体报道的角度,能做更深层次的了解。网民 H 是要看看不同网络媒体的报道有没有明显区别,看看网络新闻下面的评论以便了解民众意见。网民 P 认为,先看到一个新闻报道,觉得提供的信息量不够,想了解事情的来龙去脉。比如 11 月 23 日在微博上看到“浙江温岭最牛‘钉子户’”的新闻,她想进一步了解这“钉子户”最牛在哪方面、拆迁部门的相关行为和做法以及相关的法律分析、事情进程等,于是上网阅读了几家新闻网站对该事件的报道。

但是更多的时候,网民会用求证的心理作比较阅读,因为网络媒体与传统媒体相比,其“信誉”要低得多,受众总是抱着将信将疑的态度阅读和选择性接受互联网上的新闻信息。当网络新闻受众浏览到自己感兴趣的新闻时,总喜欢对新闻的关键词进行搜索,寻求其他网站对该新闻的报道,从而判断新闻的可信度或寻求更为详尽、全面的信息。这就是网络新闻受众的质疑探究心理。

信源是决定信息“信誉”的重要因素,记者在采写信息时应该弄清信源,传递给受众最准确、真实的信息。传统媒体一般都非常注重信源的可靠性,传统媒体中一篇稿件的“出炉”一般要经过记者、编辑、部主任的层层把关,最后还要由总编辑审定。但是高度开放的互联网信息的发布与接收都很自由,相当一些甚至很随意。不少网站上没有专职新闻记者,我国网络方面也没有系统的管理法规和制度体系。一些网站甚至将道听途说的消息发到网上,转发或引用虚假新闻和有害信息,误导公众。当一家网站的信息被发现是假新闻时,很多网站都会受到牵连,受众对它们的信任度就会大大下降,整个网络新闻的信誉度也会随之降低。

网络媒体的特点造成了受众的质疑探究心理。传统的新闻媒介中,信息对于受众不过是短暂一刻,即使是查询报纸,保存也是一件并不容易的事。查找往日新闻,更是困难重重。但在网络媒介中,只需输入关键词,一点鼠标,不同网站的同类报道就呈现在眼前。这使网络新闻的比较阅读成了唾手可得之事。

2. 链接阅读心理

上一节谈到编辑通过链接方式为受众延伸信息,在网络这个无限的信息库里,可以装载数以亿计的新闻,可以用超链接的方式使阅读者轻易地在信息的海洋里恣意浏览与阅读。正是这样的网络特点,决定了网络新闻的阅读者不同于报刊媒体的阅读方式;使用链接其实是一种不满足的心理,由被动阅读变为主动阅读的心理。

在我们的调查访谈中网民 Z 表示当阅读一则新闻不满足的时候,就想通过链接了解更多内容,比如事件的相关背景,新闻事件中相关人物的具体介绍。网民 K 认为,由于报纸上的版面有局限,往往对一个新闻事件的报道不够翔实,所以上网看看更详细的东西,而通过使用网络链接可以便捷的全方位了解事件,在日常跟别人谈论某个新闻时就会更有底气。网民 D 说点开一个自己感兴趣的网络新闻,旁边往往就有很多同类新闻链接,很多都比较符合自己的阅读兴趣。比如他喜欢明星李晨,在新华网看到"李晨风波后发感言 与张馨予甜蜜互动秀恩爱"的新闻,看完全文后发现下面列出了 10 条与李晨相关的新闻,她还有兴趣,所以就点击了链接。

网络新闻传播的超文本和超链接的方式,使得每一条新闻都可能随时呈现为文字、图片、声音和视频的混合形式。在浏览网络新闻时,通过超链接的方式,受众可以随意地从一个报道跳到另一个报道,也可能随时跳转到其他媒体中寻找新闻,这样一来网民阅读可供选择的余地就很大了。这与使用传统媒介完全是两种方式。看报纸时,因为版面限制,受众面对的只是非常有限的信息,即使某些新闻对自己没有任何意义,也不得不为它占据的版面而付出时间成本和经济成本;而使用电子媒体时,虽然空间限制不再存在,但电子信号的线性传播却在时间上将受众的自由完全剥夺,为了寻找自己需要的新闻,往往经过长时间的等待,如果保留新闻节目还需要付出更大的成本。网络新闻传播突破了传播手段上时间与空间的局限,使接收者获得了前所未有的自由。[①]

3. 回帖、跟帖心理

"任何一个人,无论他多么精力充沛,他的直接经验都是有限的。人要想适应无穷无

---

① 桂银生.网络新闻传播的交互性研究.中国社会科学院研究生院博士学位论文,2003.

尽的不断变化的外部世界,就必须凭借沟通,获得别人的宝贵经验成果。"①苏联心理学家洛莫夫认为,人际沟通的功能包括信息沟通、思想沟通和情感沟通三个方面。网络新闻传播过程中,虽然受众也能与传者进行信息的沟通,但传者在传播信息方面的优势地位仍然明显,受众参与互动,主要满足的是思想沟通和情感交流这两种需求。受众通过对一些新闻事件的交流,通过对网络回帖、跟帖,不断修改自己的看法,为自己的思想进行定位,并从中寻找社会的参与感和认同感。

多数网站在发布网络新闻后设立的讨论区,受众可以就新闻事件和相关问题发表自己的看法。许多网站开设有论坛和聊天室,这在受众与记者、受众与嘉宾之间提供了一个交流平台,彼此之间可以形成一对一的交流,直接感知对方。受众在接收新闻的过程中,还可以通过在线调查、向记者和编辑发送电子邮件等方式,及时地反馈自己的意见。比如《搜狐新闻》2012年11月19日发别题为《中国上万名采金者梦断加纳 抢劫案频发报警无用》的报道,介绍了中国采金人在加纳政府清查非法采矿中被抓甚至被杀的事情。就有不少网民跟帖:

秋风煞:1.部分中国人利来利往;2.加纳投资环境太恶劣;3.中国还是没有强大到足以让外国真正尊重你的地步;4.国人尚需努力啊!!!

铁齿铜牙:如果不是在自己的国家生存不下去,谁会愿意冒着被杀的危险背井离乡?

舞道:可惜他们不是美国人,在非洲你要杀一个美国人试试。

狐头豹尾:钱不是个好东西啊。人为财死鸟为食亡。但是,没钱生活也是个死。

凌波微步:持枪非法采金 我看是中国人在抢劫吧!!

wendd01:在别人的地盘挣钱,首先中国人要齐心协力啊!

锁之神匙:许他们执枪,就不许我们执枪? 在那种地方,只有合起伙来,以暴制暴!

缘 q641933249:钱像水一样,没有一点会渴死,多了会被淹死。

hnayzfx:国内生活不容易,国外打拼更艰难。

耳目一新:还是人数太少,派一千万中国人去。

防微杜渐 31847:到陌生的地区要先了解当地的法律和民情,才能保障你的安全和投资,不能像无头苍蝇到处乱飞,要团结要同心才能达到你的目的。

原生老农:原来"报警无用"的故事在外国也会发生呀。

悬梁刺股 142269:估计就是他们当地人杀人抢劫吧?

不在拥有 274353:淘金梦,中国特色社会主义国家的穷人在演义历史?

可谓见仁见智,各抒己见,体现了自由交流与沟通的过程。

---

① 金盛华.社会心理学.北京:高等教育出版社,2005.194.

三、阅读后处置行为链的心理分析

传播媒体的报刊新闻,阅读后就不得不放下,可算是达到了阅读过程的终结。而网络新闻则不然,许多人在阅读网络新闻后就顺手转发给亲朋好友,或是转发到其他网站,而且还可以通过网站、手机等定制自己以后想要阅读的新闻,这充分体现了网络技术给予网民的自由、主动、个性化的服务优越性。

1. 转发心理

人作为社会化的动物,交流的需要是与生俱来的。人们通过和他人交流而联系社会,满足自己的心理需求。因此人们听到、看到有意思的或是有价值的东西后,往往有一个与他人分享或传达给某人的心理。这可以表现出利他心理,也可以是一种个人显示的心理。

在我们的调查访谈中,网民 H 说转发新闻是想让大家一起看,引发大家的注意,或者是觉得此事大家都应该知道,而且在转发新闻时经常是由于自己对某事有看法,想和大家交流观点。网民 S 表示喜欢转发好玩的新闻和周围人分享,或者是让其他人也关注自己关注的事物,方便交流意见。网民 L 认为自己看到某条新闻时,觉得和周围某些人的领域有关,就会转发新闻给需要关注该新闻的人。网民 Z 觉得自己是新闻专业的学生,专业特性让自己愿意去转发、推荐一些新闻给周围的人,觉得自己有责任这样做。而网民 W 则会转发一些有意思、实用性强的新闻,让大家分享、参与。比如他在人民网看到"国家公务员考试弃考记入考生诚信档案引发争议"这条新闻时,想起了自己一位好友打算考公务员,于是将这条新闻推荐给了自己的好友。

在传统媒体时代,读者阅读新闻后要想把信息或感想告诉别人,那就要剪报、邮寄、传真、电话,甚至当面传达,很难满足交流的愿望。而网络具有的便捷性、互动性技术,使网络读者在阅读网络新闻后的转发轻而易举,在我们的调查中发现相当多的网民阅读新闻时都有过转发行为。比如 2012 年 11 月 21 日 16 点 21CN 刊登奶业专家、广州市奶业协会会长王丁棉写的《"中国乳业打假第一人"蒋卫锁意外身亡》新闻,由于被报道者是位走在中国乳业安全前面的斗士,也是令人敬佩的诚信乳业的著名经营者,在中国老百姓为食品安全"无东西敢吃"的年代,他的遇害受到了广大网民的关注,不仅猜测、评论不断,而且网民迅速转发这一新闻,全国各报、各大网站也纷纷转发、跟踪这一新闻,到 22 日我们随意进入到一个网站(南方新闻网),就有 8435 人参与了转发与评论。

更重要的是转发与评论使网民群体形成了民间的舆论。在传统的传播情境中,受众个体之间是分散的、彼此孤立的。他们各自接收信息,接受媒体的影响,很容易受到媒体的控制和操纵。但在网络传播中,受众围绕接收的新闻信息所产生的人际互动、交流、辩论和思考,成为网络传播的一个亮点。"网民之间这种互动性,使他们表现出了作为一个整体的力量,从而在某种意义上可以与传者分庭抗礼。职业传播者与网民之间,网民与网民之间的这种持续互动、质疑、交流和思考,把对事物的考察和分析不断地推向更深的层次,一步一步接近真相本身。"[①]"孙志刚事件"、"华南虎事件"、"躲猫猫"等一系列网络新闻事件的发生与发展,网民的网上互动对问题的解决起着不可估量的作用。

2. 订制心理

个人订制新闻是指受众按自己的意愿和偏好,预订自己需要的新闻,网站用最快的时间将新闻发送到受众的电脑、手机或其他终端上。

在我们的调查中网民表示订制新闻是自己新闻阅读自主性的体现,同时更重要的是为下一次阅读设置了自动化的方式,这就使自己的阅读完全的"随心所欲"了。

一般来说,受众可以只选择自己需要的新闻,而将自己认为没有使用价值的新闻拒之门外。个性化使得受众不再需要为了获取某一条信息就购买整份报纸,他只需要为自己所需要的某些信息付费,这也将带来一种更合理的信息收费模式。网络新闻传播方式使满足受众新闻需求的个性化成为了可能,受众能随机决定接受信息的时间和内容。同时,数字化、多媒体和交互技术为受众提供了文字、图片、音频、视频等多种形式,受众可根据自己的习惯选择任何一种或几种接受形式。在信息内容的选择上,受众可以向网上的各家传播媒体点播、订购,由传播者将其需要的信息发送到受众个人的接收器上。

网络时代的传播者尽管仍然是以服务最大多数为宗旨,但是通过特定的技术却能使传给每个人的信息具有专门的针对性。正如尼葛洛庞帝在其《数字化生存》一书中预言:"大众传媒将被重新定义为发送和接收个人化信息和娱乐的系统。""未来的智能电脑可能阅读地球上每一种报纸、每一家通讯社的消息,掌握所有广播电视的内容,然后把资料组合成个人化的摘要。""在后信息时代中,大众传播的受众往往只是单独一人。"[②]

从实践来看,网络新闻的定制是一个随着技术与管理的进步不断发展的过程。在开始往往是同一种媒体将同样内容发给有特定兴趣的人群,甚至是针对具体的个人所作的不同媒体内容的组合。一些手机运营商也与媒体进行合作,推出手机报功能。在每月支付一定的费用之后,受众可以通过手机每天定时收到新闻信息。当然,这种手机订制的方式,在预定时并没有预设传送新闻的标准和条件,媒体只是每天向该手机发送若干条新闻,不同的用户会收到同样的内容,这样新闻的有效性就大为降低,传送的如果很大部分是用户并不感兴趣的新闻信息,它就可能成为垃圾信息。严格来讲,这种方式没有很强的交互性,不能很好地体现受众的能动性,只是个人订制新闻的初级阶段。

另一种订制方式是类似新浪网中"个人家园"模式,用户输入个人信息后,就会进入一

---

①　闫贺杰.思想政治教育网络传播的受众研究.北京交通大学硕士论文,2007(4).
②　尼葛洛庞帝.数字化生存.海口:海南出版社,1997.177.

个只含有自己预订的个人信息的环境中,每个栏目的新闻也可以按照自己的意愿进行编辑。不过目前新浪所能提供的也只是用户可以编辑新闻显示的栏目、显示方式和顺序等信息的形式,而不能决定显示新闻的内容。这种订制形式与手机订制存在一样的缺陷,但是对新闻的报道形式却有所改善。[①]

近年来,随着技术的发展,不少大型新闻网站都开设了订制新闻功能,通过电子邮箱进行订制成为较为流行的方式。受众只需要留下自己的邮箱,选择感兴趣的新闻,网站就会每天发送若干条新闻,遇到重大事件发生时,网站可能还会发送更多的信息,以此来吸引受众。这种方式能够提供受众感兴趣的主题的新闻信息,而且还可以通过电子邮件参加讨论。这种方式只接收一定主题范围内的新闻,接收者可以自行控制主题范围,这样一来网民在订制新闻中的愿望在很大程度上可以得到满足。

目前,国外已经有了一种名为“智能视频代理人”的软件,它可以在用户的收视过程中“学会”用户的收视习惯、兴趣和爱好,代替用户搜寻、汇集其感兴趣的节目,可以跳过令人生厌的广告,并将挑选出来的内容加以编排、整理,按照用户的时间表,形成用户“自己的”收视节目单。这样,网络用户就能够从属于自己的报纸或自己的一档节目里,快速、方便地获得自己需要的个体化信息,而不必再无奈地接受群体化信息。[②]

① 桂银生.网络新闻传播的交互性研究.中国社会科学院研究生院硕士论文,2003(3).
② 董天策.网络新闻传播学.福州:福建人民出版社,2004.55.

第六章 网络公告型传播心理（中）
——网络广告传播心理分析

第一节　网络广告及其心理研究

 一、网络广告及其发展

1. 网络广告定义

网络广告作为广告的一种，早已为公众所熟知。但学界和业界对于网络广告的定义，则有着不同的见解。

1996 年在美国举办的广告学会议上，有学者认为网络广告是"网络上从旗帜广告联结到特定站点的商业付费广告"。研究者的一项调查研究认为，超过 75％的被访者认为免费样品、品牌横幅、在线目录、商品的图像展示、购物指南、网站赞助商的标识等发布在网络上的信息是广告。[①]

约翰·霍金斯认为，网络广告即电子广告，指通过电子信息服务传播给消费者的广告。[②]

屠忠俊教授认为，网络广告是一种通过网络媒体进行的广告传播活动，它包含了网络广告主题、网络广告费用、网络广告渠道、网络广告受众、网络广告信息这五个方面。将五大要素组合即形成网络广告的独特价值。[③]

简而言之，网络广告就是利用网络进行发布，终极目的是推销产品与提供服务的传播行为。

---

①　林升梁.网络广告原理与实务.厦门：厦门大学出版社,2007.37.

②　熊雁、王明伟编译.网络广告.现代传播,1998(3).

③　屠忠俊.网络广告教程.北京：北京大学出版社,2004.5.

2. 网络广告的产生与发展

(1) 国外网络广告发展历程

网络广告的发展是与互联网的发展密切联系的,美国是互联网的发源地,网络广告也发端于此。1994 年 10 月 14 日,美国热线(Hotwired)公司在其网络主页上发布的 14 个企业的旗帜广告标志着网络广告的诞生。由于当时还没有统一的定价标准,美国热线公司参考了杂志彩色全版广告定价,将第一支网络广告定价 10 000 美元一个月。作为世界上首个提供网络信息服务的公司,热线公司吸引了大量的广告投放,其开创的全新网络媒体商业模式使网络逐渐成为广告的载体。

随着网络广告这种新形式的普及,诸多传统媒体开始建立自己的网站,开展广告经营,提高广告收入。此外,美国的一些广告公司也成立专门的"互动媒体部",着眼于网络广告市场。据统计,1995 年网络广告收入达到 5 000 万美元。

网络广告带来的巨大收益与影响使人们对网络广告越发关注。1999 年第 46 届戛纳国际广告节网络广告作为一种独立的形式参与评奖,这是继平面广告和影视广告之后的第三个戛纳国际广告节的广告赛项。

如今,随着人们使用的互联网时间和频率的增加,网络广告的市场规模也逐渐增大。据美国互动广告局统计:2011 年第一季度,美国网络广告市场规模达到了创纪录的 73 亿美元。美国市场研究机构 eMarketer 也预计,2011 年全年美国网络广告支出将增长20%,达到 313 亿美元。网络广告仍继续吞食着传统媒体的广告市场份额。[①]

(2) 我国网络广告发展历程

2008 年我国的上网人数为 2.5 亿;2010 年为 4.2 亿;到了 2012 年年底这个数字上升到 5.64 亿。网上支付、网上银行的使用率迅速提升至 2.42 亿人。

随着网络技术的发展,电子商务应运而生,人们通过网络实现商品信息获取、样品展示、网上支付以及售后服务等电子商务活动。以互联网为平台的网络广告也与之相互呼应,高速发展。回顾我国网络广告的发展,大致可分为发展期、挫折期与复兴期三个阶段。

1997 年 3 月,IBM 公司在 chinabyte 网站上投放的一则商业性动画旗帜标志着中国网络广告的诞生。同年 7 月国中网宣布"98 世界杯网站"获 200 万元广告收入,这标志着国内网络广告开始高速发展。但随着 2001 年下半年网络股在纳斯达克上的跌落,网络广告也开始缩水,全面走入低谷。2002 年年末纳斯达克网络股指数回升,网络广告经营额也开始上涨。2003 年"非典"的到来使得在家中上网的人数激增,传统广告模式骤减,而网络广告的市场规模则达到了 120% 的增长。

如今,我国广告市场仍在不断发展和扩张,网络广告的优势仍在不断凸显,其所占市

---

① 《eMarketer:今年美网络广告支出将达 313 亿美元》,http://tech.qq.com/a/20110608/000500.htm.

场份额比例大幅提高。再加上网络的高速发展以及网民数量的持续增长,网络广告仍然是学界与业界关注的焦点。

3. 网络广告分类

与传统广告相比,网络广告的形式与内容更加丰富,更具多样性。因此,对于网络广告的分类也存在着不同的划分方法。本书主要从三个方面对网络广告进行划分。

(1) 按照网络广告的投放形式进行划分

① 网页广告

网页广告即投放在网站页面中的广告。网络中各大门户网站凭借其广泛的受众、强大的影响力,成为网络环境中的重要广告投放平台。

网页广告的具体形式包括了三种,即定位广告、弹出式广告和漂浮广告。如图 6-1 所示。

图 6-1　搜狐主页上的广告

定位广告主要指广告在网页当中有固定位置,其自身不会移动,用户也无法关闭。定位广告主要包括了旗帜广告与按钮广告。旗帜广告一般为长方形,如同旗帜般散布在网络当中,如图 6-1 中的汇源果汁果乐广告。按钮广告与旗帜广告类似,但尺寸比旗帜广告小,且图形更为多样化,如图 6-1 中左右边栏的中国联通广告。

弹出式广告又称为插播式广告。用户在打开一个页面或栏目后,会自动弹出一个新的页面或是窗口进行广告传播。如图 6-2,在打开新浪首页后,会自动弹出一个新的广告页面。

图 6-2　新浪网页的弹出广告

　　漂浮广告又称为漂移广告、浮动广告，此类广告采用游走的方式，随着鼠标的拖动在页面中移动，从而引起网页浏览者的注意。

　　② 电子邮件广告

　　电子邮件广告主要分为两种，一种是通过免费的邮箱服务，用户可自行点选网站电子刊物服务列表中感兴趣的领域，邮件运营商会定期将相关领域的产品信息发放到邮件当中，即自行订阅的广告信息。另外一种是被动地接受广告信息，广告主通过搜集到的用户信息，在未经用户许可的情况下将广告信息投放到邮箱当中。

　　③ 搜索引擎广告

　　搜索引擎广告，指广告主将其产品、服务内容与特点等进行归纳，提炼相关关键词，并撰写出广告内容后投放在相应网站供用户检索的广告。当用户搜索到其投放的关键词时，相应的广告会根据竞价排名的原则对一个相关关键词进行排序展示。如图 6-3，在百度以"品牌电脑"为关键词进行搜索后，自动生成了苹果电脑、戴尔电脑、联想电脑以及索尼电脑等品牌电脑信息。

　　④ 主题广告

　　主题广告主要包括推广活动广告与赞助竞赛式广告两种。所谓推广活动广告是广告

Bai百度　新闻 **网页** 贴吧 知道 MP3 图片 视频 地图 更多▼

品牌电脑　　　　　　　　　　　　　　　　　　　　　　　百度一下

苹果品牌电脑 中国官方 网站
苹果品牌电脑,全新一体成型机身设计.内置长效电池,持久续航长达7小时.登录官网 查看更多
苹果笔记本信息
www.Apple.com.cn/mac 2011-06 - 推广

品牌电脑限时优惠 直降300,或赠大礼
网购新一代Vostro3000笔记本赠包鼠套装.戴尔产品采用第二代智能英特尔(R)酷睿(TM).配置升
级.3000系列更有额外300网购折扣.官网详询800-858-2586.手机400-889-7226.
www.dell.com 2011-06 - 推广

联想官网 电脑五一大促销
全场+9元换购价值199元包鼠套装.笔记本散热架.4GU盘好礼送不停.询4008848333转9或登录
联想官方商城.IdeaPad Y470采用尔全新第二代英特尔(R)酷睿(TM)双核处理器
appserver.lenovo.com.cn 2011-06 - 推广

品牌电脑? 选新款VAIO
品牌电脑?官网给你答案!VAIO电脑可选第二代智能英特尔(R)酷睿TM i7配置高性能独立显卡.更
有多款颜色供您选择.详情请登录Sony官网!
SonyStyle.com.cn 2011-06 - 推广

图 6-3　搜索引擎广告

主同网站一同举办的网上推广活动。网站借广告主之力增设活动奖项,加强活动效果;广告主借网站进行宣传推广,从而形成共赢的局面。所谓赞助竞赛式广告即广告主赞助某一重要赛事,从而获得广告宣传机会。主题广告的内容都是围绕这一活动或竞赛而特别策划的,这类广告能够通过重大活动与赛事形成强大冲击力,获得较好宣传效果。

⑤ 游戏广告

游戏广告指根据产品的要求,专门为产品量身定做的游戏广告。许多游戏广告将品牌的信息融合在游戏当中,从而获得更强的宣传效果。以电影《里约大冒险》为例,蓝天工作室为宣传这部 3D 动画电影,依托相近的题材,与热门游戏《愤怒的小鸟》合作,推出《里约版愤怒的小鸟》游戏,游戏设定了与电影相似的情节,并与电影同时推出。游戏广告中,广告成为了游戏的主体,人们通过网络游戏了解产品,熟悉品牌。

(2) 按照网络广告的表现形式进行划分

将网络广告按照表现形式划分可分为文字广告、图片广告与视频音频广告三种。

① 文字广告

文字广告通过在门户网站或综合性网站上建立文字链接,使用户能够快捷地访问目标网站。但是文字广告的缺点在于容易被淹没在海量信息当中。因此,文字类广告成功

的关键在于如何吸引受众最大的注意。

② 图片广告

图片广告包括了静态图片广告和动态图片广告。由于网络技术的发展，如今除了标志性广告之外，静态图片广告已较少应用于网络广告中。动态图片广告主要指 GIF 格式的图片，将其与漂浮广告结合，能够较好地吸引受众的注意力。

③ 视频音频广告

视频音频广告充分利用了网络技术，将过去的电视广告转换成流媒体格式在网页中播放。据调查，70％的受众会点选互联网当中的视频音频广告，受众对此类广告的记忆力也较其他类型提高 34％[①]。

（3）按照网络广告的说服策略进行划分

广告要令受众相信、喜欢并购买产品，则必须采取一些方法和手段来说服受众。这些方法和手段就是广告的说服策略。按照说服策略对广告进行划分可分为情感诉求广告和理性诉求广告。

① 理性诉求广告

理性诉求广告指广告诉求定位于受众的理智动机，真实、准确、公正地传达广告企业、产品、服务的客观服务。其广告作品传达出的信息在于产品或服务的质量、性能以及消费者因此而获得的利益，是以激发诉求对象的理性思考为目标的广告。

② 情感诉求广告

情感诉求广告定位于消费者的情感体验，通过情感的表达，使受众产生情感共鸣，从而做出购买行为[②]。其主要传递的是产品的精神属性（如时尚、高雅、美观等）及所拥有的象征意义和表现能力等信息，目标在于激发诉求对象的情感反应。

二、　网络广告心理的研究

1. 心理是网络广告制胜之道

广告界的大量事实证明，"广告战即心理战"，广告若要获得成功，首先要注意消费者心理特点与行为特征，只有满足了消费者的心理需求，广告才能够达到其最终的目标。

广告界有这样一句话："科学的广告术是要遵从心理学法则的。"

2011 年的玉兰油新生系列产品广告可谓充分利用了网络传播渠道。当许多网站旗帜中首次出现"2001 新年快乐"的广告语时，许多网友纷纷在论坛发帖："OLAY 广告年

① 林升梁.网络广告原理与实务.厦门：厦门大学出版社，2007.59.
② 凌文铨.广告心理.北京：机械工业出版社，2000.101.

份打错了吧？差了整整 10 年！广告公司也太不专业了吧！"。但是实际上,这个"10 年"的"误差"正是其广告的诉求点,许多人没有看到,在广告语的下方还有一行小字"新一年,当全世界大一岁,肌肤却梦想年轻十岁！",民众才恍然大悟,自己已经深陷了这一场"美丽的误会"。随即在互联网上,围绕这则广告开始了新一轮的信息传播。"如果真的可以时光逆转,年轻 10 岁,我想和还在上小学的自己说'一定要考一次双百',你们呢？"在微博上由广告引发的"10 年时光倒流畅想"在网友中流行起来。玉兰油的广告无疑获得了巨大的成功。

这则广告既投放在网络中,也投放到了平面媒体和电视中,但它最先从互联网中火爆起来,从而提高了广告的知名度,得到了受众的极大关注,而且最终又在互联网开始了广告宣传。从心理学角度来看,首先玉兰油公司利用了受众的猎奇心理,让大家以为广告出现错误,引发受众的热烈讨论,达到了吸引注意的目标;之后在网络中引起话题达到持续讨论的效果,充分利用网络互动的功能,让受众参与其中;以"时光逆转 10 年"为主题,促进受众的情感认同,使产品知名度提高。网络广告的交互性、非强迫性以及分众媒体的特点,使其格外注重广告心理效果模式的几个指标:引起有意注意的程度,其广告信息的针对性,使得消费者产生认同感、归属感的情感诱因,以及网络特有的交互功能从而激起购买行为。

2. 网络广告心理研究的不成熟

网络是个新出现的媒介,网络广告更是新媒介中的新现象,迄今不足 20 年的时间,许多研究才刚刚开始,不成熟是自然的事。从心理方面研究网络广告,更是新近的事情,一切都在摸索中。这种不成熟表现在:

首先,网络广告心理研究对象缺乏科学性与系统化。

当前网络广告心理研究的对象仍然较为分散和片面,对于网络广告投资者的投资心理研究较为缺乏。在广告人心理研究部分也对网络广告的关注不够,多是传统广告在网络平台的移植,并未凸显网络的特点。另外,对于网络广告受众的研究缺乏层次区隔,多为笼统地对网络使用者进行研究,而忽略了不同年龄、不同职业阶层网络使用者的心理差异。总体而言,网络广告心理学的研究对象仍需细致化、系统化,并突出网络的特点。

其次,网络广告心理的研究内容仍需深入和拓展。

随着现代传播学的诞生、现代营销学的发展,广告心理学研究的内容愈发丰富,从一开始的广告受众的接受心理,逐步涉及整个广告活动过程的各个主体及各个方面的心理。网络时代的来临,使得学界逐渐出现对网络广告心理的研究。互联网对人的心理行为有着重要影响,众多心理学家运用多种研究方法对网络心理进行深入而广泛的研究,并取得了一定的研究成果。最近几年出现了一部分对网络广告心理学进行研究的论文,但是从总体上来看,网络广告心理的相关研究仍处于初级阶段,并未形成较大的规模。研究也多停留在表面的现象描述层面,局限于简单的实证研究,缺乏基础的理论概括。因此对于网络广告心理学研究来说,要拓宽研究思路,更多地将新问题与具体理论相结合。从新的视角切入研究,促进这一学科体系的建立。

最后,网络广告心理的研究方法尚未形成体系。[①]

网络广告心理学的研究相对于传统的广告心理行为研究来说具有自身的特点,它在研究环境、研究内容和研究视角上都有新的变化,因而传统的广告心理学研究方法的应用并不能满足网络广告研究的需要。就目前而言,网络广告心理学研究的方法仍未突破传统的广告心理学研究方法的束缚,只是将一些诸如心理测验、调查问卷等方法从现实中的应用转移到了互联网,虽然在一定程度上提高了研究效率,但是本质上与传统的研究方法并无差异,这就造成当前网络广告心理学研究的方法创新没有自己的特点。

第二节　网络广告传者心理

一、网络广告主广告投放心理

1. 网络广告投放动机分析

动机是人类行为的基本特征,是人们行为产生的内在动力。每一种行为的背后,都有其产生的内在原因,即心理动机。广告是一种付费的传播活动,在传播过程中,广告主需要支付给广告公司以及传播媒介一定的费用。因此投放广告是一种投资行为。这种投资行为的背后既包括促进产品销售量等直接营利性动机,同时也含有树立品牌知名度、美誉度,宣扬价值理念等非直接营利性动机。具体到广告主投放网络广告的心理动机,大致包括以下三个方面。

(1) 直接获利动机

获利动机是一种营利性动机。网络广告投放的获利动机在于能够促进广告产品的直接销售,或是有助于企业品牌的正面推广从而达到营利目的。同传统媒体相比,网络媒体可实现精准营销,针对性强,尤其是在中国的一些二线城市,网络广告营销拥有迅速地覆盖精确人群的独特优势。因此网络广告营销可以说是最有效率的广告营销手段。

以网络搜索引擎广告为例,艾瑞公司在《2009中国网络广告发展趋势调查报告》中提到,搜索引擎在性价比、效果评价等方面的竞争优势使得以百度、谷歌为代表的搜索引擎营销平台,成为广告主最具广告投放价值的网络平台。归纳其原因就在于广告的投放精

① 林树峻、赵辉. 网络心理学研究与前景展望. 中国校外教育(理论),2008(10).

准,投放费用的相对低廉以及投放效果的较高评价。

网络广告的收费模式较为多样,广告主可以根据投放位置以及浏览人数多寡进行付费。网络广告的主要付费方式包括 CMP(Cost Per Mille,千人印象成本)、CPA(Cost Per Action,每行动成本)、CPC(Cost Per Click,千人点击成本)、CPP(Cost Per Purchase,每购买成本)以及按业绩付费等方式。广告主可以根据广告的性质,将这些付费方式灵活运用,降低广告投放成本,从而使广告收效最大化。

（2）获得投放机动性的动机

与传统广告发布相比,广告主在网络上发布广告有更多的选择,也有更大的自主权。传统广告的主要发布渠道是通过广告代理制发布广告。广告主委托广告公司实施广告计划,广告媒介通过广告公司来承揽广告业务。广告公司的身份具有双重性,它既是广告客户的代理人,同时也是广告媒体的代理人,他们主要提供的是双向服务。但是在网络平台中,广告主除了通过广告代理公司进行广告发布,也可自行发布其产品广告。广告主发布广告的方式也更为多样,广告主可以直接寻找网络服务商作为合作伙伴,类似于在传统媒体发布广告的方式;也可自行成立网络广告服务部门;此外,广告主还可以不借助广告代理商,自己制作、建立产品服务网站,自行发布广告信息。

（3）获得发展中的市场的动机

获市动机指占领市场份额的动机,同样是一种非营利性动机。网络广告投资环境与传统媒体相比,尚处于未成熟期,发展水平不如传统媒体。但是随着网络媒体发展的多样化和精细化,网络营销水平也在逐渐提升,网络广告投资环境也在逐步完善,它的覆盖范围广,信息容量大,感受性全面,实时性与持久性的统一,以及投放的准确性是传统媒体所无法比拟的。据了解,目前中国广告主对网络广告投资的比例相对较小,2008 年网络广告市场的总额只占全国广告总额的 2.63%,这个比例只有美国的四分之一,英国的九分之一[①]。伴随着中国经济的稳步发展,网络广告在中国广告市场的份额也逐步提升,其增幅一直高于报刊、广播电视等传统媒体,具有较大的发展潜力。

此外,观念的变化决定着人们行为的变化。我国每年的网络用户增长在 8 000 万人左右。网民数量的大幅增长导致一种新型虚拟经济形态出现,即"搜索力经济",受众告别以往的"被吸引"等被动接受信息方式,而是通过搜索引擎主动搜索信息。中国互联网络信息中心发布的《第 31 次中国互联网络发展状况统计报告》指出,有 80% 的用户通过搜索引擎查找相关资讯。随着网民队伍的不断扩大,网民消费能力的不断上升,网络广告以及网络营销方式越来越受到消费品广告主的认可。据统计,中国网民的年龄主要集中在 10～59 岁之间。其中,10～29 岁的年轻群体占据了网民总数的 50% 左右,随着这部分人

---

① 安吉斯:网络广告独到的价值.V-MARKETING 成功营销,2011(3).88.

群年龄的增长,他们的消费能力将不断增强。而最具购买力的 30～59 岁的群体占了将近 23% ①。这意味着网络将在未来商业消费市场中具有极大的作用。同时,当网络购物越来越成为大众购物的重要方式时,网络广告投放也越来越受到广告主的青睐。因此,从市场角度来看,网络媒体的快速发展以及网民数量的急剧增多是广告主们选择投放网络广告的重要动因。

2. 网络广告投放心理策略

(1) 精准投放,达到最需要的消费人群

任何时候消费者的需要都是存在的,这就看广告主能不能发现、激发它们。

精准的广告投放,是这种激发的必要条件。因此网站定位是否与产品本身定位相符合,是广告主精准投放考虑的首要因素。门户、资讯类网站的广告较为常规,一些专业性较强的网站的广告投放相对也比较有针对性。例如新浪体育频道的广告以运动品牌为主,太平洋电脑网的广告则主要为数码产品;两家网站投放的广告均与产品的特征相符合,同时因为其网站的专业性及知名度,使其投放的产品同样给人以专业、高品质可信度高的印象。广告主投放网络广告的最终目的是要促进产品销售,因此在投放广告时必须牢牢把握这一原则,适合就是最好的,把广告投放到最适合企业产品的页面上。

以往,媒介资源较少,受众只能从仅有的几家媒体当中获得信息。中央级媒体由于其广阔的覆盖面,巨大数量的受众成为广告投放的首选媒体。同时受到最初的产品至上价值观的影响,广告主比较“迷信”中央级媒体的覆盖面,以期将自己的产品更加快速地推销出去。随着“大众传播”向“分众传播”的演变,广告主对媒体的选择观也发生了变化。广告主在选择媒介时,不再仅仅追求“覆盖面广”,同时也开始注重贴近用户,投放准确,用更具个性化的产品、服务以及广告来选择个性化的用户。

覆盖面广泛的媒体在传播信息上存在优势,但是也存在一定的信息浪费。媒体信息的接收者或许并不是广告主关注的目标受众,这些群体虽然接收到了广告信息但是最终并不属于产品消费群体。比如说广告主投放的是酒类广告,但是接收到产品信息的却是小学生;广告主投放的是农业用具广告,但是接收到信息的却是白领一族等。因此,如今的广告主更加注重的是广告是否能够准确迅速地到达目标受众群体。广告主在进行广告媒体的选择时,覆盖面不再仅仅是其考虑的唯一指标。对于网络广告来说,根据地域划分对网络广告进行定点投放成为非常有效的手段之一。

如图 6-4、图 6-5 为同一时间不同 IP 地址浏览到的网页广告内容。北京地区浏览到的楼盘广告为北京地区信息,如“4 号线团购单价 1.2 万”等;而武汉地区浏览到的则全部是武汉相关房产信息。同一个广告位,根据不同地域投放不同广告,不仅可以提高用户体

---

① 梅花网.网络营销成为广告主的热门选择.[EB/OL],http://www.tz1288.com/tz/news_view.aspx?id=2209.

验,还能充分利用广告位资源,实现精准投放。

图 6-4　北京地区搜狐楼盘广告　　　　图 6-5　武汉地区搜狐楼盘广告

（2）从产品特点出发,瞄准网络使用者习惯

当市场转变为卖方市场后,广告主必须更多地增加对消费者群体的关注。消费者不再是无差别个体,而是成为了个性十足、需求不同的小群体。个人的需求决定了生产。这种市场格局的变化也促成了广告主观念的变化。广告主通过对目标受众的媒介使用习惯、年龄、职业、文化背景等各方面因素的考察,最终围绕目标受众的偏好选择媒体,进行精准广告投放,借助网络平台与受众进行更为直接的沟通,通过互动进行品牌宣传与产品推广,从而提高广告传播的效率。比如人人网前身校内网在高校学生中影响广泛,其用户群体主要为在校大学生,因此人人网投放的广告以适合学生群体消费水平的产品或是学生用品为主:比如戴尔学生笔记本电脑、博士伦隐形眼镜、快速消费品凡客诚品的广告等。这种针对人群消费水平进行的投放效果明显高于盲目投放。也就是说,广告主会选择更贴近目标受众的媒体投放广告,从而提高广告的效果。

（3）注意网络广告形式与产品匹配形成的心理效应

网络技术的不断进步,使得传统的图文广告、电视广告在网络中有了更多的表现形式,如富媒体广告、赞助类广告、社交圈广告等。恰当的形式选用,会使广告传播形成良好的心理效应。

富媒体广告的整体冲击力高,效果好。通常点击率和转化率也相对较高,但是价格昂贵,比较适宜疏松投放,以达到配合整体营销的效果。此类广告任务在于树立良好品牌形象,或是重大产品推介。广告制作过程中可多利用情绪的渲染,使受众对品牌形成情感认同或猎奇心理,让受众对产品或品牌产生极强的注意,从而促成消费行为。

按钮类广告或旗帜类广告属于较为常规的广告方式,其曝光效果好,价格较富媒体广告便宜,投放时间、位置、方式更为灵活,可以同样用于品牌宣传、产品推介,广告投放频率可以比富媒体广告密集一些。

图文广告在传统广告中比较常见，网络中关注图文广告的用户多为深度用户，他们非常注重理性的判断。这类广告的核心任务是传播产品信息，主要职能在于向受众推销产品，介绍产品信息。图文广告说服力强，其转化率也相对较高，适宜长期投放。

二、 网络广告人的广告制作心理

1. 网络广告创意的心理诉求

广告的基本功能在于传递信息。要想使广告中所携带的信息被受众接受，首先需要引起受众的注意，激发受众的视觉、听觉等一系列感觉，继而形成一定的心理活动，最终才能促成购买行为。广告成功与否，首先在于吸引消费者的注意，并且产生正面的态度。因此，广告的创意只有遵从消费者的心理特点，才能成功打动消费者。而网络广告创意，除了要遵循一般传统广告创意原则外，还有自己与众不同的特点，在这里能体现网络广告创意特别指向的心理诉求有：

（1）追求简约性的心理诉求

简约性原则指成功的广告创意每次只和目标受众沟通一件事，简约的设计会让受众在众多网络广告信息中有眼前一亮的感觉。受众在接受广告时，多半是将其作为了解产品的手段而非目的。如果将广告刻意进行复杂的加工，它携带的信息反而不易进入受众的感觉器官。尤其是在信息爆炸的网络平台，简单明了的广告才能带给受众更加明了的感觉。

suplicy 的咖啡豆的网络互动广告的设计就符合简约原则。广告最初画面覆盖了满满一层咖啡豆，但是下面似乎还有玄机。如果想要知道，就要用鼠标拨开咖啡豆。当鼠标划过后，咖啡豆也向两边移动。当所有咖啡豆被移开时，受众会发现原来下面是 suplicy 品牌的标志，以及广告语："手工挑选。"这时受众也会醒悟，自己原来不自觉中竟然已经参与了 suplicy 咖啡豆的筛选工作的互动过程。整则广告交互设计简单，同时突出了商品的品牌和最大卖点，收到了非常好的效果。如图 6-6、图 6-7 分别是广告的最初画面以及拨开咖啡豆后显示出的产品品牌。

（2）追求独特性的心理诉求

互联网使得信息的采集、传播的速度和规模达到空前的水平，信息发展速度如爆炸一般席卷整个地球。借助互联网技术的发展，我们生活的周围每天都有铺天盖地的信息。汹涌而来的信息同时使人们感到无所适从，人们若要从浩如烟海的信息海洋中迅速准确获取自己所需要的信息开始变得困难起来。尤其是网络页面中充斥着大量的冗余信息。网络广告若想在投放后不"石沉大海"，就需要在创意过程中遵循独特性原则。

图 6-6　suplicy 咖啡广告　　　　　　　　　　图 6-7　suplicy 咖啡广告

网民有着猎奇的心理特征。这个"奇"字就是追求独特、新颖。在相同产品的竞争中，如果广告主推出的广告创意形象与对手相同或相近，那么极易使受众产生混淆，这样不仅不能宣传自己，甚至还会产生刺激的泛化作用，间接地帮助了对手；反之，则会使自己胜出。

例如，西班牙的一则献血网络视频广告（如图 6-8、图 6-9）。广告从播放开始，画面下方的红色视频进度条一直在前进，给人以视频正在缓冲的感觉。当视频进度条全部变红，观众正在等待观看广告中主人公的动作时，画面中的女医生只是说了一句西班牙语的"谢谢"，然后伸出手将红色的进度条拿走。观众才恍然大悟，原来这是一则号召大家献血的广告。整条广告没有多余的言语，一个进度条，一句话，一个动作，就将广告目的表达得淋漓尽致。这种独具匠心的广告大大吸引了受众的眼球。

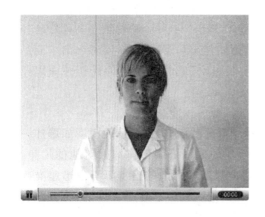

图 6-8　献血公益广告　　　　　　　　　　图 6-9　献血公益广告

（3）追求系列性的心理诉求

系列性原则是指对一则产品或品牌进行同一主题，不同内容的反复强调，形成一个系列变化的广告。由于受众对于重复的相同信息大都抱有强烈的逆反心理，因此广告的过分重复不但不能起到增强记忆的效果，反而会适得其反。但是如果以一个主体进行系列广告宣传，就会引起消费者的观赏兴趣，从而提升广告效果。

美国广告专家大卫·奥格威曾经说过：任何一个广告，都应该是系列广告的代表作。如果不能根据自己的创意发展出系列广告，那就不是杰出的广告创意。[①] 在网络广告创意中，系列性原则尤为重要。当同一则广告在平台投放太久时，会出现明显的点击率下降。此时，就应该立即更换同一主题的其他广告作品。

例如，中国台湾网络购物网站"payeasy"就针对女性广告受众发布了一系列广告。广告的主题都为"新女性，新价值"，但是通过不同情境、故事的设计，用美好的氛围，通过感性诉求来俘获女性消费者的心。从广告表现来看，"陪你 shopping 一辈子"系列广告由三个小故事组成，广告中使用同样的音乐、同样的明星、同样的氛围，感觉好像连续剧，但又从不同的角度来诠释广告主题"陪你 shopping 一辈子"，这种表现手法给受众带来一种"熟悉"的"陌生感"，并期待两个主角的后续故事，于是就受到消费者的注目。

（4）追求时效的心理诉求

网络信息更新迅速，广告创意也同样需要及时的更新。如果在创意中将时下流行的、受人关注的重要事件联系起来，就更加能吸引受众的关注，从而发挥更好的广告效果。比如在奥运会或节日期间进行的活动，将活动主题与产品联系在一起，进行网络互动，这些都能够在特定时间获得更多的注意。

2. 网络广告设计与制作的心理策略

（1）充分运用各种手段，与背景页面区隔以吸引注意

与传统媒体相比，网络广告在吸引受众注意的方面有着一定的缺陷。受众的注意是受到被注意对象的强度、位置、重复、变化、色彩与其他对象的对比影响的。网页当中繁杂的信息极有可能影响受众对广告的注意程度。有调查显示，如果在 5 秒钟之内不能吸引网民对广告的注意，那么这则广告区域即成为视觉盲点。因此，如何使广告成功吸引受众注意，是广告制作人首先应该考虑的心理策略。

① 利用色彩反差，从对比中吸引受众

色彩在广告语言中有着极为重要的作用。人眼对于红、绿、黄等鲜艳的颜色有着先天的敏感，因此在网络广告制作中可以大胆地使用这些颜色，以期获得网民注意。但是同时，也要注意广告色彩的适宜度与联想度，考虑广告色是否与广告主题相一致，或表达的

---

①　周琳、夏永林.网络广告.西安：西安交通大学出版社，2008.163.

内容是否与当地的民俗色彩相冲突。

当然,色彩的投放不应该仅仅考虑广告自身,同时也要考虑是否与网页背景相区隔。应充分利用色彩反差形成对比。对于广告色彩的适当选择,不仅能够吸引受众的兴趣与注意,还能够正确地传达商品信息,塑造企业的良好形象。

② 恰当运用 3B 原则,加深受众印象

3B 原则是 Baby、Beauty、Beast 的缩写,指运用婴儿、美女以及动物这三种引人注意的形象进行广告传播,可以起到事半功倍的效果。[①] 人物、动物的语言动作的巧妙运用,能够提高画面的被注意值,在网络广告中适当地加入这些元素,可以通过其传情达意的表情来吸引受众,使受众对广告形成难以忘记的印象。

③ 尝试各种广告形式,使受众感到生动、有趣

调查显示,广告的注目率与广告的表现、创意呈正比关系,因此注目率也是衡量广告效果的重要指标。网络平台拥有着传统媒体无法比拟的技术支持,网络广告在表现形式上只有出新、出奇才更能够在诸多广告中脱颖而出。

广告形式的创新既包括广告形状与尺寸的创新,也包括技术效果的创新。广告人可以利用动画、音效等各种元素,使网络广告变得生动有趣。富媒体的广告往往不局限于网页的版面,体积的大小,而在于出色的创意。比如一款 Flash Banner 广告,就吸引了许多人的眼球,如图 6-10 所示。

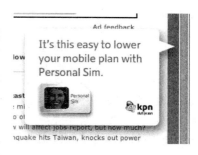

图 6-10　某网页浏览器滚动条广告

一般广告主都希望将广告放在页面中最醒目的位置,让大家一打开网页就能看到,但是这则广告却突破了以往的常规。在登录页面的时候这则广告并没有出现,但是当你开始滚动浏览器的滚动条的时候,广告就伴随着浏览器的滚动条出现在受众眼前。此时此刻网页上面不管是什么内容,都不如这条广告能够吸引受众。

(2) 广告语凝练传神引发受众兴趣

广告大师大卫·奥格威曾经说:"平均起来,人们读广告标题的次数,是读广告正文的 5 倍。要是你的广告标题做得经不起推敲,你就浪费了 80% 的广告费。"广告语同广告标题一样,是广告最为重要的部分。在网络信息海洋中,除了各种形式、动画、音效吸引网民注意,一条好的标题、广告语同样重要。

首先,广告语简明扼要,突出最吸引人的话语。网络广告空间有限,能不能用最少的文字说出最吸引人的话语是网络广告语的关键。网络受众比传统媒体受众更缺乏耐心,

---

① 周琳、夏永林.网络广告.西安:西安交通大学出版社,2008.70.

广告语如果过于含蓄、复杂,会引起网民的反感。能够吸引网络受众注意的永远是具有震撼力、感染力的广告语。"一语道破"的广告语更加能够捕捉到网民的目光。

其次,贴近网络生活。在现实生活中,生活化的口语更能够为人们所接受,朗朗上口的语言总是在生活中被大家重复使用。同样,在网络社区中,能够适当地运用网络特有符号语言或是网络流行语,才能够获得更多的点击。

最后,网络广告语应具有强大的诱惑力、号召力。著名的"凡客体"就是一个例子。凡客体,即凡客诚品(VANCL)广告文案宣传的文体(图6-11)。该文体主要是"爱什么,爱什么,也爱什么,我不是什么,我是谁"。的话语格式构成,广告意在戏谑主流文化,彰显该品牌的个性形象。然其另类手法也招致不少网友围观,网络上出现了大批恶搞凡客体的帖子,代言人也被调包成小沈阳、凤姐、郭德纲、陈冠希等名人。其广告词更是极尽调侃,令人捧腹,被网友恶搞为"凡客体"。但是,凡客诚品的这则广告仍然是成功的。VANCL CEO陈年直言:VANCL就是要胡做,互联网企业不需要条条框框的束缚。其广告本身就是要剑走偏锋、打破常规,选择的代言人韩寒是互联网成就的时代先锋,既有极高知名度也有争议性。无论网友如何恶搞,至今凡客诚品企业的形象仍然是正面的。有些白领原本并不会购买凡客29元的短衫,但是经过PS潮之后,凡客的T恤衫或多或少有了个性的色彩。

图 6-11　凡客诚品 T 恤衫广告

(3) 完善的二级页面设计有利于受众购买心理的形成

网络广告的标题与正文部分大多不在一个页面当中。如果广告标题赚足了受众的眼球,但是广告正文部分设计粗糙,受众点击进入后大失所望,那么这则网络广告仍然是失败的。

网络广告二级页面的设计首先需要注意网页的大小及打开的时间。国际著名机构

ZonaResearch. S 发现的"8 秒钟定律"指出：大多数网民不会耐心等待 8 秒钟打开一个网页。当二级页面打开时间每增加 1 秒钟，用户放弃访问网页的几率就增加了 30％～60％。如果在网页中设置了过多的站点 Flash 和图片，首页调用过多的参数，那么即使再漂亮的站点也不会吸引太多的受众。更有调查显示，随着客户使用的带宽的提升，如今的网络用户忍耐限度已由过去的 8 秒缩减到 4 秒钟。这意味着，在网络广告制作中，应格外控制网页的大小，节约带宽，使广告点击后能够立刻呈现。

此外，在广告二级页面当中一些细节设计也能够提升受众的购买欲望。网页中完备的产品信息，应包含产品的详细信息，与其他产品的比较信息，消费者与产品上的交流渠道信息，购物方法以及完善的售后服务等。据 CNNIC 调查显示，37.8％的网民目前对网络广告"最不满意"；22.7％的网民在选购物品或服务时不愿意将网络广告作为参考；在网上浏览过广告但从不购买的人 46.9％；很少浏览的有 34.7％；经常浏览并购买的只有18.4％ 由此可见，受众对与网络广告的认可度和信任度都不高。如果网络广告的二级页面增加一些详细信息等细节设计，提升网络广告的可信度，那么将对激发受众的购买欲望产生有利影响。

第三节　网络广告受众心理

广告受众的心理变化体现在购买行为的全过程之中。1898 年美国广告学家 E. S. 路易斯提出的广告界著名的 AIDMA 理论就是对广告受众心理过程的概括。该理论认为：广告只有引起消费者的注意力，使消费者产生兴趣并激发其欲望，使他们记住该品牌，才能促成购买行动，从而达到广告最终的效果。AIDMA 分别是每个心理过程名称的缩写：

A(attention)指吸引注意：广告是通过内容、色彩、画面、语言等各种手段的运用，达到吸引接受者注意的目的。

I(interest)指引起兴趣：广告的成功需要激发消费者对广告产品或者服务的兴趣。只有使他们对广告产生兴趣，才能促使其进一步了解该产品。

D(desire)指激发欲望：广告通过激发消费者的购买欲望使其产生购买行为。因此，消费者在被广告吸引后，通过广告了解产品的性能、服务的优越性等，才能产生购买的动机和欲望。

M(memory)指强化记忆：德国心理学家艾宾浩斯研究发现了艾宾浩斯遗忘曲线，人们的遗忘过程起初很快，之后会逐渐放慢，重复则会加深人们的记忆。因此，广告的作用就是加深人们的记忆，即使消费者不会立即购买该产品，经过广告定期的适度重复，对该品牌也会产生深刻的记忆。

A(action)指促成行动:广告的最终目的在于让消费者购买产品,即采取行动。

AIDMA 理论是建立在消费者具有潜在的需求和动机的基础之上的,它产生于 19 世纪末期,当时正是以"卖方为中心"的市场处于主导的地位。[①] 如今这个广告与产品泛滥的时代,这个理论同样有效。只有通过这五个环节,才能体现广告的实效。

网络媒体集纳了各种传播媒体的特性,比如报纸的主动阅读与选择,杂志的重复与强烈的视觉冲击力,广播的广阔的覆盖率以及电视的声画同步刺激多面性特点。网络广告独特的传播环境使其既有一般广告的特性,也有着一定的独特性,受众在接触网络广告时的心理期望使其有着多样化的网络广告心理效应。

网络广告受众的心理过程,可以分为认知过程、情感过程和行为过程三个部分。

一、 网络受众广告接受中的认知分析

1. 广告受众认知心理概述

在传统广告心理学当中,受众的认知过程包括了知觉、记忆和理解三个部分,每个部分紧密相连。受众购买行为之初的心理活动,就是对产品的认知过程。

(1) 广告受众的知觉过程

让我们来思考这样一个问题:每天你会接触到多少个广告?

当你走上街头,或是打开电视电脑,开始接触到形形色色的广告信息,有多少产品信息能够吸引你的注意,或得到你的关注? 多年前美国曾做过一个调查,结果显示:每天当人们睁开双眼,就要受到 1 500 多个广告的包围。 但是人们并不能感知到所有的信息,其中大约有 100 个广告能够让人们有印象。 每则广告的成功,第一步在于吸引受众的眼球,网络广告亦是如此。

心理学的研究证明,人们接受到的绝大多数信息来自于视觉系统,正因为如此才有了"眼球经济"的提法。当广告信息作用于受众的感受器时,受众的"意识"才能够对其进一步加工,而未能进入到意识层的广告信息就只能被过滤掉,或是进入到潜意识层面等待加工。

广告知觉产生的心理基础首先在于感觉。无论是影视广告、印刷广告或是网络广告,受众首先就是通过感觉对其产生认识。感觉包括了视觉、听觉、味觉、嗅觉和触觉,但是感觉器官不能感受到所有的内外部刺激,只有在最小刺激量以上的刺激才能引起感觉器官的反应,这个最小刺激量就是感觉阈限。广告就是通过各种外部刺激来使感觉器官产生反应,外界刺激的强度越大,受众越容易感知,刺激的强度越小,就越不容易被感知。在一般广告中,体积的大小、色彩的明暗、声音的强弱、变化的对比以及广告投放的位置和广告

---

① 周琳、夏永林.网络广告.西安:西安交通大学出版社,2008.63.

重复的频率等,都是吸引受众注意的有效方式,这些方式方法同样适用在网络广告当中。

(2) 广告受众的记忆过程

广告受众通过大脑记忆,对过去在生活中体验过的情感,感知过的产品,在头脑中进行重复的回放,进而加深对产品的认识。在这一过程中,用户过去所经历过的事物或者情感的记忆等,都会对以后的购买行为有着促进或阻碍的作用。如果广告受众对产品完全没有了解,在个人生活中也没有相似的经历,那么受众对商品的认识过程则存在着很大的缺陷,就很难促成购买行为的发生。因此,网络广告采取了重复等各种手段去强化受众的记忆,从而提高受众对产品的认知程度或品牌的知名度。

(3) 广告受众的思维过程

在广告受众对产品有了表象的认识之后,通过重复记忆的方式,使得产品在受众的大脑中有了印象,思维的作用则会把这种认知过程继续向前推进,从表面认识过渡到思维层面。这一步的认识使受众能够全面、本质地把握商品的内在品质。通过广告的宣传,受众逐步进行理性认识判断,将产品个别属性与整体形象相联系,在一系列的分析、判断、比较过程后,完成受众对产品的认知。

2. 网络广告受众的认知特征

(1) 主动性特征

网络强大的搜索功能和超链接功能使受众自主导向的传播得到充分的体现。网络广告的传播模式不再是传统媒体的"点到面"传播,而是有了各种灵活多变的模式,用来增强网民的主动性。网络受众根据个人的爱好、需要而自由地搜索广告信息。当大量网络广告涌来时,可以自由地选择看或者不看。当网民对页面中的某一广告产生兴趣的时候,他可以点击该广告的链接来进一步了解产品信息。如果受众想要了解某一品牌或产品的详细情况,也可以通过搜索引擎或大型门户网站进行搜索,从而进入该品牌信息发布的网页,更深一步地了解产品。因此,网络广告的展现就不能不考虑网民心理的主动性。

交互性作为网络传播的优势所在,同样被网络广告充分利用,成为吸引受众有意注意的有效手段。网络广告作为非强迫性的传播,它要借助受众个人的爱好、愿望自由地接触广告,吸引受众参与到广告的运行中来。广告商通常与网站内容提供者合作推出一个页面专题或活动,在该页面或活动中,并未直接地推广产品,而是通过与网民进行互动的过程中,巧妙地引入产品观点和情感。例如美国一部喜剧片《婚礼傲客》的推广案例,制片方在对电影进行宣传时,在官方网站上提供了很多婚礼剧照,并提供技术让人们可以将自己的照片贴上来,使自己能出现在《婚礼傲客》的婚礼中。结果至少有 300 万人主动参与设计婚礼剧照,而且纷纷将自己改造后的剧照发给朋友。这一创意少说也波及了过千万的人。

另外还有许多网络广告页面,都以小游戏的方式吸引受众停留,并在游戏互动中体验产品,潜移默化中建立产品情感。

如图 6-12 至图 6-14 分别是三个互动式广告。

图 6-12 奶粉互动广告

图 6-13 搜狗浏览器广告

以上三则网络广告都是充分利用了互动传播的优势，增强广告的点击吸引力。它们的共同点在于使用了醒目的参与窗口，能够瞬间吸引网民的眼球。同时，网络按钮设置方便，利用超链接功能使网民迅速地获取下一层广告信息，也可以引导受众进入深度的诉求。参与的窗口包括了互动提示、交流、下载、留言反馈、查询等。目前随着微博等产品的发展，微博互动成为了许多网络广告新的互动形式。

当然，在利用交互性吸引受众注意的同时，也要充分尊重网络受众的个人意愿，避免出现明显的强迫性、欺骗性和过度刺激。当出现以上三种情况时，广告会带给受众不好的用户体验和感受，易使受众形成逆反心理。如图 6-15，当人们点击需要下载一个软件时，很难找出哪里才是真正下载的链接，各种广告扰乱了用户的正常需求，过多的此类广告会造成用户的心理不适，产生排斥感。

图 6-14 宏基电脑微博互动广告

图 6-15　下载软件页面

（2）刺激多样性

无限延展的网络广告传播空间,立体化地实现了网络广告表现的多媒体特性和信息呈现的丰富性。一方面,网络广告通过网络的搜索、超链接功能进行横向的比较、分析、说服;另一方面,利用层层点击页面网络广告也形成了纵向的深度渗透诉求。因此,在自由主动的意识控制之下的网络受众,有了追求刺激多样化和充分性的诉求。

① 富媒体技术开拓广告形式

随着网络技术的不断发展,富媒体技术（Rich media）日益在网络广告当中显现。这种变化多端的形式成为吸引网络受众的重要诱因。"Rich media 广告也带来比一般的GIF 形式的 banner 大得多的点击率（1.5% Vs 5.4%～15%）。"[①]富媒体广告的表现形式非常丰富,包括了文字、图像、声音、影像、动画、三维虚拟等,它既拥有与电视广告相媲美

---

① 　陈刚.《新媒体与广告》.北京:中国轻工业出版社,2002.144.

的音画效果,而且还拥有电视广告所不能进行的互动功能和交易平台。多种多样的表现形式能够极大地激发网络受众的好奇心,从而提高网络广告的点击率,如图 6-16 至图 6-18 所示。

图 6-16　富媒体广告(1)

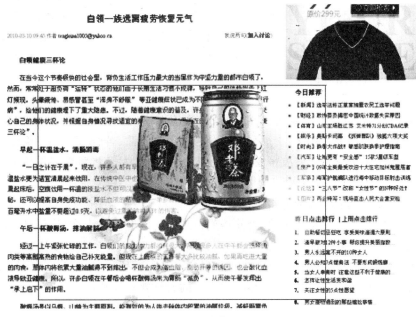

图 6-17　富媒体广告(2)

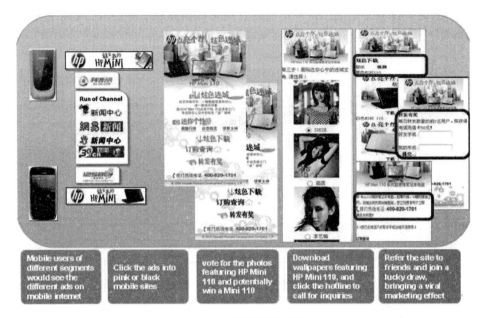

图 6-18　富媒体广告(3)

② 品牌组合传播促进有效记忆

网络平台多种多样的传播方式,有效地解决了广告内容诉求单一性与整体性的矛盾。通过将旗帜广告、弹出式广告、按钮广告等主题信息集中的形式,与产品动画展示、网络商场、虚拟使用体验等信息综合的形式进行有效组合,使受众对产品的品牌进行全触觉式的沟通交流,从而极大地激发了网络广告受众的兴趣。同时,广告主不必过度担心传统媒体上随时增加的广告费用,可以将海量的广告信息进行全天候的传播,从而提高受众对广告内容的记忆程度。

此外,通过系列广告的形式进行组合传播,也能够增加受众记忆。例如,益达口香糖的系列广告就获得受众的好评,该系列广告分为楔子、酸、甜、苦、辣篇,每一篇以益达产品为线索串联起男女主角的爱情故事,由于其故事的连贯性,并且将每篇广告故事都留下悬念,因此受到了受众的追捧,获得不错的宣传效果。

③ 适时更新广告内容刺激受众

当一条广告发布一段时间之后,会使得受众对广告内容熟视无睹,从而对产品和品牌意识淡化。网络广告可以及时更新最新的广告设计。有相关调查显示:网民对网络广告的吸引力保持时间不长。因此,网络广告可以进行灵活适时的传播,而其制作简便性也使得其即时更新方便可行,从而保持了品牌与广告的新鲜感与趣味性。

二、网络受众广告接受中的情感分析

1. 网络广告受众的情感发生与广告的说服

按照信息加工理论，一般来说，心理过程包括三个层次的加工：物理刺激直接产生感情；物理刺激同内部表象的匹配产生感情反应；对刺激的物理性质以外的意义（原因、后果以及同个人的实际关系等）所发生的情感反应。[①]

网络广告的声音、色彩、运动等刺激均可以作用于感官直接引起情绪。这种刺激可能是无条件性的，也可能是条件性的。如广告上快速重复的闪动效果，能立刻引起受众注意和好奇，这属于无条件刺激；而从红色联想到喜庆，绿色联想到环保等色彩刺激则是条件刺激。

当刺激与受众已有情感体验的记忆相匹配时，将产生与之匹配的情感。这个过程是广告刺激与受众大脑的"情感记忆库"比对的过程。受众对于广告中的情感内容进行解释，当情感记忆中找到类似的情感，受众将把该记忆与广告情感表现在内心叠印在一起。

情感广告的说服作用在于，积极的情感反应会导致对广告产品的积极态度。简单地说，当广告令人兴奋、激动或有温馨感觉的时候，受众也会对该广告产品产生好感。传统的广告受众情感反应模型认为，情感对于广告有四方面影响：情感影响受众对于广告信息的认知，情感影响受众对于该广告的态度，情感影响受众对于广告品牌的态度，情感的作用还可转化为使用体验。[②]

2. 网络广告情感作用的模型建立

传统的情感反应模型体现了情感对于受众在认知、态度方面的影响，但忽视了情感在行为层面的作用。与传统广告效果不同的是，网络广告除了能引起受众对于广告或品牌的传播以及对于商品的购买行为以外，网络广告更多的目的是在互联网环境下，通过网络广告与受众进行直接互动，在互动中令受众充分接收产品信息，并能在网络上直接得到受众的反馈。

我们将该模型与网络媒介的特性以及网络受众的情感特征结合，构筑了网络广告受众的情感反应模型，如图 6-19 所示。

在该模型中，将受众在接触网络广告后产生的反应和行为分解为以下几个步骤。

（1）受众接受网络广告刺激之后，对于广告信息产生认知反应和情感反应

在这一阶段，情感体验既与认知相互独立，又与认知相互影响。例如，当广告信息中，

① 孟昭兰.人类情绪.上海：上海人民出版社.1989(6).163.
② 凌文铨主编.广告心理.北京：机械工业出版社,2000.101.

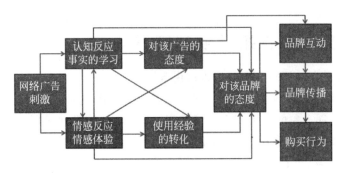

图 6-19　消费者对于网络广告的情感反应模型

与消费情绪无关的认知负荷过高时,可能导致认知资源的重新分配,进而影响情绪。费斯科(Fiske)和泰勒(Taylor)认为,个体是"认知上的吝啬者",往往不愿意在必要的努力之外进行额外努力。若认知负荷过高,就会产生消极情绪。[①]

（2）情感体验影响广告态度

所谓广告态度,是指个体对广告的态度,是指人们喜欢或欣赏广告的程度。如果人们喜欢该广告,并且将这个态度迁移到广告品牌上,或与广告品牌连接起来,就能产生良好的品牌态度。调查发现,同既不喜欢也不讨厌某广告的消费者相比,喜欢、欣赏该广告的消费者对广告品牌的接受率比前者高出两倍。[②]

（3）情感体验影响受众的使用经验记忆,并对其使用经验产生新的期待

情感体验也直接影响品牌态度。例如用户曾经使用过富士牌数码相机,认为该相机颜色较其他品牌的相机更为艳丽,当他在网上看到富士牌数码相机广告上颜色鲜艳靓丽的风景照时,便会立刻联想到自身的使用记忆,两者相吻合时,该用户将对该品牌产生积极态度,并且产生"富士牌数码相机更适合拍摄风景照"的印象。

（4）情感体验通过改变受众的品牌态度,或者对广告的态度来令受众产生相关行为

例如当受众感到某网络广告有趣时,他可能直接点击该广告进入品牌相关页面,并与商家产生互动;也可能选择在聊天工具或者 BBS 等场景与网友分享该广告,对该品牌和广告进行传播;也可能直接在网上产生购买行为。如某止痛药的网站互动广告中嵌入了一个小游戏,当网民将自己名字在网站输入并提交时,网站随即弹出一幅人脑图像,该图像中的人脑布满"爱情、工作"等字样,旁边说明这些字表示该网民日常会为这些事情而头疼——这只是一个小小的玩笑,用户在会心一笑的同时,可能选择将该网络广告链接转发给其他人,邀请他人一同玩该游戏,在分享过程中,也可能产生对于该品牌的讨论,甚至点

---

① 　Fiske,Susan T. & Shelldy E. Taylor. Social Congnition,Reading,MA：Addison-Wesley,1984.

② 　凌文铨主编.广告心理.北京：机械工业出版社,2000.107.

击在线购买该产品的按钮。

3. 网络广告产品定位、受众定位与情感诉求

广告要令受众相信、喜欢并购买产品,则必须采取一些方法和手段来说服受众。这些方法和手段就是广告的说服策略。广告会使用各种策略来说服消费者,如告之、劝说、夸耀、引诱,甚至"施加压力"。一般说来,这些策略都是从两个方面来进行的,一个方面是理性诉求;另一个方面是情感诉求。

理性诉求是指广告诉求定位于受众的理智动机,真实、准确地传达广告企业、产品、服务的信息。这种理性诉求一般适用于理性产品,即生产出来物品的功能针对的是购买者所追求的利益,而商品的特性或属性体现在有形产品和附加产品上。理性诉求广告往往传达这样一些信息:产品或服务的质量如何,服务的范围或产品性能怎样,消费者购买产品或服务可能获得的利益有哪些,消费者不购买产品或不接受服务可能会受到怎样的影响。

情感诉求则是指广告策划者利用人们的情绪和情感活动规律,通过激发消费者积极的情绪和情感体验,以情动人,使消费者产生情感共鸣,进而产生购买动机,做出购买行为的过程。[①] 情感诉求这种直接作用于消费者情绪和情感的信息表达方式,称为情感诉求。广告进行情感诉求时,往往根据人类的各种情感形态,为广告确定大的情感基调,然后在这一基调涵盖的情感表现范围内,为广告寻找恰当的情感诉求。

广告定位为理性还是情感,主要由广告产品和广告受众的类型而决定。

就网络广告产品而言,消费者在网上购买像生产资料、生产工具类产品以及个人消费的高科技产品等,消费者主要考虑产品性能、功效、价格等实际问题,购买的目的主要也并非满足情感,这一类产品不宜运用情感诉求广告,而是重在理性诉求广告。而消费者在网上购买一般日用品,如食品、服装、旅游等方面产品时则与消费者情感有密切联系,这类产品购买时选择性较大,易受消费者情绪影响,更适合进行情感诉求广告。

对于网络广告受众来说,有些受众习惯用理智衡量并支配自身行为,善于分析商品利弊,通过周密思考来做出购买决定。这种理智受众看待广告通常更注意产品质量、价格和售后服务,对于他们来说,情感广告难以奏效;而有些网络受众行为容易被情绪左右,购买商品的宣传带有感情色彩,容易对广告发生情感共鸣。对于这类感性受众,网络广告若能激发他们的情绪反应,一般就能收到较好效果。

据《第 31 次中国互联网发展状况统计报告》,截至 2012 年 12 月,40 岁以下中国网民占总体的 81.4%,不同于传统广告受众,他们的很多消费已经不仅仅局限在满足物质需求,而是更偏向于满足精神需求。对于这些重视精神需求的年轻受众,情感诉求广告能起到很好的效果。

---

① 凌文铨主编. 广告心理. 北京:机械工业出版社,2000.101.

4. 网络广告的情感运用

目前而言,情感诉求在网络广告中的应用主要体现在广告呈现形式、广告色调、背景音乐、广告素材、广告语,以及广告营销策划方法之中。在网络广告中,被运用得较多的情感定位和诉求,主要有亲热感、幽默感和害怕诉求这三种类型。

（1）亲热感

亲热感表现为积极的、温柔的、和蔼的、真诚的、友爱的、安慰的、热情的、令人振奋的等情感体验,总体上可以概括为愉悦感。在网络情感广告中,亲热感是一种最常见、最保险、最有效的维度。当感性广告定位为亲热感时,与其相关的情感有亲情诉求、爱情诉求、友情诉求等。

如图 6-20 所示为腾讯公益频道之"月捐计划"的横幅广告（banner）。该广告的目的是吸引网民参加腾讯公司的"月捐"活动。

图 6-20　腾讯"月捐计划"广告横幅广告

（即 banner 广告,网址 http://gongyi.qq.com/loveplan/）

该广告的诉求点在"爱心",使用的广告视觉素材是天真烂漫的孩子和蓝天、白云、青草以及蒲公英。孩子代表纯洁、善意,可以让人有卸下防备的亲切感,也表示此次广告的捐助对象是孩童;浅颜色的蓝天、白云和青草,营造出一个有点童话和理想色彩的世界,这个世界是纯净、无恶意的,这种背景增强了受众对于广告内容的信任。另外主广告词"积累点滴付出,看幸福绽放"采用手写体,均是为了营造儿童氛围,加强参与感和诚挚感。

（2）幽默感

幽默的广告能令受众放松紧张的神经,给受众带来轻松、愉悦的情感体验。当这些积极体验潜在的与特定品牌发生联系时,将从幽默中影响受众对该品牌的态度。在网络中,幽默无处不在,网络广告也常常利用网民喜欢幽默、寻找幽默的心理来吸引注意、博得好感。

例如,新浪网站首页的 GIF 动态广告"家乐福,福到家"（http://www.sina.com.cn/）。

该动态广告由两组动画剪辑,第一组动画剪辑是一个典型的北方家庭场景:墙上有奖状,有传统的炕,床上贴有窗花,两个农民老伯朴实而友好的微笑,真实而精致的细节立刻拉近了受众与广告的距离。其中一个老伯此时说了一句让人捧腹的话:"一起种地,两

图 6-21　家乐福网络广告(1)

图 6-22　家乐福网络广告(2)

家合伙,除了老婆,不分你我",表达的是与旁边老伯关系的亲密友好。这句广告语也暗示了家乐福与家家户户亲密无间的良好关系。这句话最大的作用在于将受众的注意力吸引了过来。广告制作者甚至还使用黄色作为该句子的背景颜色,以最大限度吸引受众视觉焦点。

(3) 害怕诉求

害怕诉求是利用恐惧、害怕等消极情绪进行的感性定位。当特定的广告引起消费者害怕、恐惧、惊慌等情绪时,这些特殊的消极情感有时会产生一种威胁式的说服方式。多数害怕诉求都采用告诫、劝说的方法,有时还可能提供解决问题的办法,达到"晓之以理、动之以情"的目的。但害怕、恐惧诉求引起受众的消极情绪如不加以引导,该负面情绪也很容易演变成对于广告和品牌本身的消极情绪,甚至损害品牌的美誉度。因此,此类诉求在网络广告中使用较少,一般用于警示性公益广告以及杀毒软件等方面。

5. 网络广告的情感诱发

比起传统媒体,网络广告的表现形式极大地被扩充,网络广告的种类发展日新月异,因此,网络广告的情感诉求表达的方式也多种多样,发展变化极快。在网络广告设计时的感情色彩处理方式,归纳起来有如下几种。

(1) 营造情调

情调是指广告受众通过感知广告中的各种元素(如色彩、声音等)产生某种情绪体验。一个富有冲击性的网页背景,一段优美动听的背景音乐,苦酸广告动态展示,互动内容等方面均能令受众产生情绪体验。

例如淘宝商城的一则广告"夏季宅家清凉购"(http://mall.taobao.com/),虽然只是一张简单的小图,却利用清新的果绿、穿着家居服的可爱女生营造出"清凉"、"舒服"的氛围。

图 6-23　淘宝"夏季宅家清凉购"网络广告

又如搜狐首页(http://www.sohu.com/)的天翼广告,打的则是"亲情牌",通过老、中、幼三代人的面孔,营造家庭氛围,增加亲和感,并将天翼品牌与家庭共享网络这一诉求相联系。

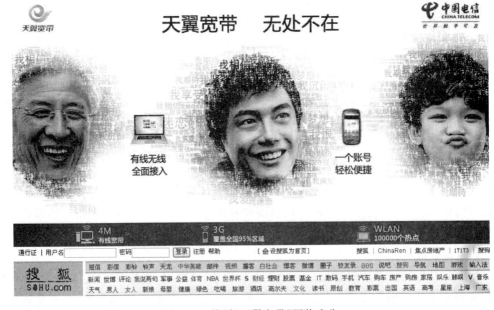

图 6-24　搜狐"天翼宽带"网络广告

在网络广告中制造情调,更多时候使用的是色彩。人们对色彩的感知,可以触发各种情绪,而不同的色彩可以诱发不同情绪,象征意义也不相同。色彩给人的冷暖感、轻重感、缩胀感、软硬感、薄厚感等，都可以让人产生联想。如暖色调令人产生温暖感：红色能引起热烈兴奋感；冷色调让人感到寒冷：运用蓝色可以令受众联想到蓝天产生深远博大而清新的感觉。明度高的颜色显得轻盈，明度低的颜色显得厚重；纯度高的颜色比纯度低的颜色显得轻。

（2）制造悬念

悬念是广告经常使用的一种技巧，指有意识地把某件事情、某个问题提出来，却不马上回答，"欲言又止"，把它们悬起来让人先进行种种猜度，然后才把所谓的"谜底揭开"。制造悬念在网络广告中被发扬光大，是网络广告的特性造成的。网络广告大多是动态的，且能与网民进行互动，这就为"悬念"的时间安排，以及"悬念"的揭开方式提供了有利的先决条件。这种悬念式广告利用的是网民的好奇情绪，将网民引入广告的互动之中。

搜狐首页的金地房产广告（http://www.sohu.com/）就是典型。该广告图不大，能给出的信息不多，所处位置也在网页的第二屏，广告位并不在受众的惯常视觉焦点范围。为了吸引受众注意力，并吸引受众点击广告进入微型网页（minisite）了解更多信息，广告制作者采取了制造悬念的办法。一个正在"燃烧"（黄色、红色是吸引注意的最佳颜色）的Why以及大大的问号，引起受众的好奇心。再看第二眼，原来问的是"逆市热销，why?"在如今房价跌宕起伏的时候，几乎所有人都会关心这个问题。为了揭开这个悬念，关心房产、有购房需求的受众大都会点击进去一看究竟。

图 6-25　搜狐"金地·西岸故事"网络广告

三、　网络受众广告接受中的行为分析

受众（Audience）在传播学中的解释是社会传播活动中信息的接收者。受众通常是指传播的对象或者信息的目的地。消费行为学家威廉·威尔穆认为，"受众是实际决定交流活动能否成功的人"，即是说，只有当受众接受、理解并认同广告信息时，广告才能和受众交流。一支广告的成败，虽然受到各种因素的影响，但是最终是通过受众的态度与行为表现出来的。因此，研究广告受众的接受心理，有利于促成受众的购买行为。

从消费行为角度看，广告受众的接受有两种心理很重要，即从众心理和逆反心理。

1. 网络广告受众的从众心理

从社会心理学的角度来看，"从众"指的是个体在实际存在或想象存在的群体压力下，在知觉、判断、信仰及行为上，改变自己的态度，放弃自己原先的意见，表现与群体多数人一致的现象。[①] 在消费领域当中，从众主要指的是消费者自觉或不自觉地跟从大多数人的消费行为，以保持自身行为与多数人行为的一致性，从而避免个人心理上的矛盾与冲突。[②]

对受众的从众心理的适当应用，会很好地促成广告受众产生从众的消费行为。网络广告受众的从众心理产生原因主要在两个方面：

（1）为获取更为丰富可靠的信息，以保障消费安全

广告受众之所以对别人的意见表现出遵从，或是对别人的行为进行仿效，其原因在于受众认为群体可以提供更为丰富、全面、可靠的知识和经验，其意见值得信赖。与传统广告受众不同的是，网络广告受众绝不仅仅是广告信息的被动接受者，他们习惯于主动上网搜索和查看感兴趣的商品信息，并会主动与他人分享有价值的商品信息。在依靠亲朋好友和销售员对产品进行判断的同时，大型门户网站也成为信息权威的代表。因此，在对信息的搜索过程中，一些大型门户网站和知名搜索引擎就会成为网民的首选。

依据社会比较理论，当情况不能确定时，他人的行为对自身有一定的参考价值，指向多数人行为的从众，自然成为较为可靠的首选参照系。许多受众在网络营销平台购物时，就充分显示了从众行为，这是对消费安全的一个保障。

例如，许多网络用户在淘宝网等网络平台购物，当产品差异性不大或无差异时，消费者会格外注意产品信息当中的"最近售出××件"，以及"××条评价"两栏。最近售出的数量越多，其关注度也会越高，评价越多的产品用户的点击率也越高。在不能实际见到产品的情况下，受众会选择以购买者较多的店铺购物。充分利用受众的从众心理，对促进用户的购买行为有着极大的作用。

（2）追随时尚，获得众人的认同

人们的从众行为不仅仅是为了追求安全感，同时还存在希望自己属于某一特定群体，被多数人所接受并获得众人认同的心理。这种社会心理现象出现在社会生活方式当中时，就演变成对流行、时尚的追逐。

在各类学校的学生中使用极为广泛的人人网（原名校内网）的营销策略，就是利用了受众的从众心理。许多用户都收到来自人人网的邮件，告知用户"您已有多少位朋友加入

① 戴维·迈尔斯.社会心理学.北京：人民邮电出版社，2006.153.
② 舒咏平.广告心理学教程.北京：北京大学出版社，2010.374.

了人人网",并且在邀请的左边列出了朋友的信息与头像。许多用户表示,当自己的10位朋友中,有6位都开始使用人人网,并且发出类似的邀请时,自己就非常有加入其中的冲动。因为如果不能加入,自己无疑就与朋友圈缺少了一种沟通方式,同时也会被朋友认为"过时"了。

在国内极为热销的苹果手机也是一个例子。iphone 4在其网络视频广告中突出了商务、创意、娱乐的功能,使受众觉察到其用户多为苹果品牌发烧友、时尚达人以及社会精英阶层,拥有一部iphone 4手机就成为了身份的象征。

由此可见,当广告充分利用了消费者的从众心理后,就加固了消费者的购买意愿,使消费者较少考虑到购买该产品的主要动因,而是为了将自己融入大众群体当中。但是同时也应注意,如果广告过度突出产品的大众化,则可能降低品牌的含金量,易造成负面效应。

2. 网络广告受众的逆反心理

随着网络经济的发展,企业对于网民资源的争夺进入白热化。铺天盖地的广告信息不断地刺激着消费者。如果这种广告刺激时间过长或刺激量过大,高于消费者所能承受的限度,那么消费者就会产生与预计期望相反的心理状态,即逆反心理。

受众的消费行为在逆反心理的影响下会经历一系列的程序。首先,是对过度的刺激重新加以认识,并产生与之相悖的心理体验;其次,受众会对各种消费刺激给出否定的态度;再次,受众会重新进行决策方案,并选择与刺激方向相逆向的决策;最后,出现受众的逆反购买行为。[①]

(1)受众逆反心理产生原因

① 广告主的过度传播造成信息泛滥

广告主为了实现网络广告的收益最大化,不断地推出各种广告形式,千方百计地运用一切手段进行广告传播。从而形成了一种错觉:似乎网络广告形式越多、传播次数越频繁,受众也就越能够接受。但是实际上,多样化的广告形式并不能完全受到消费者的青睐,相反,一些广告形式更是被消费者拉入"黑名单"。调查显示,最易使消费者产生厌恶情绪的主要有以下两种广告形式。

首先是弹出式广告。弹出窗口式广告在用户打开页面时会主动弹出广告窗口;全屏式弹出广告会在网络受众打开浏览页面时,先全屏出现3～5秒,后逐渐缩小成普通的Banner尺寸大小,使用户回归正常阅读页面;视频弹出广告则是在用户毫无准备的状况下出现。网络受众不希望受到强迫或压力,喜欢宽松自由的消费环境。带有这种心理的消费者普遍不喜欢强制性广告。而弹出式广告等同于强制用户收看,这样虽然吸引了受

① 舒咏平.广告心理学教程.北京:北京大学出版社,2010.374.

众的注意,但是却并没有给受众带来正面的情绪。据 CNNIC《第 16 次中国互联网络发展状况统计报告》显示,关于用户对互联网最反感的部分,由于增加了用户的麻烦程度,网民反感弹出式广告仅次于网络病毒。[①]

其次是电子邮件广告。网民可以根据个人的需要在任意时间或地点上网接触到任何一条广告,体验全天候的广告服务。因此,"跟踪型"广告,也就是定时、定向发布的广告成为网络广告传播中最为普遍的一种方式。这种方式能使受众自主获取个人所需信息,既有利于信息的有效发布,又能够极大地促进消费者的购买决策,就逐渐成为一个日益发展的网络广告形式。

电子邮件广告虽然能够保证投放的精准,但是许多用户都认为电子邮件广告对自身是一种骚扰。当用户的电子邮箱地址被广告发布者或企业知晓后,用户就无法拒绝不停地接收到的大量广告。有数据显示,我国每天电子邮件 500 亿封,其中垃圾邮件 300 亿封,占邮件总数的六成以上。[②] 如此大量、频繁的广告信息,受众并非主动地选择而只能被动地接收,自然易形成受众的逆反心理。

② 媒介传输不畅引发受众急躁心态

就目前我国互联网发展情况来说,带宽远远不能达到快速通畅的程度,网络拥堵现象仍然十分严重。过慢的网速使网民的信息浏览速度大受影响,如果网络广告信息需要大量的带宽资源,页面不能迅速打开,会增加受众的急躁心态。长时间的播放不畅、画面停顿会造成消费者的心理疲劳,使消费者产生抵触心理,直接关闭广告窗口。

③ 网络的低安全性造成用户不信任感

网络中病毒肆虐、个人隐私易被盗取等现象屡屡出现,使网络受众对网络平台产生了不信任感。因此,网络广告同样不受到用户的欢迎。有时当用户打开一个页面、安装一个软件的时候,一些带有潜在威胁的广告插件就已经攻击进用户的电脑当中。另外,网络广告中充斥着夸大失实、虚假宣传的内容,广告宣传的信息与产品本身的真实情况不符,这同样会使受众产生怀疑和不信任感。随着不信任感的加深,受众对网络广告就产生了逆反心理。

(2) 受众逆反心理的调适

逆反心理与行为是客观存在的消费现象。广告主在了解消费者逆反心理的特点后,应根据具体情况,对受众的逆反心理加以调适,使消极态度转向积极。

首先,应根据受众接受限度,适度安排广告重复频率与刺激强度。

在多数情况下,受众的逆反心理是由于广告的过度刺激。因此,对广告频率和密度进

---

①　高虹. 中国网络广告流变. 广告大观(综合版),2006(5).

②　蔡燕兰、蒋佩芳. 网络广告遭遇垃圾邮件危机,[EB/OL],http://www. p5w. net/news/cjxw/200803/t1543157. htm.

行适当的调节,使之与用户的感受限度相适应,而不是一味追求"多"和"密",是预防逆反心理的主要策略。对于一些有明确时效的广告,投放时间应该紧凑,而没有时效要求的广告,则主要进行反复的刊播,但要把握投放的频率与密度,采取间断、有节奏的刺激方式。

其次,要树立网络广告的权威性。网络广告的安全感低是受众产生逆反心理的一个重要原因。因此,网络媒体应规范网络自身环境,制定相关的法律、法规,严格打击网络广告当中的虚假信息,以改善网络在受众心中"虚拟"的印象。同时,吸取传统媒体的优势,并利用网络媒体自身的特长,使网络广告形成优势互补,消除网络受众的不信任感,从而达到理想的效果。

综上所述,网络环境当中的受众逆反心理存在不同的特点,要调适受众的逆反心理,必须根据各种逆反行为的表现采取相应的策略,改善消费者的心理体验和行为反应。

第四节　网络广告、平面广告情感说服效果比较研究

一、基本理论与前期研究

1. 广告传播中的说服理论

(1) 说服的基本理论

心理学家罗杰・布朗(Roger Brown)对于说服的定义是：设计操纵符号以促使别人产生某种行为。拉斯韦尔指出,"说服"同"宣传"都是有意图的传播,由一个信源所进行以改变受众的态度。[①]

说服研究,研究的是如何产生态度改变的效果。对于说服问题的开创性研究来自霍夫兰(Carl I. Hovland)"电影或其他大众传播形式如何鼓舞士气"的研究。他认为信息源的专业性和可靠性是影响说服效果的重要因素。此外,麦克格利(McGuire)认为说服效果还与被说服者对信息源的熟悉性、喜欢度以及与信息源间的相似性有关。

"说服理论的集大成者"奥托・莱平格尔(Otto Lerbinger)在其著作《说服性传播设计》(*Designs for Persuasive Communication*)中提出了关于说服的五组设计模式。

① 刺激—反应设计。此设计假设当所传递信息同受众原有态度趋于一致时,刺激将影响人的行为。

② 激发动机设计。此说服设计包括两个步骤：发现受众动机和需要,以信息或其他手段激发起这种动机与需要。

---

① 董璐编著.传播学核心理论与概念.北京：北京大学出版社,2008.213.

③ 认知性设计。此设计假定人是理性的,传播者不应单纯强调自己的观点或立场,必须以事实、信息和逻辑推理为基础,"让事实本身来说话"。

④ 社会性设计。此设计认为人都有从众心理,当群体中多数成员达成某种共识,形成集体意见后,少数意见者为了维持自己同群体的关系,会自愿或被迫放弃原有观点和态度。

⑤ 性格设计。此设计指出在说服受众时,应考虑受众自身的性格,因为性格往往决定着意见和态度的形成。①

(2) 广告传播学中的说服研究

传播可分为信息性传播和说服性传播。在信息性传播过程中,传播者只需把有关信息传递给接受者,让接受者理解信息,传播的目的就达到了;说服性传播则不仅要将信息传播出去并被接受者理解,还要设法让信息接受者接受并相信所传播的信息,最终表现出相应的行为。由此从传播学角度来看,广告是一种说服性沟通过程。②

广告的传播说服过程可用图 6-26 来表示:

图 6-26   广告的传播说服过程模型

在广告传播说服过程中,信息源指的是广告主或广告主聘请的代言人。他们会对有关商品信息进行编码,将有关商品意义的信息变为符号信息,选择一定的传播渠道及媒体进行传播。当信息到达接受者后,接受者经过译码过程,把符号信息转化为可理解的意义信息,以获得有关商品的信息,并根据自己的理解做出一定反应——对该商品喜欢不喜欢,愿意购买还是拒绝购买。

从信息加工角度来看,情感的影响表现为两个方面:当情感体验同显示材料相一致时,人们的回忆要比对不一致的材料回忆会更好。而且,积极的和消极的两种情感体验会导致不同的倾向性,即各自倾向于不同性质的记忆内容。另一种表现在于,对于令人振奋的说服信息,积极性情感体验者比消极性情感体验者了解得更多,而对于令人沮丧的说服信息,情况则相反。

美国心理学家佩蒂(R. E. Petty)和卡西奥波(J. T. Cacioppo)提出了精细加工可能性模型(ELM)。该理论模型认为,态度改变可通过中枢和边缘两个基本路径进行。中枢说

---

① 董璐编著.传播学核心理论与概念.北京:北京大学出版社,2008.227～228.
② 王怀明、王詠编著.广告心理学.长沙:中南大学出版社,2003.5.

服路径把态度改变看成是消费者认真考虑和综合广告中商品信息的结果，即消费者进行惊喜的信息加工，综合多方面信息和证据进行分析、判断后形成的品牌态度；边缘说服路径认为态度的改变不在于被说服者仔细考虑广告中所强调的商品本身性能。受众并没有进行逻辑推理，而是根据广告中的一些边缘线索，如是否专家或名人推荐，广告诉求点、广告媒体威信，以及广告是否给人美好的联想和体验等直接对广告做出反应。

2. 广告说服中的情感研究

① 情感的三因素学说

心理学家沙赫特（S. Schachter）认为，情感的产生是外界刺激、机体生理变化和认知过程三者相互作用的结果，如图 6-27 所示。情感三因素说，视情感体验为刺激因素、生理因素和认知因素的整合结果，并强调认知因素的作用，这一见解也得到了相关实验的支持。该三因素说也对广告从情感上吸引受众提供了现实指导和理论依据。

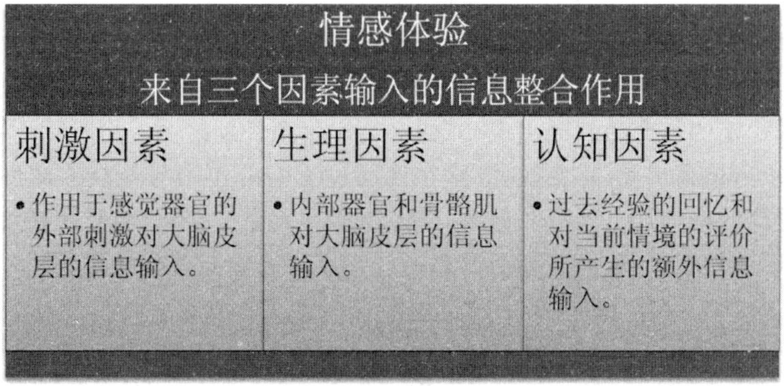

情感体验		
来自三个因素输入的信息整合作用		
刺激因素	生理因素	认知因素
• 作用于感觉器官的外部刺激对大脑皮层的信息输入。	• 内部器官和骨骼肌对大脑皮层的信息输入。	• 过去经验的回忆和对当前情境的评价所产生的额外信息输入。

图 6-27　情感三因素说

② 情感的测量方法

普拉奇克（Plucchik）从进化论观点提出了八种基本情绪，包括恐惧、生气、快乐、悲伤、接受、厌恶、期望和惊奇，根据这八基本情绪，他编制了"情绪描述指引"，成为对于基本情绪测量的重要量表。

艾杂德（Izard）认为，情绪是可以与面部可识别表情相联系的，基于此，他提出 10 种基本情绪，为兴趣、高兴、惊奇、压力、生气、厌恶、藐视、恐惧、羞耻和内疚。之后，他编制出差异化情绪量表，对这 10 种情绪进行测量。

梅罕边（Mehrabian）和拉瑟尔（Russell）提出了愉快唤起支配量表（pleasure-arousal-dominance，PAD 量表）。PAD 量表关注的是消费刺激唤起的消费者情绪体验。

文献中，对于情绪反应的测量方法很多，但由于测量环境和目的的不同，测量使用的量表维度并不统一。本文主要将情绪分为 2 个维度：积极情绪和消极情绪，以及一些处于积极和消极之间的中性情绪。积极情感反映个体体验积极感觉的程度,如高兴、兴趣、热情等;消极情感代表个体消极或厌恶的情绪体验程度,如紧张、悲哀、烦恼等。

③ 广告领域中的情感研究

埃里克·杜·普来西斯认为,情感对于广告至关重要,原因在于情感对人类思维起关键作用,相关记忆的情感特性决定了人们是否关注此事,以及付出多少注意力。记忆所负载的情感越强烈,付出的注意力就越多。[①] 此外,情感有助于决定大脑处理广告的深度。

舒咏平教授指出,消费者接受到一则广告会产生两方面反应:认知反应和情感反应。认知反应增强消费者对信息的了解;情感反应表现为广告在消费者心里引起的情感体验。情感广告并非让受众体验以前从未体验过的新的情感,而只是重新唤起曾经在生活经历中体验过的情感,即情感记忆。同时,不同的广告受众,在情感倾向性、深刻性、稳定性和功能性上均有所差异,这些个体差异导致不同的广告受众对同一则广告的情感体验也是不同的。

邦特纳(Baumgartner)提出了说服的情感迁移模型,认为广告激起的受众情感反应会转移给该广告和广告产品。广告情感诉求内容会引起受众相对应的情感体验,当这种情感体验重复和稳定的与产品共同出现时,受众会产生条件反射。

扎杨克(Zajonc R. B)研究发现,情感在说服过程中的作用与受众的精细加工水平密切相关。当受众的精细加工水平较低时,情感直接影响态度变化,当受众精细加工水平较高时,说服内容被仔细思考,情感则通过影响认知反应来中介态度变化。[②]

二、 网络广告与平面广告情感说服效应对比实验

1. 实验目的

由于前文中的"网络广告受众情感反应模型"是依据传统广告受众的情感反应模型,通过思辨和逻辑推导得出的结果。该模型是否能够直接从传统广告领域嫁接至网络广告领域?网络广告激发的受众情感与传统广告受众是否存在差异?我们采取准实验室实验的形式,通过将网络广告受众和传统平面广告的受众相比较,探讨受众的情感、对情感广告的态度以及对情感广告品牌的态度和行为,期望得出差异性结果。

2. 实验假设

结合前文中的分析过程,实验假设如下:

H1:网络广告与平面广告对受众的情感激发存在差异;

---

① 埃里克·杜·普来西斯著.广告新思维.北京:中国人民大学出版社,2007.54.

② Zajonc R. B.,Emotions. In Handbook of social Psychology(4th edition,Vol. Ⅰ),1998. New York McGraw Hill Contingency View of Mood and Massage Processing. J,of Personality and Psychology,69,5~15.

H2：网络广告与平面广告受众对于情感广告的态度存在差异；

H3：网络情感广告与平面情感广告对受众的说服效果存在差异

H3a：网络情感广告与平面情感广告的受众认知存在差异；

H3b：网络情感广告与平面情感广告激发受众产生的品牌态度存在差异；

H3c：网络情感广告与平面情感广告激发受众产生的行为意向存在差异。

3. 实验设计

（1）仪器和材料

① 实验材料：电脑、前测和后测问卷、秒表；

② 实验刺激：平面情感广告 1 则、同种品牌和同样广告内容的网络广告 1 则；

③ 情绪诱发材料：自然风景短片 1 则。

（2）被试的挑选

前人研究结果表明，被试者的情感倾向、认知能力等差异均会导致情感反应的差异。为最大程度避免被试者差异导致的误差，我们随机抽取本科生和研究生共 84 名参加实验。在实验问卷甄别题"你是否浏览过这则广告"中，有 4 人回答"是"，即看过该广告，该 4 名被试不符合被试要求，数据被剔除。

最后剩下的有效数据中，被试者 80 名，其中实验组 40 名，对照组 40 名。每组的男女性比例均为 1∶1，即男女各 20 名。被试年龄分布在 21 岁至 28 岁之间，平均年龄 24.53 岁，标准差为 1.40。另外，85.0％的被试者网龄在 5 年以上，排除了因电脑操作和网络熟悉程度差异造成的误差。

（3）广告刺激的挑选

整个实验中是以情感广告作为刺激材料，该广告需在平面媒体和网络媒体上均有投放。考虑到广告需具备能够被被试感知的情感要素，还需考虑被试对品牌本身的熟悉度和喜爱度可能对实验结果产生影响。因此要选择不同诉求形式的广告，在实验之前进行筛选以确定最终的刺激目标。

随机在平面媒体抽取具有情感要素，并同时在网络媒体进行投放的广告 10 则。随机邀请大学生 10 名（非实验被试对象），通过焦点小组讨论的方式，在 10 则广告中挑选出偏情感，且消费者熟悉度和喜爱度均偏中性的广告 1 则。

挑选程序是：先告知大学生情感广告和理性广告的定义，确保他们对两种广告形式的认知清晰且一致。给出 10 个品牌名，让大学生对 10 个品牌熟悉度和喜爱度进行打分。然后，让其浏览 10 则广告（平面和网络两种形式均需进行浏览），根据他们对广告形式的理解进行评定，评定的选项为"偏情感广告"、"偏理性广告"、"不确定属于哪种的广告"。结果，大部分人认为偏情感的广告 2 则，偏情感的广告 2 则。在偏情感的广告中，选取熟悉度和喜爱度均处于中值的广告，确定为广告刺激。

广告刺激最终确定为依云矿泉水官方网站广告,以及该品牌杂志平面广告。

依云(Evian)是一个水源来自数个靠近法国埃维昂莱班的矿泉水品牌,品牌广告语为Live young(悦活年轻)。

依云矿泉水"Live young"(悦活年轻)平面广告,广告画面如图 6-28 所示,(投放媒体《周末画报》2010 年 4 月 8 日 C45 页)该广告主题为一名穿着白色 T 恤衫的年轻女性,T 恤衫上是一个小婴儿的身体,巧妙地与女性脖子结合,造成女性变成"小孩身"的错觉。广告语为"依云,活出年轻,来自阿尔卑斯山的天然矿泉水,每天享用,悦活年轻。Evian. cn"。在该广告页的左边,还有一篇题为《Live young 慢节奏舞出 YOUNG 生活》的软文,内容为两个舞蹈演员的慢节奏生活态度。

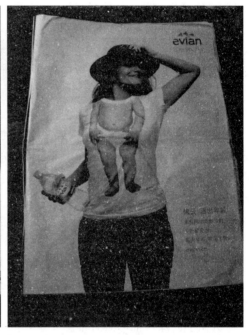

图 6-28　依云杂志平面广告

依云矿泉水官网广告(网站地址:http://liveyoung. evian. cn/index. asp),截图如下。该网络广告分为四个内容:"活出年轻"、"年轻依你变"、"依云炫彩好礼"、"缤纷下载";"活出年轻"为依云矿泉水的品牌简单文字介绍页面;"年轻依你变"为一个在线互动游戏,网民可以将视频中玩乐的孩童头部换成自己的头像,让自己仿佛变回正在快乐玩耍的孩童;"依云炫彩好礼"为抽奖互动活动;"缤纷下载"为可爱的孩子的大尺寸桌面图片下载。

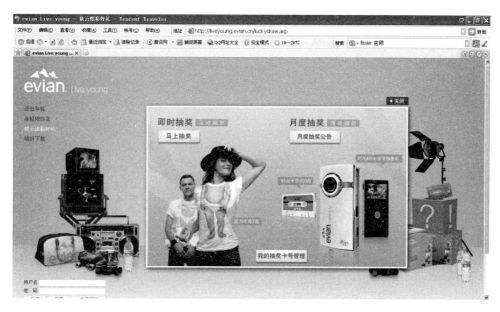

图 6-29　依云矿泉水 Live young 网站广告"依云炫彩好礼"截图

图 6-30　依云矿泉水 Live young 网站广告"年轻依你变"截图

图 6-31　依云矿泉水 Live young 网站广告主页截图

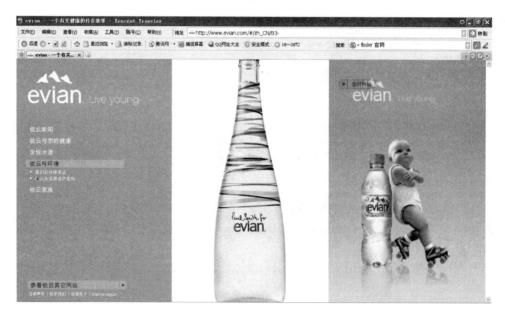

图 6-32　依云矿泉水官网广告截图

（4）问卷设计

根据实验的研究目的,本研究将被试分为实验组和对照组,实验组被试接受网络广告刺激,对照组被试接受平面杂志广告刺激。两组分别就激发的情感特征,以及受众态度进行前测和后测对比。

在对于情感唤起的测量上,我们采用普拉切克提出的情感三维模式,即积极-消极,强-弱,紧张-轻松来建构量表。肯定与否定的两极性,是指当人们的需要获得满足时产生的是肯定的情感,如满意、愉快、接受、爱慕等;当人们的需要不能得到满足时产生的是消极的情感,如烦恼、忧虑、悲伤、愤怒等;积极与消极的两极性,是指情感是否对行动产生动力,肯定的情感一般起着"增力"作用,促使人们积极行动,提高活动效率;否定的情感更多地产生"减力"作用,使人意志消沉,不思进取,妨碍活动的顺利完成;强与弱的两极性是指人的很多情感存在着程度上的变化。就愤怒来讲,前后就有不同的变化:愠怒、愤怒、大怒、暴怒、狂怒,情感的强度越大,人的行为受其支配的可能性就越大,就越难以自控。

在三维度理论中,普拉切克提出狂喜、接受、惊奇、恐惧、悲痛、憎恨、狂怒、警惕这八种基本情绪,他们都处于情感强度最大的层面上。在其基础上,我们发展出情感强度居中和居弱的情感词语。如狂喜-愉悦-冷静,惊奇-好奇-平和,憎恨-厌烦-失望。这些词语组成了我们对于受众情感测量的描述形容词,在随后的试测中,我们发现,情绪呈否定的词语许多并不符合广告的情境,如受众在广告环境下是极少产生悲痛、憎恨等情感。该选项在试测中被选次数为0,因此去掉这些词语,而增加了受众补充的一些形容词。如迷惑、期待、不满意等。

在对于态度的测量上,由前文可知,态度由三个维度组成:认知、情感和行为。在对于广告认知的测量上,我们采取两个维度:受众是否获取并再认出广告诉求,以及对于该诉求的信任度。在对广告情感的测量上,我们采取两个维度:广告的趣味程度和喜爱程度;在对品牌态度的测量上,我们采用两个属性:受众是否对品牌感兴趣,以及是否喜爱该品牌。在行为意向的测量上,采用两个属性:受众是否有分享意愿和购买意愿。

问卷的具体内容参见附录1和附录2,数据结构如表6-1所示。

表 6-1　问卷结构列表

题目编号	题目类型	问 题 维 度
1	前测题	品牌熟悉度
2		品牌态度
3		
4		行为意向
5	分组题	实验组和对照组鉴别
6	甄别题	看过该广告的被试将不被纳入数据统计

续表

题目编号	题目类型	问题维度
7	后测题	情感唤起情况
8		
9		认知情况
10		
11		广告态度
12		
13		品牌态度
14		
15		行为意向
16		
17	个人信息题	性别
18		年龄
19		网龄

（5）实验程序

被试分为两组：实验组和对照组。两组被试的实验分开而独立进行。指导语为："同学们好，欢迎来参加本次实验。此次实验的任务很简单，不需要做太多思考。在正式实验开始之前，先请你看一个小短片，观看短片的时候并不需要做什么任务，只需要观看就可以了。短片结束之后，实验现在正式开始，首先请你填写《问卷 A》。填写后，请大家认真浏览这一则广告，看完之后请填写《问卷 B》。在回答问题时，凭自己的第一感觉作答即可。"

实验具体步骤如表 6-2 所示。

表 6-2   实 验 步 骤

实验步骤	实验组	对照组
1	实验前，先请被试先观看1分钟的风景短片，使其保持平静的心态，以此避免实验前情绪的影响；	
2	请被试填写前测问卷，了解被试的品牌态度和行为意向；	
3	请被试浏览网络情感广告 http://liveyoung.evian.cn/index.asp	请被试浏览该平面情感广告《周末画报》
4	请被试填写后测问卷，并对被试逐一进行访谈。了解被试产生的情绪，以及对该广告和品牌的态度，以及行为意向情况。	

4. 信度和效度检验

问卷在编制成之后进行了抽样预测（抽样人群非被试），对回收的有效问卷进行问卷的信度（Reliability）、效度（Validity）检验。

问卷的信度系数采用 Cronbach α 检验其内部一致性,α 系数为 0.738,表示调查问卷的项目比较理想。

效度检验,即问卷的准确性或正确性。因本文的实证目的主要在于对比网络环境和传统媒体环境下受众情感效应是否存在差异,因此效度检验主要在于控制表面效度与内容效度。实验前,前测与后测问卷的选编和筛选均经过大量文献研究和调查,对于情感维度的测量则是参考 Sciulli 和 Lisa 提出用来测量情感诉求的心境评定量表抽取出来。在预测之后,还对预测被试进行了访谈,让其提出修改意见,对项目进行了必要的增删和修改,删除了内容重复和相关性差的项目,对某些逻辑可能造成误解的项目进行了文字和选项上的修改。通过大量访谈确定了问卷的表面效度以及内容效度。

5. 前测情况

(1) 被试在前测中对依云品牌的熟悉程度

如图 6-33 所示,实验之前,不知道依云品牌的被试占总体 46%,对依云品牌有过接触的被试占 54%,两者基本占比 1∶1,表示依云品牌在被试的熟悉程度居中,符合实验要求。

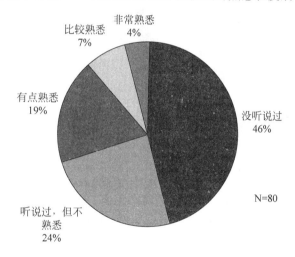

图 6-33　被试测前对依云品牌的熟悉情况

(2) 被试在前测中对依云品牌的态度

当被试"没听说过"依云品牌时,则不对其品牌态度进行询问。在剩下对品牌有所了解的 45 名被试中,对该品牌完全没兴趣的为 8.89%;不太有兴趣的为 17.78%;一般的为 33.33%;有些兴趣的占 37.78%;非常感兴趣的占 2.22%,如图 6-34 所示。

如图 6-35 所示,在被问及是否喜欢依云品牌时,57.78%持中立态度,非常不喜欢和非常喜欢的被试所占比例均较小。

如图 6-36 所示,在不受价格和购买方便的影响下,85%的受众处于模棱两可的态度。

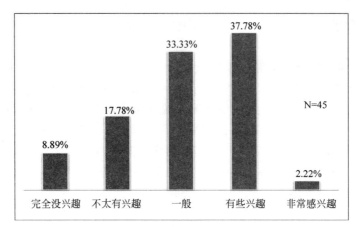

图 6-34   被试测前对依云品牌是否感兴趣

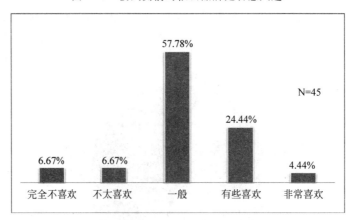

图 6-35   被试测前对依云品牌的喜爱程度

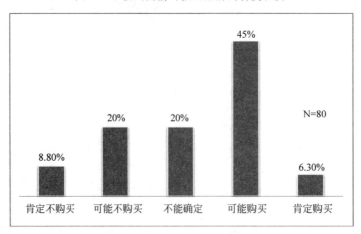

图 6-36   被试测前对依云的购买意向

品牌在被试中的喜爱度整体趋中,超过九成被试态度有改变空间,因此,该品牌也符合实验要求,适合作为实验刺激。

6. 实验结果分析

根据 SPSS 对 80 名被试的前后测问卷差异分析,本文检验了前文所提出的研究假设,得出了相应的研究结论如下:

(1) 关于网络广告和平面广告受众的情感反应差异

对受众感知的情绪词语频数进行排序后得出,平面广告和网络广告激发受众的情感反应情况有差异,假设成立。

① 情绪唤起情况

首先对两个媒介环境下受众被唤起的情感进行检验。根据受众对自身情绪的选择可以看出,平面广告环境的受众与网络广告受众的情绪表现出较大差异,如图 6-37、图 6-38 所示。

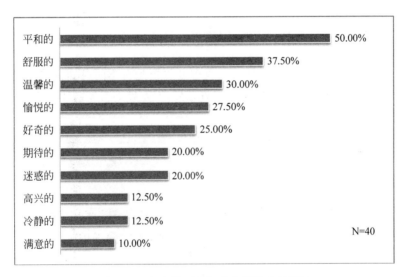

图 6-37　杂志平面广告受众情绪唤起情况

由图可以看出,杂志平面广告激起的受众情感前 5 位分别是:平和的、舒服的、温馨的、愉悦的、好奇的。总体而言情感较为正面,情感强度不大;网络广告激起的受众情感前五位分别是:惊喜的、厌恶的、平和的、失望的、激动的。总体而言,情感趋于两极化,受众情绪积极和消极的都有,且情绪强度较平面广告而言更强烈。

值得注意的是,杂志平面广告引起的受众负面情绪很少;网络广告则引起更多受众负面情绪。在访谈中,平面广告受众表现出较为中立与平和的态度,网络受众则有更多情绪表现,当网站 Flash 加载时间过长、网站颜色和风格与预期不符、网站内容过多、网站功

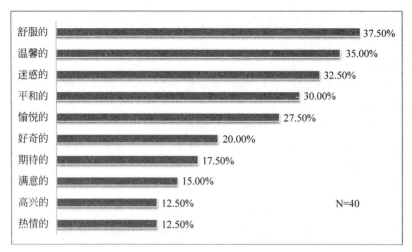

图 6-38　网络广告受众情绪唤起情况

能过于复杂时,均可能引起受众的不满、抱怨和实验放弃。①

　　② 广告情感理解情况

　　不同媒介环境下,受众对于广告情感的理解和领悟是否不同,我们根据问卷情况得知,平面媒体受众与网络受众的情感理解也有些许差异,但差异不明显,如图 6-39、图 6-40 所示。

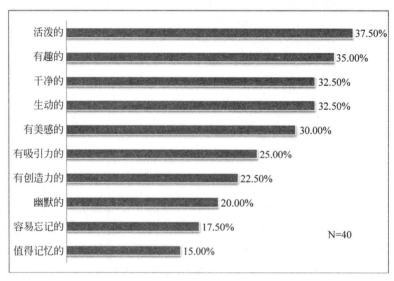

图 6-39　受众对于杂志平面广告的情感理解

---

　　①　注:图中给出的均只是调查问卷中排在前 10 位的情绪词语,关于 20 个情绪选项的全部数据,请查看"附录 3:杂志平面广告受众的情感唤起情况(第 7 题频数分布与占比)"。

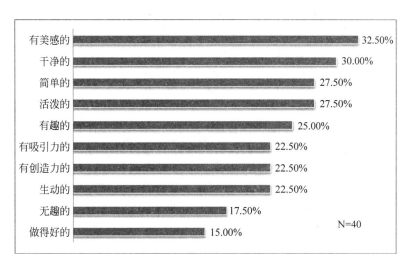

图 6-40　受众对于网络广告的情感理解

　　两类广告的受众情感理解都趋于积极情感。其中,受众对平面广告的评价前 5 位为:活泼的、有趣的、干净的、生动的、有美感的;受众对网络广告的评价前 5 位为:有美感的、干净的、简单的、活泼的、有趣的。其中,重叠的感受有 4 个:活泼的、有趣的、干净的、有美感的。

　　这种一致是由广告商品的本身定位决定的。依云广告主希望令消费者感受到依云品牌的特征,其广告诉求为年轻、纯净、优美。因此,无论是在平面还是网络媒介下,广告商都会利用幽默的寓意表达漂亮的视觉设计以及有针对性的广告创意,力求令消费者产生这种情感。由数据可知,广告商在两个环境下的努力均是成功的。

　　在测后对受众的访谈还发现,有网络受众因网页的背景颜色是粉红而补充认为该广告是女性化的;有平面广告受众因广告的背景色是白色而认为该广告是无情感色彩、较为平淡而无趣的。由此可以看出,色彩对于广告情感渲染具有极其重要的影响作用,制作者对于整体色调的选择必须慎重而谨慎。①

　　(2) 关于网络广告和平面广告受众的广告态度差异

　　第 11、第 12 题涉及受众对于两种广告的态度,我们对两题进行独立样本 T 检验得出,受众对于平面情感广告和网络情感广告的喜爱度无显著差别,假设不成立。如表 6-3 所示。

---

　　① 注:图中给出的均只是调查问卷中排在前 10 位的情绪词语,关于 20 个情绪评价选项的全部数据,请看“附录 4:受众对于不同媒介广告的情感理解情况(第 8 题频数分布与占比)”.

表 6-3　受众对平面广告和网络广告的广告态度的 T 检验结果

	Levene's 方差齐性检验		均数齐性的 T 值			
	F 值	显著性	T 值	自由度	(双侧)显著性	均值差
趣味性	2.495	0.118	0.590	78	0.557	0.125
喜爱度	0.842	0.362	0.429	78	0.669	0.100

在第 11 题(受众是否认为该广告有趣)中,Levene's 方差齐性检验 $F=2.495$, $P=0.118>0.05$,故两组资料方差均表现为齐性,相关 T 检验结果为 $T=0.590$, $P=0.557>0.05$,未达到显著性水平,所以,杂志平面广告受众和网络广告受众在对广告态度维度上无显著差别。

在第 12 题(受众是否喜爱该广告),Levene's 方差齐性检验 $F=0.842$, $P=0.362>0.05$,故两组资料方差均表现为齐性,相关 T 检验结果为 $T=0.429$, $P=0.669>0.05$,未达到显著性水平,故杂志平面广告受众和网络广告受众在对广告喜爱维度上也无显著差别。

整体而言,无论平面广告还是网络广告,受众对其的喜爱程度趋于中立,大部分受众对广告处于"一般喜欢"和"有点喜欢"之间(如图 6-41)。

可见,当广告诉求和内容相近时,广告类型和形式的差异并未导致受众对广告态度的明显差异。

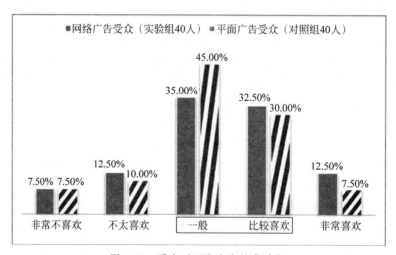

图 6-41　受众对两类广告的喜爱度

(3) 关于网络广告和平面广告的说服效果差异

① 认知

在考察受众对两类广告的认知情况时,我们采用询问受众是否感知并记忆到广告的主要诉求"Live young"(悦活年轻)。无论是平面还是网络广告,在广告标题、广告语以及广告人物等各种方式均对该广告诉求有所表达。因此,在问题"广告中体现出来的依云牌矿泉水特点"中,选择"让人年轻的"的被试,我们认为该广告对其在认知维度上有效;选择其他选项,如"纯净的"、"高贵的"、"奢侈的"、"美味的"我们认为该广告对其在认知维度上是无效的。

　　数据表明,实验组和对照组各有 30 名被试正确的选择了"让人年轻"选项,正确率均为 75%。因此,在认知层面,网络广告和平面广告均有较好说服效果。

　　在第 10 题,就受众对广告信息的信任度进行独立样本 T 检验,Levene's 方差齐性检验 $F=0.660$,$P=0.419>0.05$,故两组资料方差均表现为齐性,相关 T 检验结果为 $T=0.000$, $P=1.000>0.05$,两者均数完全,所以,杂志平面广告受众和网络广告受众在对广告态度维度上无显著差别。

表 6-4　受众对平面广告和网络广告信息信任度的 T 检验结果

	Levene's 方差齐性检验		均数齐性的 T 值			
	F 值	显著性	T 值	自由度	(双侧)显著性	均值差
受众对广告信息是否信任	0.660	0.419	0.000	78	1.000	0.000

　　由表 6-5 可知,平面广告和网络广告受众对其信任均值同为 2.93,如图 6-42 所示,无论网络广告还是平面广告,受众对广告信息均持谨慎态度。

表 6-5　受众对平面广告和网络广告信息信任度的均值检验结果

受众类型	样本量	均值	样本标准差
平面广告受众	40	2.93	0.764
网络广告受众	40	2.93	0.859

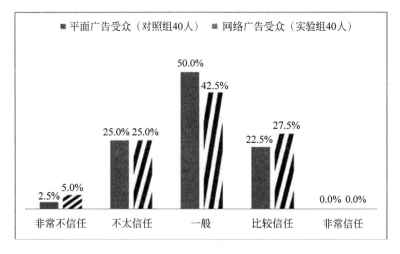

图 6-42　对于不同媒介广告信息的信任情况

② 品牌态度

考察品牌态度时,将被试分为两类:实验前未听说过该品牌的受众(第1题选择"没听说过");实验前接触过该品牌的受众(第1题选择"听说过,但不熟悉"、"有点熟悉"、"比较熟悉"、"非常熟悉")。前者在接触广告之后,对该品牌会有态度形成过程;后者在接触广告之后,对该品牌有态度重建和修正过程。我们将分别就这两种情况,对实验组和对照组数据进行检测。

可以看出,当态度处于形成阶段时(抽取第1题选择"没听说过"的被试37人),实验组即平面广告受众对该品牌形成的兴趣均值为3.12,对照组为2.95,$F=0.582$,$T=0.054>0.05$,差异不明显。但实验组对该品牌的喜爱态度均值为3.24,大于平面广告受众的喜爱度2.7,两者的态度形成有差异(表6-6)。

表6-6 受众观看广告后的品牌态度形成频数结果

选　项	平面广告受众(对照组)		网络广告受众(实验组)	
	频数	占比/%	频数	占比/%
完全没兴趣	1	5.00	1	5.90
不太有兴趣	4	20.00	2	11.80
一般	11	55.00	8	47.10
比较有兴趣	3	15.00	6	35.30
非常有兴趣	1	5.00	0	0.00

由表6-6可知,平面广告组中,感兴趣的被试占总体20%,不感兴趣被试占总体25%,中立者55%;网络广告组中,感兴趣被试为35.3%,不感兴趣被试占17.7%,中立者47.1%。可知,虽然差异不明显,但看过网络广告之后的受众对于品牌的兴趣稍稍大于平面广告受众(表6-7)。

表6-7 受众观看广告后的品牌态度形成——喜爱维度

选　项	平面广告受众(对照组)		网络广告受众(实验组)	
	频数	占比/%	频数	占比/%
非常不喜欢	2	10.00	0	0.00
不太喜欢	4	20.00	2	11.80
一般	12	60.00	10	58.80
比较喜欢	2	10.00	4	23.50
非常喜欢	0	0.00	1	5.90

由表6-7可知,看过广告之后形成的品牌态度,实验组(网络广告受众)持积极态度的占29.4%,消极态度者占11.8%;对照组(平面广告受众)持积极态度者占10%,消极态

度者占 30％。在积极态度形成方面,网络广告的说服效果更好。

在访谈中,观看平面广告的受众表示,平面广告信息不足是造成说服效果不佳的直接原因。受篇幅限制(仅仅一页),平面广告比较简洁,仅由广告人物图像和几行广告语构成,没有任何对于广告产品和营销活动的介绍。而网络广告由于没有内容长短限制(可以尽可能地将所有信息列入网页之中),网站广告的内容非常详细,从广告产品到品牌内涵的详细介绍,以及广告促销活动、广告视频甚至大幅广告桌面图下载等,信息大大丰富,以更宽视野来组建消费者对品牌的态度。

当被试在测试之前,对依云品牌已有态度时,第 1 题被试选择"听说过,但不熟悉"、"有点熟悉"、"比较熟悉"、"非常熟悉"共 43 人,其中实验组(网络广告受众)23 人,对照组(平面广告受众)20 人,我们将考察在不同广告环境下,其态度改变情况如何。

对照组(平面广告受众)情况如下:

在品牌兴趣方面,20 人中,10 人(50％)前后测对该品牌的兴趣程度保持一致,10 人(50％)发生变化,其中,8 人(占对照组 40％)变得比之前更有兴趣,2 人(占对照组 10％)变得比之前兴趣更小。兴趣变小∶兴趣不变∶兴趣变大＝10％∶50％∶40％。

在品牌喜爱度方面,20 人中,15 人(75％)前后测对该品牌的喜欢程度保持一致,5 人(40％)在浏览完广告后态度发生改变,其中,3 人(15％)比以前更喜欢该品牌,2 人(10％)喜欢程度降低。喜欢程度降低∶不变∶升高的比例为 10％∶75％∶15％。

实验组(网络广告受众)情况如下:

在品牌兴趣方面,23 人中,13 人(56.52％)对品牌兴趣前后保持一致,10 人(43.48％)兴趣发生改变。发生改变的人中,7 人(30.43％)兴趣升高,3 人(13.04％)兴趣降低。由此,兴趣降低∶不变∶升高的比例为 13.04％∶56.52％∶30.43％。

对比对照组的比例 10％∶50％∶40％,发现实验组(网络广告)中,更多被试对品牌的兴趣程度增高。

在品牌喜爱度方面,23 人中,15 人(65.22％)对品牌兴趣保持不变,8 人(34.78％)兴趣发生改变;发生改变人群中,5 人(21.74％)变得更喜欢该品牌,3 人(13.04％)对品牌喜爱程度降低。因此,喜爱程度降低∶不变∶升高的比例为 13.04％∶65.22％∶21.74％。

对比对照组的比例 10％∶75％∶15％,发现网络广告更容易改变受众对于产品的态度,这种改变可能是消极的,也可能是积极的。网络广告受众的态度更容易被改变,同时,态度改变的幅度也更大。

在对两组被试整体品牌态度数据进行对比时,也印证了上述观点,如图 6-43 至图 6-45 所示,对照组测后"不太有兴趣"数据从 15％降至 0,中立态度者上升,"一般"和"非常有兴趣"数据则分别有所上升;实验组"不太有兴趣"数据下降 4.4％,"比较有兴趣"的被试则上升了 17.4％,且持中立态度的人数下降。

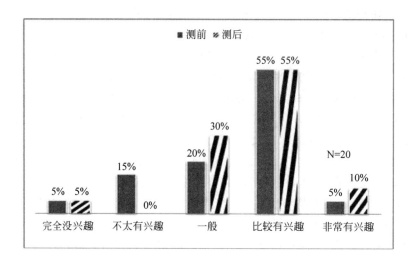

图 6-43　平面广告受众品牌兴趣前后测情况

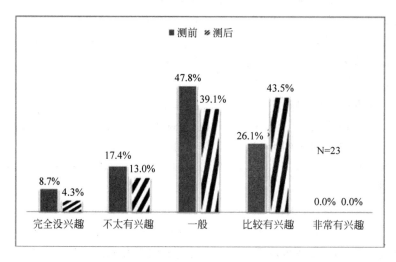

图 6-44　网络广告受众品牌兴趣前后测情况

　　在品牌喜爱方面,对照组"不太喜欢"、"一般"者下降 5%,"比较喜欢"者增加了 5%,增幅和降幅均不大;实验组"不太喜欢"者增加 8.7%,中立态度者下降了 30.4%,而"比较喜欢"者也增加了 21.8%(图 6-44)。

　　在访谈中,有网络受众表示,比起广告的诉求、设计和创意,网络广告的弹出形式、载入速度、互动娱乐性更容易影响他们对于广告及品牌的态度。这种影响在访谈中体现在如下几个方面。

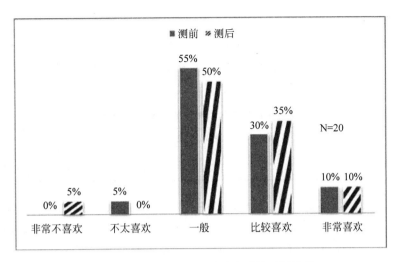

图 6-45 平面广告受众品牌喜爱前后测情况

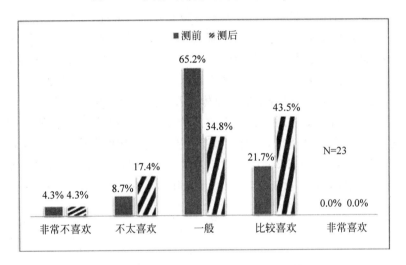

图 6-46 平面广告受众品牌喜爱前后测情况

当网络弹出广告为强制弹出,并长时间停留在操作界面,阻碍用户操作时;

当网络广告及 minisite 页面打开速度很慢时;

当网络广告并未体现出网络优势,而只是平面广告的乏味而简单的复制时;

当网络富媒体广告发出声音时;

当网络情感诉求低俗,包含色情、暴力以及恶意炒作信息时。

总而言之,比起平面媒体,网络广告在态度说服方面更为有效,但这种强效果是一把"双刃剑",可能因外在因素不当而造成受众对广告及品牌的负面情绪。

③ 行为意向

考察两类情感广告对受众行为意向影响是否具差异,我们通过独立样本的 T 检验进行。如表 6-8 所述,在广告分享意愿方面,杂志平面广告受众的分享均值为 2.80,网络广告受众的分享均值为 2.6。

表 6-8   受众对平面广告和网络广告分享意愿的 T 检验结果

	Levene's 方差齐性检验		均数齐性的 T 值			
	F 值	显著性	T 值	自由度	(双侧)显著性	均值差
分享意愿	0.052	0.820	0.862	78	0.391	0.200

在分享意愿上,Levene's 方差齐性检验 $F=0.0525$,$P=0.820>0.05$,故两组资料方差均表现为齐性,相关 T 检验结果为 $T=0.862$,$P=0.820>0.05$,未达到显著性水平,所以,杂志平面广告受众和网络广告受众在对广告分享意愿上无显著差别。

在分享意愿上,传统媒体受众和网络媒体受众无显著差别。

受众在访谈中表示,该网络广告"并不够有趣和好玩",因此不会进行分享。但当广告足够"好玩"、能引起他们"好奇"的时候,他们会选择与朋友进行分享。在分享方式上,网络提供了较多方式,如通过即时通信工具将广告截图给他人,将广告链接转发给他人/QQ群,在论坛上发帖推荐,所有被访问的被试均表示有过此类行为。而平面广告受众则能选择的分享方式范围较窄,主要以分享平面媒体以及在网络上叙说分享为主。

两类情感广告是否对受众的购买意向有所改变?将两组的第 4 题和第 16 题数据进行对比,如图 6-48 和图 6-49 所示,平面广告受众不能确定和肯定购买的人数大为上升,倾向不购买(肯定和可能不购买者)的比例变化不是太大;网络广告受众由不买转为购买的人数明显较多,"可能不购买"比例下降了 25%,同时处于中间态度的上升了 22.5%。

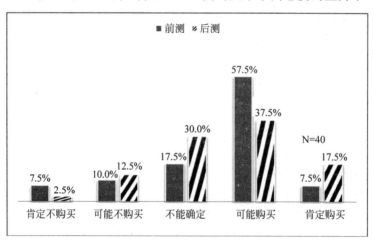

图 6-47   平面广告受众的购买意向前后测情况

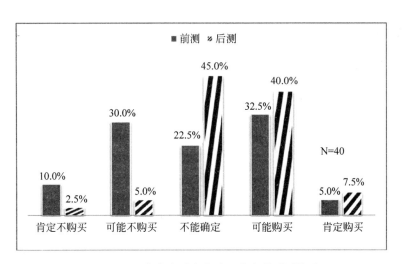

图 6-48　网络广告受众的购买意向前后测情况

在对照组 40 人中,18 人(45%)前后购买意愿保持不变,改变了购买意愿的 22 人中, 11 名(27.5%)被试购买意愿上升,11 名(27.5%)被试购买意愿下降。即,在浏览完平面广告后,受众购买意愿下降、不变、上升的比例为 27.5%:45%:27.5%。

在实验组 40 人中,17 人(42.5%)前后购买意愿保持不变,改变了购买意愿的 23 人中,17 名被试(42.5%)购买意愿有所上升,6 名被试(15%)购买意愿下降。即,在浏览完网络广告后,受众购买意愿下降、不变、上升的比例为 15%:42.5%:42.5%。

以上可知,在改变购买意愿方面,网络广告的说服力稍大。

7. 实验小结

① 平面广告和网络广告激发受众的情感反应情况有差异,H1 假设成立。网络广告的情绪强度和深度较平面广告而言更强烈。

② 当广告诉求和内容相近时,情感广告类型和形式的差异并未导致受众对广告态度的明显差异,H2 假设不成立。

③ 网络和平面情感广告均有较好的认知记忆效果,但受众对广告信息均持谨慎态度。H3a 假设不成立。

④ 无论是态度形成还是态度的改变,网络和平面情感广告受众均存在差异,H3b 假设成立。无论在积极态度形成还是态度向积极方向转变上,网络广告的说服效果都更好。网络广告受众的态度更容易被改变;同时,态度改变的幅度也更大,但这种强效果是一把"双刃剑",当外在因素不恰当时,也更容易造成受众对广告及品牌的负面情绪。

⑤ 在改变购买意愿方面,网络广告的说服力更大。H3c 假设成立。

本章附录

附录1：前测问卷

1. 你对依云牌矿泉水是否熟悉？（单选）

□没听说过　　　□听说过但不熟悉　　□有点熟悉　□比较熟悉　　□非常熟悉

2. 你对依云这个品牌感兴趣吗？（单选）

□完全没兴趣　□不太有兴趣　　　　□一般　　　□有些兴趣　　□非常感兴趣

3. 你喜欢依云这个品牌吗？（单选）

□完全不喜欢　□不太喜欢　　　　　□一般　　　□有点喜欢　　□非常喜欢

4. 假设你正好需要这类商品，如果不考虑价格、购买是否方便等方面因素，你购买这一品牌产品的可能性是：（单选）

□肯定不购买　□可能不购买　　　□不能确定　□可能购买　　□肯定购买

附录2　问卷B（后测问卷）

请在浏览完广告/广告页面后再回答部分问卷，<u>答题时请不要再浏览广告/广告页面</u>，作答以自己第一感觉为准。

5. 你浏览的<u>广告类型</u>是：（单选）

□杂志平面广告　　　　　　　□网络广告

6. 你是否浏览过这则广告：（单选）

□是（答题结束）　　　　　　□否（继续答题）

7. 看完广告，你的<u>感受</u>是？（多选）

□迷惑的　　　□不满意的　　□厌恶的　　　□失望的　　　□恐惧的

□厌烦的　　　□孤独的　　　□不屑的　　　□冷静的　　　□好奇的

□平和的　　　□高兴的　　　□舒服的　　　□愉悦的　　　□满意的

□期待的　　　□激动的　　　□热情的　　　□温馨的　　　□惊喜的

8. 哪<u>些</u>词适合描述这则<u>广告的特点</u>？请在这些形容词后打"√"：（多选）

□无聊的　　　□活泼的　　　□容易忘记的　□假的　　　　□无趣的

□好笑的　　　□能信服的　　□空洞的　　　□生动的　　　□聪明的

□详细的　　　□具体的　　　□简单的　　　□干净的　　　□愚蠢的

□有趣的　　　□做得好的　　□有创造力的　□值得记忆的　□幽默的

□有吸引力的　□有美感的

9. 广告中体现出来的依云牌矿泉水<u>特点</u>是：（单选）

□纯净的　　　□让人年轻的　□高贵的　　　□奢侈的　　　□美味的

接下来的问卷将采用5点量表，其范围从"非常不同意"到"非常同意"，请指出题目所描述的情况与您的情况在多大程度上符合。

10. 我认为这则广告上所说的都是真实的：（单选）

□非常不同意　□比较不同意　　□一般　　　　□比较同意　　□非常同意

11. 这个广告很有意思：（单选）

□非常不同意　□比较不同意　　□一般　　　　□比较同意　　□非常同意

12. 我喜欢这个广告：（单选）

□非常不同意　□比较不同意　　□一般　　　　□比较同意　　□非常同意

13. 我对依云这个品牌感兴趣：（单选）

□非常不同意　□比较不同意　　□一般　　　　□比较同意　　□非常同意

14. 我喜欢依云这个品牌：（单选）

□非常不同意　□比较不同意　　□一般　　　　□比较同意　　□非常同意

15. 我想跟周围的朋友分享这则广告：（单选）

□非常不同意　□比较不同意　　□一般　　　　□比较同意　　□非常同意

16. 如果不考虑价格、购买是否方便等方面因素，又有需要的话，我想要购买依云矿泉水：（单选）

□非常不同意　□比较不同意　　□一般　　　　□比较同意　　□非常同意

17 题至 19 题主要想了解您的个人基本信息，这些信息将有助于我们的研究主题。我们将严格为您的个人信息进行保密。

17. 您的性别

□男　　　　　□女

18. 您的年龄＿＿＿＿＿＿

19. 您的网龄

□2 年以下　　□2 年至 3 年　　□4 年至 5 年　　□5 年以上

附录 3：杂志平面广告受众的情感唤起情况（第 7 题频数分布与占比）

情感词语	杂志平面广告受众		网络广告受众	
	频数	占比（%）	频数	占比（%）
迷惑的	8	20.00	13	32.50
不满意的	1	2.50	3	7.50
厌恶的	0	0.00	0	0.00
失望的	3	7.50	3	7.50
恐惧的	0	0.00	0	0.00
厌烦的	0	0.00	2	5.00
孤独的	1	2.50	0	0.00
不屑的	1	2.50	3	7.50

续表

情感词语	杂志平面广告受众		网络广告受众	
	频数	占比（%）	频数	占比（%）
冷静的	5	12.50	4	10.00
好奇的	10	25.00	8	20.00
平和的	20	50.00	12	30.00
高兴的	5	12.50	5	12.50
舒服的	15	37.50	15	37.50
愉悦的	11	27.50	11	27.50
满意的	4	10.00	6	15.00
期待的	8	20.00	7	17.50
激动的	1	2.50	1	2.50
热情的	3	7.50	5	12.50
温馨的	12	30.00	14	35.00
惊喜的	3	7.50	4	10.00

附录 4：受众对于不同媒介广告的情感理解情况（第 8 题频数分布与占比）

情感形容词	杂志平面广告受众		网络广告受众	
	频数	占比（%）	频数	占比（%）
1.无聊的	4	10.00	3	7.50
2.活泼的	15	37.50	11	27.50
3.容易忘记的	7	17.50	5	12.50
4.假的	1	2.50	4	10.00
5.无趣的	5	12.50	7	17.50
6.好笑的	2	5.00	0	0.00
7.能信服的	1	2.50	3	7.50
8.空洞的	1	2.50	2	5.00
9.生动的	13	32.50	9	22.50
10.聪明的	5	12.50	2	5.00
11.详细的	1	2.50	1	2.50
12.具体的	1	2.50	2	5.00
13.简单的	6	15.00	11	27.50
14.干净的	13	32.50	12	30.00
15.愚蠢的	1	2.50	0	0.00
16.有趣的	14	35.00	10	25.00
17.做得好的	6	15.00	6	15.00
18.有创造力的	9	22.50	9	22.50
19.值得记忆的	6	15.00	3	7.50
20.幽默的	8	20.00	3	7.50
21.有吸引力的	10	25.00	9	22.50
22.有美感的	12	30.00	13	32.50

第七章

网络公告心理（下）
——网络博客传播心理分析

第一节　博　客　概　述

一、博客及其发展

博客是继电子邮件、BBS、即时通信之后的第四种网络交流方式，是互联网上网民个人信息的发布方式。同许多其他网络应用相同形式一样，博客也是一个舶来品。

在2002年传入中国之前，博客的英文名称是webblog。从名称来看，博客的第一性是blog，即日记，也就是按照时间顺序排列的我们所记录的每日心情；第二性的才是web，即在网络上发表的日记。撰写博客的人叫作博主(Blogger或者Blog writer)。

根据中国互联网信息中心2009年7月发布《2008—2009年中国博客市场及博客行为研究报告》给出的定义，博客也就是由博客运营商所提供的网民通过注册获得使用资格的一种网络空间，或者由网民单独申请域名和空间采用博客程序架设，网民可以在上面发表自己的言论、观点等供他人浏览。而本文中所指的博主也就是特指注册了博客空间并以写作方式更新博客的人，即我们平时所称的博客作者。①

1. 博客的由来及其发展历程

(1) 美国博客的发展历程

① 博客的出现

按照美国新闻传播学教授丹·吉尔默(Dan Gillmor)的观点，最早的博

---

① 中国互联网信息中心.2008—2009年中国博客市场及博客行为研究报告,6.

客先驱可以追溯到 1994 年 1 月,当时,还在大学就读的贾斯汀·霍尔(Justin Hall)用 HTML 语言手动编码网页"Justin Hall's Link"(www. link. net)。他的"来自地下的链接"(Links From the Underground)可能是第一个重要的日志,时间上远远早于专门的博客软件工具。①

1998 年 1 月 17 日深夜,作为纽约礼品店经理的麦特·德拉吉,在自己的个人博客网站上发布了一条惊人的消息:一个白宫实习生与美国总统有染。次日早晨,他又对博客内容进行了跟进,指出这个白宫实习生就是莫妮卡·莱温斯基。马上全球舆论哗然,顿时网站的访问量过万,传统新闻媒体也适时介入进行报道,这一事件差点撼动了克林顿的总统宝座。从此,博客作为一种新的信息公告方式,进入大众视野。

② 政治博客的兴起

2001 年的"9·11"事件是博客在国外发展的重要转折点,由此博客真正为大众所熟识和使用。

恐怖袭击事件发生之后,主流媒体的网站因访问量过大而瘫痪,亟待寻求相关信息的人们发现了博客主页,一些目睹了袭击现场的幸存者们通过博客主页发布了这些信息,将人们的注意力转向了博客——这种在当时最为即时有效的信息传递方式;另外,在恐怖袭击事件发生之后,博客作为一个自由抒发情感的平台,成为了民众发泄悲痛之情、评论政治的渠道。从此,博客正式步入美国主流社会的视野,赢得了巨大的读者群和广泛的影响力,博客同政治的关系也由此变得若即若离。

美国参议员多数党领袖特伦特·洛特在白人至上主义的参议员斯托姆·瑟蒙德的生日宴会上大赞其领导能力,被乔希·马歇尔等博客质疑,认定洛特是一个种族主义者,在此压力下,洛特在 2002 年年底辞去参议员多数党领袖一职。这是第一个博客推动的政治事件。

之后,在美国参与的一系列战争中,战争博客广泛兴起。特别是在 2003 年的伊拉克战争报道中,美国传统媒体公信力遭到质疑,而博客大获全胜。2004 年,在布什和克里的总统竞选中,政治博客粉墨登场,利用博客进行政治选举,从此,博客作为一种政治活动宣传工具,进入主流社会。

③ 博客进入多元社会

政治博客带来了博客的兴盛,越来越多的人知道博客这种新型的网络公告形式,但是,随着博客的普及,会有多少人从政治博客中获取政治信息,多少人想要在自己的博客上讨论政治信息呢? 从 2005 年的美国新闻业年度报告中我们可以知晓答案,"从更广泛的意义上,大多数的博客根本不关注政治"。大量的博客转入对个人私下生活的记录、各种资料的整理、个人情感的抒发,草根博客兴起,博客正式走进社会各阶层,描述着多元社

---

① 刘津.博客传播.北京:清华大学出版社,2008.27.

会的发展。

(2)中国博客的发展历程

① 技术专家引入博客

2001年11月20日,美国新闻传播学教授丹·吉尔默(Dan Gillmor)应邀参加了"清华阳光传媒论坛",在他的演讲中特别提到了"网络日记",并且向大家展示了他的网络日记。这是"网络日记"概念在中国的首次提出。

2002年8月,方兴东成立"博客中国"(www.blogchina.com),这是中国第一家专门的博客网站,网站定位于IT新闻与评论,开始在国内全面推广博客概念。2002年12月8日,千龙研究院和博客中国网站联合举办"首届博客现象研究会",国务院新闻办、中宣部等政府部门以及各主流媒体和学界人士出席会议,中国学界开始广泛关注博客现象,并开始进行博客传播的相关研究。

这期间,博客的使用范围局限在IT技术专家或业内人士群体中,博客的文章内容多为专业性知识或者使用体验,博客正式通过IT领域进入中国。

② 草根引爆博客

同美国一样,中国的博客走红也是和一个情色事件的传播分不开的,2003年6月,木子美发表记载个人性生活经历的网络日志《遗情书》,引起社会各界广泛关注,其发表博客的网站博客中文网的访问量瞬间激增。2003年11月开始,其他网络媒体开始对木子美网络日志进行报道,越来越多的人通过"木子美"知道了博客这种新型的网络公告形式,博客正式进入大众视野。

从此,博客不再是IT界人士的专宠,普通大众的注意力开始向博客倾斜,特别是在2004年8月,具有中国博客始创的博客中国开通"博客公社",开放了博客的个性化服务,中国的博客开始大规模进入大众网络生活。

③ 博客发展走向多元化

2005年,大量门户网站开辟博客服务,主要的门户网站新浪、搜狐、TOM等都设置了博客频道,简单便捷的博客服务通过门户网站的推广吸引普通网民的进驻,博客的主人不再是精英,也不再是夺人眼球的凤毛麟角,真正成为了大众的生活记录工具。

另外,博客服务日益多元化,随着博客用户的暴增,对博客的各种附属服务的需求随之而来。图片博客、视频播客、RSS订阅等相关服务纷至沓来,应对日益多元的博客用户。

博客从2002年起传入中国,随着网络的普及,使用博客的这一群体在不断扩大。中国互联网信息中心发布的《第31次中国互联网发展状况统计报告》显示,截至2012年12月底,我国博客和个人空间用户数量为3.7亿,较2011年增长率为17.1%。在网民使用率方面,博客和个人空间用户占网民比例为66.1%,比上年底提升了4个百分点。①

---

① 中国互联网信息中心.第31次中国互联网发展状况统计报告.2013(1).

在博客数量持续攀高、用户聚集带来的规模效应,博客频道在各类型网站中成为标准配置和即时通信、SNS、微博客氛围提升博客活跃程度的三重作用下,博客作者表达的积极性大幅提高,活跃博客数量呈爆发式增长。而且,根据以往的数据对比,博客作者在表述自我情感和发表言论方面表现得更加积极,博客用户在注册时表现得更加理智和目的明确。中国互联网信息中心最后得出结论,博客正在表现出强烈的社会化网络特征。

2. 博客的基本特征及类别

(1)博客的基本特征

① 匿名性

互联网通过为电脑分配各自的 IP 地址将处于不同空间的人们联结在一起,在网络虚拟空间内,相互交流的大家的真实身份是被隐藏起来的。在大多数情况下,人们不知道正在和自己讨论交流的网友现实生活中扮演怎样的角色,而且面对网络上纷繁复杂的信息内容,如果没有特殊目的,人们也不屑去窥探对方的身份。这就使得网民可在网络中为自己重新设定身份,不用考虑现实中的社会角色。

博客也不例外,大部分的博客使用者的真实身份我们是不知道的,他们可以完全摒弃现实身份,通过自己的网络身份进行博客的写作和留言评论。博客的匿名性为博主提供了自由的写作空间,一定程度上减少现实生活对其表达的束缚,同时博客的阅读者可以利用匿名性对博客文章发表最真实的言论。

当然,博客的匿名性不代表其完全与现实生活隔离,相反,博客内容多为涉及现实生活的表达,离开社会现实生活,博客的存在也就没有意义。简单来说,具有匿名性的博客是对现实生活通过网络身份的一种表达。

② 时间序列

博客作为一种网络日志,具有日志所特有的时间序列特征。博主将文章提交之后,博客主页会以时间顺序为标准将日志进行排列,最新的日志置于页面的顶端,按照更新的时间依次排列,博客文章的更新呈现则是在此时间轴上面完成的。完全以时间顺序为标准进行内容呈现,在其他网页中是极为少见的。博客文章更新的时间序列性和博客主页的空间存储性相结合,体现了博客作为网络日志的最明显的外部特征。

博客主页这种按照逆时针时序排列并定期更新的结构模式,使博客的写作有此刻发生的事情和想要表达的情感,有人甚至称博客日志为"互联网上的即时短信"。[1] 明显的即时性特征,大量的博客原创日志篇幅不长,它们即时捕捉和传递着此时的信息。

---

① Biz Stone. Who Let The Blogs Out? The Hypreconnected Peek at the World of Weblogs. New York City: St. Martins Press,2004. 42.

③ 自媒体

著名的 IT 博客专栏作家丹·吉尔默曾提出关于新闻媒体的极具震撼力的概念：博客代表着"新闻媒体 3.0"。"1.0"即传统媒体(old media)；"2.0"即新媒体或者叫跨媒体(new media)；"3.0"即以博客为趋势的个人媒体或者叫自媒体(we media)，普通大众经由数字科技强化、与全球知识体系相连之后，一种开始理解普通大众如何提供与分享他们本身的事实、他们本身的新闻的途径。[①]

博客的声音是来自普通公众，来自于个人，他们不是权威的媒体机构，不是官方的发言人，他们是万千民众中的独立个体。他们要传达的内容是自身情感的真实再现，是个人意见的发表。We media 即是说我们每个人都是媒体，都具有将信息发布的权利，博客则提供了这样一个平台，每个人都可以成为信息的发布者。

博客内容是由博主的个人意志所决定，具有鲜明的个性化特征。博主可以自主选择传达的信息内容，表达的方式方法，所以通过博客发布的信息，携带博主自身的表达特征，个性化色彩浓厚。

④ 互动性

网络媒体区别于其他媒体的一个典型特征是其强大的互动性，在博客中也是这样，博客依托于网络平台具有独特的互动性特征。

在博客发布表达中，博客使用者之间互动性主要体现在三个方面。一是对博客及其内容的留言评论，这是博客互动性最直接的体现，博主将体现自己情感意志的文章发布出去以后，阅读博客的网民可以随时、自由地在博客文章页面留言，对其评论，发表见解，这是最简单的一种互动形式；二是博客之间的好友机制，博客与博客可以互相加为好友，通过连接的形式在自己的主页显示出来，随时可以点击好友页面，查看好友的日志，这是博客中最能体现人际互动的一种形式；三是转载引用其他博客文章，在阅读博客的过程中，看到自己非常感兴趣的文章可以通过一键转载将其转到自己的博客中，一方面表达自己对这篇文章的喜爱、对博文作者的肯定；一方面方便自己以后阅读。

博客与媒体机构之间的互动性主要体现在两个方面，一是媒体机构特别是网络媒体转载较好的博客文章，将其发表，例如在一些网站金融类、房产类信息中，就有许多文章是转载专家博客的文章内容。同时，不少博客文章对某些媒体行为发表自己的见解。二是网络媒体对博客的宣传。设有博客频道的一些网站，通常会在首页推荐网站中精彩的博文，吸引受众的注意，博主的文章在依托这些网站进行发布的同时，也丰富了网站的内容。

---

① 谢因波曼、克里斯威理斯."We Media(自媒体)"研究报告.美国新闻学会媒体中心出版,2003.

（2）博客的类别

① 按照博客的内容进行分类

根据博客所表达的内容，可以将博客分为三类：新闻博客、专业博客和私人博客。其中新闻博客是以时效性的新闻为主，即时传达着新近发生的事件。此类博客类似于新闻媒体的新闻发布，但具有个性化和非权威性特征，"9·11"事件中的博客直播更新，使得更多人通过博客了解"9·11"事件发生的全过程。专业博客是以传达专业知识、进行专业性评论的博客。这类博客多为专家学者所开设，他们专注于某一特定领域，进行知识的整理和传播。私人博客则是以个人性的情感抒发和交流为主，博客内容多为个人生活的记录，感情的真实写照，自己感兴趣或者搞笑的调侃文章。

② 按照博客作者的身份进行分类

目前，中国的博客使用者中，按照博客作者的身份进行分类的话可以分为三类：精英博客、明星博客和草根博客。精英博客是指专家学者所撰写的博客，这类博客的作者本身就是某专业领域的专家或业内人士，他们会在自己的博客中发表自己对某专业领域的观点看法等，当然偶尔也会在博客中记录一些生活琐事；明星博客主要是指演艺界明星所开设的博客，他们将博客作为与自己的粉丝交流的一种渠道，通过博客发布自己的近况和生活琐事，达到与粉丝近距离交流的目的，某些明星还将博客作为展示自己的另一平台，例如徐静蕾的博客就不仅仅展示其作为演艺明星的角色，也展示了其才女的一面；草根博客在博客群体中占据大多数，主要指普通网民开设的博客，他们的博客内容庞杂，记录着各式各样的生活，也分享着纷繁复杂的情感，相较于前面两种博客，草根博客更符合博客的本质特征，它们背后是一群普通的匿名网民，通过网络平台进行真实的情感表达，另外某些草根博客可以通过自己撰写的博文而出名，木子美的性爱日记就是草根博客出名的典型代表。

③ 按照博客存在方式进行分类

根据博客的存在方式可以将博客分为：托管博客和独立博客。托管博客是将博客托管于某个博客网站中，只需要通过简单的网页注册则可以拥有一个能发布网络日志的博客，这类博客操作简单，可以在博客网站的平台下完成对博客空间的简单设计，拥有绝大多数的博客用户；独立博客即是在域名、空间、内容上独立自主的博客，它与免费博客相比，更自由、更灵活、更强大、更有价值，同时也是一种综合性的平台。独立博客相当于一个独立的网站，域名可以在域名代理商处登记注册，或者使用免费的二级解析域名，空间需要在空间服务商处购买，或者使用网络上免费的空间资源。

二、 博客的传播

1. 博客以"我"为主的创作

博客作为个人日志的网络形式，它的主体是博主发表的每篇文章。博文的内容一般是博主的个人创作,它的主题由博主决定,在这样一个自由、匿名、开放的写作空间,他们可以尽情抒发自己的情感,表达自己的意愿,不论是工作心得,还是兴趣爱好,或者只是闲着无聊发发牢骚,全部决定于博主自身。对他们选定的各种主题,进行天马行空地写作,始终以自己为出发点,将自我贯穿文章始终,这也可以从各种博客网站形形色色、水准不一的博客文章看到。著名的IT互联网博客月光博客在介绍自己的独立博客中说道,"我写过Windows 7,写过Google,写过百度,写过腾讯,写过杀毒软件,也写过韩寒,还推荐过电视剧,并没有一直专注在某个领域,而是写了些我感兴趣或我感兴趣过的东西。"虽然其博客大部分内容与互联网相关,甚至被称为是互联网名博,但是博客到底写什么、怎么写还是月光自己说了算,一切以他的兴趣而定;从博客的编辑层面上而言,文章的修改也为博主本人,博主可以将所写文章根据自己的思路归类分组,可以将自己喜欢的文章置顶或推荐,也可以为文章贴上各种个性标签,这些也都会在博客主页中显示出来。

具体来说,在博客页面中呈现的博客日志由两部分组成,分别是日志文章本身和对此篇文章的评论。这两者并不是同等重要不分伯仲的,显然文章本身具有主导性的作用,是网友进入文章页面进行评论的前提条件。这可以从博客页面的一般分布形式看出,文章本身处于首屏重要位置,评论留言处于日志下方。

博客的留言评论体现了一对多的网络互动形式,主要是博主和众多网友之间的交流。针对日志内容,网友发表自己的观点,博主进行适当回复。这一点同BBS论坛等互动交流平台有很大的不同,BBS论坛中发表帖子的楼主只是一个话题的发起者,他吸引众多网友进来一起讨论,是多对多的互动,在众多人的互动参与下,话题的走向容易发生偏离,既可能否定掉楼主的观点,也可能完全转移掉最初的话题。在博客中,每篇文章的留言和博主回复,一般是针对本篇日志文章的观点交流,当网友提出了反对意见,或者发表自己的新观点,即使博主赞同,也极少会改变日志的主体内容和走向。

2. 无"把关人"的发表

1947年美国传播学者库尔特·卢因在《群体生活的渠道》一文中最早提出了"把关人"这一概念,在研究群体传播的过程中,他认为信息的流动是在一些含有"门"的渠道里进行的,在这些渠道中,根据公正的规则或者是"把关人"的标准,决定信息是否可以进入渠道或继续在渠道里流动。[①]"把关人"普遍存在于新闻传播中,报纸、电视的传播内容都是通过严格的监督审核、经过严格筛选后才呈现在受众面前。互联网的出现,特别是自媒体时代的到来,掌握新闻传播"生杀大权"的传统意义上的"把关人"便有些鞭长莫及了。

互联网海量的信息容纳空间,不再局限于报纸的某一版面或者电视节目的某一时段,博客依存于互联网平台中,不必担心信息空间对内容的限制,对版面要求的把关工作在博

---

① 赵雅文.博客:生性·生存·生态.北京:中国社会科学出版社,2008.32.

客中基本不存在。

博客的出现,标志着网民出版时代的到来。博客空间不受政府和商业机构的控制,具有高度的开放性,任何具有基本网络操作技能的网民都可以申请和使用博客,并拥有写作、编辑、发表三大权利,博主自己决定写什么、怎样编辑、是否发表。在此,没有传统媒体严格的监督审查和监管体系,一般意义上的"把关人"已然不存在,真正为博客内容把关的变为博主自身,他们决定博客文章发布的标准,也造就了形形色色、争奇斗艳的博客空间。

3. 博客空间的自我打造

当你打开一个博客网站,或者某个博客频道页面的时候,随便点击几个链接,进入他们的博客主页,就会发现,不仅是博客的文章内容,博客空间的整体视觉样式也各不相同。作为博主的私人空间,博主可以根据自己的兴趣将其随意打造。

在博客主页中,其他版块如个人介绍、特别公告等也是博客个性体现形式。例如韩寒的新浪博客中就有这样一段公告,"不参加研讨会,交流会,笔会,不签售,不讲座,不剪彩,不出席时尚聚会,不参加颁奖典礼,不参加演出,接受少量专访,原则上不接受当面采访,不写约稿,不写剧本,不演电视剧,不给别人写序。"这段话是韩寒通过博客对外发出的公告,从这简短的公告文字中,也可以隐约感觉到韩寒博客特有的干脆与犀利。

目前,大部分博客依托于博客网站服务商,这些网站为博客使用者提供了琳琅满目且操作便捷的模板,博主可以通过丰富的符号系统显示其个性主页,选择喜爱的模板,使用个性头像,安排感觉最舒服的版块布局。特别是网民网络技术的逐步提高,部分博客使用者可以通过网站开放的自定义模板利用网页设计代码进行空间的美化。另外,博客中的好友设置、背景音乐选择、各种推荐链接、日历天气的显示,也是由博主自行打造,将好友链接置于博客首页以便好友快速进入博客进行阅读,将自己喜爱的歌曲设置成背景音乐以彰显自己的品位,无一不体现着博主本人的个性喜好特征。

4. 博客使用的低门槛

博客作为一种为广大普通网民提供的网络应用形式,作为一种大众网络平台,其低门槛的准入制度是吸引广大网民的重要因素。申请并使用博客,不需要租用服务器,不需要复杂的软件工具,不需要繁杂的注册步骤,也不需要网页代码知识,只需要懂得基本的上网技术,就完全可以轻松驾驭博客的使用。

博客是一种傻瓜式的网络应用,是一种"零进入门槛"的网上个人出版方式,即博客满足"五零"条件:"零编辑、零技术、零体制、零成本、零形式。"会申请免费邮箱的人,基本上都能够快速掌握博客的使用。这从技术层面上为普通人发布信息开拓了渠道。[1]

博客不是网络技术人员的专利,也不是精英的特权,普通网民只需要具备基本的上网

---

① 周海英."博客"的传播学分析.江西社会科学,2007(7).

知识便可以注册使用博客，几分钟就可以简单装扮自己的博客空间，将自己的所感所想尽情抒发在博客日志中，不受职业、年龄、收入等现实条件的限制。

5. 博客传播的意义

博客的出现产生了极其广泛的社会影响，以至于很多时髦人士见面都会问："今天你博没有？"

（1）拓展信息获取渠道

博客的出现，使每个普通网民都能将自己的所感所想发布在网络上供人阅读、分享。从受众的角度来看，这样一来极大拓展了人们获取信息的渠道，增加了取得信息的种类。

从麦特·德拉吉揭露的白宫丑闻到"9·11"即时发布的现场图片和新闻，博客最初的兴起就是弥补传统媒体在新闻报道中的缺失，同传统媒体形成合力，将尽可能完善的信息呈现在受众面前。在博客发展日趋稳定的今天，它与传统媒体的互动主要表现在以下几个方面：首先，博客为传统媒体提供新闻素材。例如中国博客的发端"木子美事件"，就是在传统媒体及其他网络媒体的相关报道下，进入大众视野。博客的书写来自于普通网民，他们经常会爆料出各种新奇事件，或是提出某些很有见解的论述，这些都是很好的新闻素材，传统媒体当然不会错过；其次，很多新闻工作者都拥有自己的博客，一方面同广大网民一样，通过博客记录自己的心情感受；另一方面，也成为某些新闻报道的平台。在2008年南方雪灾的时候，新华社记者姚大伟在自己的博客上更新了一篇日志《记者亲历：温总理冰雪灾区行》，讲述了许多鲜为人知的细节和故事。这被刊登在《人民画报》3月号上，是特殊情况下博客与传统媒体的互动。另外，博客所具有的匿名性，很好地将作者隐藏起来，博主可以在相对安全的环境中发表对某一事件的看法，同时揭露某些事件的真相。

博客数量的日益增多，知识博客群体也日渐壮大，将博客作为知识传播的平台，他们不仅收获了众多的网友追随，也为普通网民提供了一种便捷易得的知识获取渠道，相较于各种付费数据库，知识博客作为一种普及各种专业知识并完全免费的信息传播平台，越来越受到广大网友的青睐，也成为扩充人们信息获取量的重要方式。当然，博客作为网络日志的代名词，所记录的私人信息是自始至终吸引网友阅读博客的重要目的，不同于街谈巷议的小道消息，也不同于各种八卦杂志的夸张内容，博客日志是事件当事人对自己生活的记录，比任何人的转述都来得真实，同时也成为网友无聊时窥秘他人私人生活的捷径。

（2）增强个人与媒体的互动

自媒体时代到来之前，人们只是被动的接收信息，虽然有时会对所看到的信息产生质疑，但也只是同周围人之间小范围内的讨论，即使存在相应的反馈机制，但也只有极少部分人愿意去表达自己的观点。

博客的出现，打破了这种格局，任何人都可以通过博客发出自己的声音，向所有人发表自己的质疑。而且博主也真正拥有了自己的读者，他们将自己的看法观点发布在博客上,众多对此内容感兴趣的网友通过评论与博主交流,不仅博主自己有了表达的机会,看博主文章的普通网友也有了表达及反馈的权力,此时,传统意义上的媒体、读者关系发生了变化,传播信息的不仅仅是媒体,也可以是普通个人,普通网民对媒体信息若有不解,可以通过博客提出质疑,博客读者若有异议,可以留言评论加以反馈。因此,博客使得普通个人可以近距离地接触媒体,与媒体互通,并适时地扮演着一种新型媒体的角色。

6. 博客传播中存在的问题

博客是一把双刃剑,在为广大网民带来便捷自由的言论发布的同时,也存在着诸多问题。

(1) 冒名博客

博客的开放性和匿名性,吸引了众多想要发布信息、表达情感的网民,他们可以大胆自由地通过博客发表自己的所感所想,匿名性让他们降低了大胆言论所带来的风险,但同时,也带来了大量的冒名博客。

博客具有高度的开放性和自主性,博客空间可以随博主意愿自行打造,博主姓名也不例外,博主可以使用自己的真实姓名,也可以随意选择自己喜欢的名字,除非需要官方认证的名人博客,会对博主进行现实角色介绍,一般博客如个人姓名等信息都由博主自己设定。伴随着博客低门槛的准入制度,一些无聊网民甚至是不法分子便假冒名人申请博客,发布一些虚假信息混淆视听,进而造成不好的社会影响。在 2006 年 2 月 11 日晚,一个名为"郑秀文的 BLOG"的博客在网上出现,日志中有一篇题为"我就要去另一个世界了"的简短文章,这恰好同与郑秀文之前传出"欲自杀"的某些报道相吻合。引起人们的广泛关注,但经过调查后发现,郑秀文从未在内地申请博客,而且她目前的身体和精神状况非常好,"自杀留言"纯属无稽之谈。也是在 2006 年,贾平凹的名字也出现在了新浪博客上,让贾平凹深感不解,并紧急发表声明,称自己并未开通博客,也没有学会上网。诸如冒名博客的案例不胜枚举,不仅威胁到了当事人的利益,对博客的阅读受众而言,也是一种欺骗,造成的社会危害日益凸显。

(2) 公信力问题

博客在提供人们高度自由的言论空间的同时,也带给某些人通过发布虚假信息混淆视听甚至进行诈骗的机会,没有权威媒体机构的把关,对博客内容的公信力形成巨大的挑战。

自由、开放、匿名、低门槛、弱把关,博客的这些特点吸引广大网民在此大胆自由地发表言论,将身边发生的事及时呈现给网友,将自己对某些热点事件的所感所想发给大家分享,将各种真实情感抒发在日志中宣泄情绪等,如此,通过博客广大网友得到了最真实最真切的描述。但是,这种自由大胆的写作如果被某些人利用,便产生了严重的后果,一些人通过博客发表虚假信息,扰乱视听,引起恐慌;一些人通过博客进行诈骗,危害人们的财产安全;一些人发布错误偏激言论,将很多不明真相的群众带入歧途;一些人通过泄露他人隐私以吸引网友目光,侵犯他人隐私权及名誉权。这些虚假博客的存在严重影响博客的公信力,对博客的良性发展造成了威胁。

另外,某些博客为了增加人气和关注度,通过博客的匿名性进行暗箱操作,也大大降低了博客的公信力,2008年的明星"博客门"事件就充分说明了这一点。2008年新浪博客升级时系统出现了点小故障,于是将部分明星假扮粉丝,在自己的博客上自我吹嘘的肉麻景象公布于众。网友惊讶发现,平日里看起来正直、矜持的明星一旦被博客隐藏起来,变得可笑至极。"好男儿"马天宇说:"好喜欢天宇啊,我的男朋友要是有他那么帅就好了。"歌手金莎说:"好喜欢你,我们全班都爱你!"

(3) 网络暴民现象

博客自"诞生"之日起就伴随着一系列不和谐的因素,在与博客相关的名词中,除了"私密"、"知识"之外,更多的是"炒作"、"攻击"、"谩骂"、"色情"等,而相关的博客事件也屡见不鲜。

在博客的发展之初,程青松、鸿水等一批网络名人的博客就接二连三遭到了网民的谩骂围攻,迫使这些博客名人不得不联手在网络上发表声明,回应这些恶意的人身攻击,而这些被"炮轰"的名人只是对"好男儿"和"超女"做出了一些负面评论,当时只当是一种普通的娱乐讨论,却遭来众多粉丝的恶意中伤,当事人鸿水表示:"太多的明星粉丝已经蜕变为网络暴民!"在博客中,自由匿名的环境,让人们发出大胆言论而不计后果;平等的交流平台,让志趣相投的人们聚集在一起,一旦被某些不爽言论激起,便极易形成网络暴民,利用博客肆意攻击其他网友,对博客的良性发展产生不好的影响。

(4) 监管问题

网络监管问题一向是我国互联网发展中的软肋,目前我国尚没有统一的互联网法律、法规,许多互联网监管无法可依;互联网的监管机构不够明确,存在着多头管理、分工不明的问题;普通网民对互联网安全问题意识淡薄,阻碍互联网监管的有效进行;另外,迅速发展的互联网也加大了互联网监管的难度。

在互联网监管中,博客监管问题尤为突显。博客的开放性和匿名性是一把双刃剑,带给公民自由言论的同时,也带来了诸多违法犯罪案件,在中国互联网法律体系不完善的背景下,大大增加了博客犯罪的监管难度。博客用户制造信息的能力较强,极易形成网络群体极化,进而侵犯他人的个人隐私、名誉权等违法犯罪案件,并且通过网络快速传播,造成严重的社会危害。这对于尚未明晰权责的互联网监管来说,则是难上加难,违法信息源头不易控制,网络信息传播之快之多也不易掌握,从而无法完全避免进一步的伤害。

第二节　博客使用者心理

作为网络传播平台的博客,它的使用者首先是博主,博主们写作是要在这里传播自己觉得应当传播的信息、观点等,他们的传播动机是各式各样的。其次是博客的阅读者,他们持有或是好奇,或是求知等心理,驱使他们打开博客页面,进行浏览。最后是留言者,这些人要对博客的内容谈谈自己的看法,既可以是表现的心理,也可以是分享等心理。这些就是本节要研究的问题。

一、 博客的写作心理

1. 个人化的情绪宣泄心理

"年轻人应该学会排解他们的愤怒。"安·兰德斯建议道。如果一个人"压抑了自己的愤怒,我们就要找到一个出口。我们应该给他一个机会排除愤怒的湍流"。杰出的精神科医生弗里兹·珀尔斯这样主张。沙利文在《纽约时代周刊》的一篇文章中则主张,"一些偏激的言论……帮助释放了愤怒……它通过言语转移了冲突,避免见诸行动"。[①]

随着社会的发展,人们的生活节奏加快,生活内容越来越复杂多样,来自于社会、家庭的压力明显加大,在这种情况下,过大压力造成的抑郁情绪如果长期积压,必然会对身心健康带来极大威胁,这些不良情绪需要适时发泄以缓解压力。有些人通过暴力释放情绪,有些人通过怒骂宣泄不满,这些都或多或少地给周围人带来一定的麻烦。而博客的出现,为人们提供了一个宣泄情绪的新通道,并且它是博主不参加任何活动、不和他人聚集的个人化的情绪宣泄方式。在这里你可以自言自语,你可以指桑骂槐,你也可以假设对象,一切都无所谓。而结果是可能有人看,也可能没有人看,但是你的情绪发泄出来了。

博客是一个网络公共平台,在这个平台上人们的博客内容可以同所有网友共享,这不同于传统的个人日记,只写给自己一个人看。一般来说,将自己的情绪发泄给众多人看当然比发泄给自己一个人看的效果要好,作者的个人成就感也格外强烈。另外,博客具有匿名性,让人们更加大胆自由地抒发情感、表达不满,而不用考虑为其后果承担责任。

博客充当了人们紧张生活情绪宣泄的压力阀,在其中可以不再压抑自己的言行举止,尽情抒发积压的情感。对某些事件处理的不公,可以通过博客发表自己的见解;对上司的不满,也可以通过博客发泄情绪,将平时不敢在别人面前提及的上司的各种缺点公布在

---

① 戴维·迈尔斯.社会心理学(第8版).北京:人民邮电出版社,2006.304.

自己博客上,现实中被压抑的不满情绪完全释放,并且有一种即使上司看到了也无从追究的快感。

2. 共享心理

博主主动在博客上发表日志的时候,共享行为便产生了。根据博客日志的内容,可以将这些文章分为三类。第一类是以及时播报新闻为主的新闻博客,这类博客将实时发生的事情分享到博客上;第二类是以分享知识为主的知识博客,这类博客的作者一般是某些专家或业内人士,也有可能是对某些专业特别感兴趣的普通网友,他们将自己所擅长的知识内容发布到博客上,供他人参考和交流;第三类是纯粹记录自己生活、抒发情感的博客,这类博客以个人生活记录和情感经历为主要内容。显而易见,三类博客都具有典型的共享行为特征,前两类博客是以共享新闻信息、知识内容为主,第三类博客是共享情感经历为主。

共享是利他行为的一种表现形式,将一件物品或者信息的使用权或知情权与其他人共同拥有,以满足他人的使用欲和求知欲。博客通过信息和情感内容等的公开发布,满足了他人的求知欲望,是典型的共享利他行为。

博客共享的心理过程分为四个阶段,首先是注意阶段,是指人们注意到网络上存在需要帮助的其他人。一般而言,虽然博主在进行日志文章写作的时候并不十分清楚具体是哪些人需要这些信息,也不是很明确这些信息对人们的作用如何,只是潜意识中知道这些信息具有共享价值,这种信息需求显得模糊而宽泛,被有共享意愿的博主注意到了。另外,还存在这样一种情况,即普通网民通过发邮件提问题的方式,寻求某些业内专家或者学者的专业解答,这些专家很可能通过博客将问题的答案共享出来,而他们收到网友邮件、发现问题的阶段也是共享的注意阶段。第二阶段是情绪酝酿阶段,在面对某些知识在互联网上的匮乏,或者一些人迫切需要这些知识,这时具备此种信息的博主一方面为信息缺乏而困扰焦虑;一方面同情那些急需这些信息的其他网友,博主此时具有困扰与同情相交织的情绪特征。接着进入第三阶段,共享的动机阶段,博主为了舒缓上述情绪,便产生了将自己所具备的信息知识通过博客分享给他人的动机。博主在产生此动机的时候,至少考虑了两方面的因素,首先是共享行为的利益,博主在博客中进行无偿写作,将自己的经验心得分享给其他人,并不会带来实质上的回馈,但是这种写作分享,疏解了上述的博主自身的困扰与同情情绪,另外带给博主一种自身体验的满足感;其次是共享行为的代价,博客写作是一种灵活自由的方式,花费在博客上的时间、精力完全由博主自己控制,即当博主意识到博客写作的代价过大时,完全可以改变自己的博客行为,因此,当博主已经开始这种共享行为,代价问题便在其控制之中;最后一个阶段便是共享行为的实施阶段,即是博主进行博客日志的写作,并将信息发布分享给其他网友。

3. 自我价值满足

马斯洛认为："假如生理需要和安全需要都很好满足了,就会产生爱、情感归属的需要……现在,个人强烈地感到缺乏朋友、情人、妻子或孩子,他渴望在团体中与同事之间有着深情的关系。他将为达到这个目标而努力。"[1]现代社会,人们的生理和安全问题基本解决,但生活节奏的加快,各种社会压力接踵而至,爱和情感的归属需求增强,此时,对个人身份的认同是满足这类需求的重要条件。

认同通常包含两大客体对象:一是个体对自身身份的认同;二是集体认同,即个体对所属群体以及作为"我者"对立面存在的"他者"关系的认同;个体认和集体认同是个体结群意识和归属意识的体现,反映了个体寻求理解、接纳以及爱的需求。[2] 自我身份的认同是"主我"与"客我"的结合。首先,通过博客,博主可以尽情表达自己的思想,不考虑他人的感受,以自我为中心,充分表现"自我"。同时,博主在文章写作的过程中,通常会反复斟酌自己的措辞,反思自己的论述方法和思路,而且评论机制也可以使博主及时从读者留言中体验他人对自己的评价,一方面可以满足博主自身的成就感;一方面更好地反思自己,进而实现"主我"与"客我"的统一。博客不仅是个性的展示平台,也是网友平等交流的方式,人们可以根据自己的兴趣爱好交到志同道合的好友,形成各种兴趣博客圈,在这个小集体中相互合作,得到集体认同。

马斯洛认为:"自我实现的需要,就是指促使他的潜在能力得以实现的趋势。这种趋势可以说成是希望自己越来越成为所期望的人物,完成与自己的能力相称的一切事情。"[3]

博客具有高度的开放性,让人们有足够自由的空间展示自己,在其中不必考虑现实中的问题,大可完全抛弃现实生活中的社会角色,而通过博客文章的写作发布、博客空间的装扮、同网友文字交流的斟酌等,来完成现实中不可能达到的完美角色,成为自己一直所期望的人物。满足自己的情感需要、归属需要,实现自身的价值。

4. 交往心理

博主进行博客创作,虽然其主要关注点是日志文章内容,但是博客的互动性使得一些博主开始倾向于通过博客的人际交往功能,来认识网络上的朋友。依托于网络平台,博客的互动机制也日渐完善。博客主页和日志页面都设有评论留言板块,在博客主页,还有好友链接、博客推荐等一系列互动链接,为博客间的人际交往提供了便捷的途径。

在博客互动中,主要存在两种交流方式,一是博客日志的评论互动;二是博客之间的链接互动。博主既然在博客上进行日志写作并发布,就会知道这篇文章可能被很多网友看到,也必然会期待网友的回复,特别是在网络上发布一些共享性知识信息,或者是一些

① 马斯洛著,林方等编译.人的潜能和价值.北京:华夏出版社,1987.107.
② 覃晓燕.博客兴起的深层动因分析.现代视听,2010(1).
③ 马斯洛著,林方等编译.人的潜能和价值.北京:华夏出版社,1987.107.

有感而发的言论的时候,博主尤其需要文章阅读者的留言评论以彰显其文章的价值,或者对文章所述观点的看法,以便能够交到志同道合的网友。如果遇到投机的评论,博主便会回复评论进行交流,为进一步交往做准备。博客日志的评论互动是部分博客链接互动的前提,在博客之间的链接互动中,这些博主之间已经建立起了一定的好友关系,这些好友关系大部分是通过相关日志的评论交流实现的;另外一部分的好友链接是现实生活中的好友通过博客进行的网络联系。

“有真实的袒露,才会有真实的相遇。”[①]博客的匿名性让博主真实地表达自己的情感,也让博主通过博客认识可以坦诚相见的好友。个性表现与互动交流相结合,更好地满足了博主们的交往心理。

5. 尝试好奇心理

“木子美事件”后,博客作为一种新鲜事物进入大众视野。当时,很多人并不知道它具体是一种什么样的网络应用,也不清楚如何使用它,但是他们知道周围一些人在博客中看到了很多有趣的内容,而且从传统媒体中也知晓了博客的部分信息,博客中劲爆的内容以及对它的一知半解刺激了网友们的好奇心理,驱使他们使用博客以进一步了解它。因此,网民最开始接触博客,是尝试好奇心理的作用。所谓好奇心是指喜好新奇性信息的可能性,是增强新奇性信息在大脑中显示的可能性的度量。[②] 博客在发展之初,作为网络的一种新型应用,在木子美“性爱日志”等事件的推动下,极大地触发了网民的好奇心和尝试欲望。

尝试好奇心理对人们的驱动作用是短暂的,它会随着人们的不断探索而转变,根据个人的兴趣爱好、好奇心或者变为对此种事物的喜爱,或者变为对此种事物的无视或无所谓的态度。

在博客发展相对稳定之后,出于好奇心理注册使用的博客一般有两种发展趋势,一是将最初对博客的好奇尝试转变为一种习惯爱好,成为这部分网民网络生活的一部分,以满足他们的自我表达、情绪宣泄和网络人际交往等;二是变成已经不被博主理睬的荒废或半荒废空间,此时的博客空间对于博主而言,在最初新鲜感的吸引和好奇心驱动下使用之后,由于工作忙碌或者对博客写作方式的不适应等原因而放弃博客的使用,进而将其从日常规划中淡去。

6. 吸引粉丝心理

博客中的粉丝吸引,主要表现在两个方面,一是名人博客巩固已有的粉丝;二是草根博客吸引新进粉丝。

---

① 　王怡红.人与人的相遇.北京:人民出版社,2003.174.
② 　徐春玉.好奇心理学.浙江教育出版社,2008.

名人博客的博主在现实生活中就是各界名人,从而一进驻博客就会有很多粉丝,在自己博客的书写中,他在表达自己的言论、描述个人生活的同时,还在于巩固已有的粉丝,让这些粉丝继续追随他们。例如一些明星博客会将自己生活中的一面通过博客展现出来,让粉丝们了解更加全面的自己;另一些明星博主在博客上公布自己的一些工作信息,粉丝们通过博客知晓明星的近况,进而更加关注自己。

吸引粉丝的最初前提,来自于五个方面,分别是接近性吸引、相似性吸引、需求互补性吸引、仪表性吸引和报偿性吸引。在草根博客中,我们可以看到博主利用以上五方面的吸引同网友进行沟通交流。首先,博客作为一种互联网应用,打破了空间的限制,但是地理位置的观念在某些人的头脑中还是存在的,例如在网络上遇到老乡,则会倍感亲切。博主通常会在博客中为自己贴上家乡的标签,一些同城博客圈也因为地理接近性而异常火爆。其次,博主通常会在日志中发布一些自己兴趣爱好的信息,发表相关言论,或者用自己喜爱的动画人物作为页面背景,或者在主页播放自己喜爱的歌曲等,这一切表现自己兴趣爱好的方式都可以吸引与博主志同道合的人驻足欣赏,进行交流。最后,经常可以看到有人在博客中向网友寻求帮助,或者提出一些自己的困惑,等待有识之士的帮助。另外,博客经常以华丽的文字、劲爆的内容吸引人们的注意,并深入交流。不过博客虽然是以文字为主,但网络技术的发展,人们可以在博客上呈现图片、视频、音频等多媒体内容,也可以自行编辑页面,装扮自己的博客空间,为博客披上华丽的外衣,不仅满足了自己的成就感,也吸引了更多人的注意。最后,除了关注度极高的名博,一般的博主都会回复那些给自己评论留言的网友,不辜负那些喜欢自己的人,即使有些评论只是所谓的"顶"、"沙发"等词汇,这就是典型的报偿性吸引。博主充分利用了人际吸引的五个方面,抓住读者的眼球,并且为进一步的博客交流做准备。另外,众多粉丝的追随也是自我价值的一种肯定。

二、 博客的阅读心理

1. 消遣娱乐心理

早在 20 世纪初期,本雅明就指出了艺术品的生产正进入机械复制的时代,对于机械复制时代的艺术品,受众的接受方式也从侧重膜拜价值的"凝神观照"接受方式转变为侧重展示价值的"消遣性接受"方式。[①] 娱乐消遣行为是指人们有明确动机但却无明确目标的行为,即是指那些总是想去做但却不在乎甚至不知道怎么做以及会做到什么程度的行为。

时代的进步社会的发展,人们的工作生活压力也日益增大,依托于互联网的博客的出现,为人们提供了一种新型的娱乐消遣方式。博客文章是由网民自己编辑发布的,其内容

---

① 王琳.浅析中国博客繁荣背后的读者接受心理.黑龙江教育学院学报,2009.1.

包罗万象,涉及了社会生活的方方面面。工作生活细节的记录、最真实情感的表达、个性的观影感受、丰富的阅读思考、各种生活经验的分享等,人们总能在博客中找到自己感兴趣的信息。而且随着互联网的发展,各大博客网站对博客的细分程度加强、博客频道页的编辑水平提高,例如新浪博客就细分为娱乐、体育、女性、IT、财经、房产、教育、游戏、军事、星座、生活、家居、育儿、健康、图片、电子杂志等频道,并且在博客频道页将人气博客、名人博客等推荐在博客页面中,人们可以根据自己的兴趣爱好选择自己喜欢的博客,在自己完全放松的状态下,沉浸博客信息带来的消遣娱乐当中,将工作生活的压力进行释放,在快节奏的忙碌生活中寻求轻松与快乐的时空。

另外,除了文字内容,博客分享中还附有音乐、图片、视频等多媒体方式,这些内容为博客更好地记录个人生活,表达真实情感,发表个性言论提供了广泛的思路,也带给人们更丰富的视觉体验,更好地满足博客阅读者的消遣娱乐心理。

2. 窥秘心理

博客一直是以"网络日志"自居,在博客文章中,不乏一些隐私性信息,而在互联网这个公共平台上,这种隐私性与公共性的结合,正好满足了许多网民的窥秘猎奇心理。

博客发展最初,都是以秘密的揭露为爆发点。美国的麦特·德拉吉通过博客发布克林顿的性丑闻,不仅影响了克林顿的政治之路,也将博客引入受众视野,其中便利用了一部分人的窥秘心理。社会政要的私密信息是很多人想知而不得知的,如果有一个平台可以很方便地得到这些信息,这些人便会疯狂涌入这一平台,这便是窥秘的心理作用。所谓的窥秘心理其实是人们本能的一种体现,人们对于具有揭露别人隐私的内容尤为注意,并且很多人会为了寻求这些信息付出程度不等的代价。当某些秘密的或者被道德伦理所压抑的一些信息有可能被公布于众的时候,人们便会倾向于寻求得知这些信息的途径,这便体现了人们的窥秘心理。

中国的博客发展之初同样是窥秘心理的作用,"木子美事件"是中国博客走向大众化的标志,其中广大网民的窥秘心理在事件发生过程中起主导作用。诸如此类的情色性事件在博客中公布,展示了博主大胆露骨地描述自己的性爱观点和感受。而在中国传统文化中,"性"一直都是被伦理道德所压制的一个隐秘角落,久而久之,这个词带有了神秘而私密的色彩。此类事件的出现,让人们发现,有人愿意在网络公共平台上发布自己私密的"性生活"信息,只需要点击鼠标便可以阅读,如此便捷的窥秘途径吸引了越来越多的人进行博客阅读。从目前来看,人们对于他人博客的关注、阅读,很大一部分原因是窥秘的作用。名人博客私下生活的博客曝光,草根博客揭露的种种社会黑幕,敏感话题的博客言论等,人们在阅读这些博客的时候或多或少都带有窥秘的成分。

3. 求知心理

博客作为一种自媒体,内容编辑者来自于普通网民,几乎包罗了社会生活的各个方面。有些人浏览博客是为了消遣娱乐,把它当做生活的调剂品。有些人则是为了寻求知识,带着一定的目的,通过博客解答自己工作、生活的各种问题。他们在博客的求知之旅中,受到了求知欲的支配。所谓求知欲,就是人们企图了解探寻自己所不知道的事物所产生的冲动和欲望。具备这种求知心理,人们通过各种途径寻求问题的解答,而博客作为一种信息的分享平台,不仅有个人生活情感信息,还有多种知识经验的分享,为带着问题的受众提供答疑渠道,满足他们的求知心理。

知识博客就是典型的满足人们求知心理的一种形式。在知识博客中,有各种专业知识的介绍,也有对各种生活经验的分享;有专家学者的深度解读,也有草根专家的通俗讲述;有值得反复咀嚼的文字,也有通俗易懂的理论。这些博客的真正受众不是匆匆浏览的过客,而是带着问题寻找答案期望有所收获的求知人群,他们或者带着某个问题而来,从知识博客中获取答案,或者单纯地想要通过知识博客来丰富自己的阅历,提升自己的理论高度。总之,他们在未知事物方面求知,而知识博客正好提供了一个便捷的通道,满足了他们的求知心理。

4. 准社会交往心理

1956 年心理学家霍顿和沃尔(Horton&Wohl)在《精神病学》杂志上发表文章提出"准社会交往"概念(Para-social Interaction,PSI),用来描述媒介使用者与媒介人物的关系。即某些受众特别是电视观众往往会对其喜爱的电视人物或角色(包括播音员、名人、虚构人物等)产生某种依恋,并发展出一种想象的人际交往关系,由于其与真实社会交往有一定的相似性,所以霍顿和沃尔将其命名为"准社会交往"。[①]

一般将"准社会交往"分为三级水平,一级指与代表自己的传媒人物的交往;二级指与演员代表的虚构人物的交往,主要指影视剧中的人物;三级指与非人类的传媒形象的交往,如动画片中的虚拟人物。[②] 在博客中,受众阅读名人博客时存在着准社会交往心理,显然,受众与各界名人的交往属于其中的一级。

打开新浪博客,我们可以看到各行各业的名人。有演艺界的明星,有体坛名将,有各学科的专家学者等,这些人都是经常活跃在大众传媒中的耀眼人物。平时,受众只能透过官方媒体才能看到这些人,虽然一直渴望同其进一步交往,但是难度很大。在博客平台上,这些名人偶像自己撰写博客并发布,为受众提供了更多的虚拟交往的想象空间。阅读这些名人的博客,受众可以感知他们光鲜亮丽的工作之后的日常生活及思想内涵。透过文章内容,名人们的现实角色丰满起来,受众在此可以轻松想象与他们的交往互动,满足其准社会交往心理。

---

① 章洁、方建移.研究回顾:作为传媒现象的准社会交往.新闻界,2009(2).
② 马云云.明星主持人如何与受众进行"准社会交往".现代视听,2007(7).

三、博客的留言心理

1. 答疑利他心理

当我们看到某些精彩的博客文章时，经常会写下自己的留言评论。感觉文章内容不够全面的，通过留言给博主补充；能够回答博主疑问的，利用留言答疑解惑；对文中内容持反对意见的，在留言中提出自己的观点。这些都是常见的博客评论内容，同时也体现出了博客评论者的答疑利他心理。新浪名博李开复的博客一向受到初入社会的年轻人的青睐，他经常为初入社会的年轻人出谋划策。其中一篇《先参与创业，再主导创业：给想创业的毕业生的一封信》的博文中就对毕业生创业提出了很多建议，李开复同众多想要创业的年轻人共享了自己的经验，同时，我们可以发现，在这篇文章的下方，有很多的网友评论，其中不乏一些有价值有见解的留言，网友"liner_z"的留言就很有见地，他首先肯定了李开复文章当中创业中的三因素：团队、经验、执行力，另外，他还提出了自己认为同样必不可少的因素：资金和团队，对李开复的文章内容进行了自己的补充，为看这篇文章的其他人提供了更多的思路。

人们在给博客评论留言，这一动机的发生前提是博主的文章内容激活了留言者的认知图式。受者的认知图式是受者对媒体信息的表征结构，是媒介信息在受众头脑中所组成的一定的单元。美国著名传播学者施拉姆曾说：所有参与者都带有一个装得满满的生活空间——固定的和储存起来的经验——进入了这种传播关系，他们根据这些经验来解释他所得到的信号和决定怎样来回答这些信号。[①] 长期的工作生活以及同媒体的接触，受众形成了一定结构的认知图式，不过这些认知图式是存在于潜意识当中的，只有通过背景介绍、解释性内容或者综合性信息等途径激活才能够启用。博客中的内容大部分都是某些事件或相关领域的背景介绍、解释性内容和综合型信息，从而很容易激活受众的认知图式，对文章中所介绍的内容产生共鸣，从而为受众评论提供条件。

在受众拥有了相关议题的信息资源的条件下，他们便迫切想要表达自己的看法和体会，特别是自己能够解答其他人的疑惑的情况下，更有自我表现的欲望，以帮助别人。并且在博主文章发布的共享精神的影响下，便产生了用以答疑补充、阐述自己观点的留言评论的行为。

2. 沟通心理

随着博客的发展普及，在此平台进行互动交流的人群日益壮大。对博客文章进行留言，发表自己的观点已成为与博主进行直接交流的最佳方式。

---

① 黄小燚.博客共享性的传播心理学分析.贵州工业大学学报（社会科学版），2008(2).

　　根据博客留言的内容,可以将其分为评论性留言和非评论性留言,评论性留言在博客留言中占大多数,主是针对文章内容或者博主提出的意见建议,或者自己的疑问性质的留言;非评论性留言则与文章内容无关,或者只是对博主的简单问候,或者是一些诸如"顶"、"沙发"之类的无实质性意义的留言,这类留言者虽然具有一定的沟通动机,但是沟通效果并不甚好。根据留言的位置,可以将留言分为博客留言和日志文章留言,博客留言一般设置在博客主页,是网友针对博客空间或者博主的留言;日志文章留言分布在每篇文章下面,主要是针对本篇文章的留言。

　　博客受众在浏览博客文章的过程中,如果看到一些对自己有帮助作用的内容,或者文章中有自己一直想说却没有说出口的话,便极易与之产生共鸣,在心中将写这篇文章的博主视为志同道合的好友人选,与博主近距离交流的欲望加深,此时,最方便快捷的交流方式便是对博客进行留言评论。通过此种方式,让博主知晓自己对这篇文章的肯定,并期待博主的回复,与其进行真正的沟通。或者当文章的某些观点自己不太赞同,有更好地补充和建议的时候,一方面为了表现自我;一方面为了告诫博主和其他看这篇文章的人,也极易产生与博主留言争辩的欲望,从而在文章下面进行留言。

　　同 MSN、QQ 等即时通信相比,博客的互动在时间上是不同步的。博客留言者对文章进行评论,一般不会马上收到博主的答复,这种时间的不同步虽然让沟通变得不那么直接与及时,但是博主与留言评论者都有充足的时间考虑措辞,使得双方交流内容更加优质。

　　3. 情感表达心理

　　留言板块提供了一个评论发布的平台,博客受众不单单是被动的阅读者,也可在他人的博客中充当主动的内容发布者。

　　2011 年 6 月 26 日,吕丽萍在微博上发布反同性恋言论,在网上引起轩然大波,广大网友纷纷指责吕丽萍作为名人的不理智言论。著名女社会学家李银河在自己的博客上发表《吕丽萍你应该反省》的文章,讲述了 2007 年自己在中国所做的同性恋接纳程度调查,分析得出了对同性恋宽容态度的历史文化原因,从而指出吕丽萍对同性恋的接纳程度远远低于普通的中国老百姓,她应当认真反省自己。在文章的下方,共有五千多条评论,其中网友"白桦树林"说"信口开河本身就代表一个人的素质,所谓明星尤为如此。支持李博观点"。网友"筱然"评论道:"是的,能不能接纳这个问题,不是一个简单的问题,你可以不喜欢,你也可以自己不这样做,但是,对他人,一定要尊重。所以,我是接纳同性恋的,更尊重他们在当今能够有自己这样的情感选择。"他们大多同李银河博士持一样的观点,通过评论留言,表达对吕丽萍反同言论的不满。尤其是一些同性恋人群,在看到吕丽萍的歧视同性恋言论时,必然积压了较多的不满情绪,而看到专家李银河的博客声讨,不仅自己的内心得到了慰藉,还可以在李博士专业言论的庇护下,通过留言有理有据地发泄自己对反同言论的愤懑。

在博客文章的阅读中，读者的感受一般分为三类，一类是同博主产生共鸣，这个时候，很多人便会通过留言表达内心的认同，特别是博主将自己一直想要表达的内容写在博客中的时候，就有一种"他乡遇故知"的感觉，急切想要让博主知道"自己也这么认为"，故而通过留言实现言论的认同；第二类是同博主持反对意见，此时便有一种与博主争辩的欲望，急切想要表达自己的感受，并让博主和其他读者看到，也是要通过留言评论实现；第三类是无所谓的态度，只是将文章当做消遣，或者文章本身不具有讨论价值，这时读者便很少有表达欲望，也不会进行留言评论。

博客的留言机制，让阅读者有了发布自己态度的平台，他们不需要登录自己的博客就可以宣泄情绪，直接而迅速地将自己从这篇文章得到的感受发表出来，满足他们的情感表达欲望。

第三节　博客中的自我暴露心理

人们为什么要写博客？有人说是记录自己的所思所想。这只对了一半。如果仅仅是记录，为什么不写在自己的日记本上？或者记录在自己的电脑里，谁也不给看？可见在网上写博客就是想传播，仅仅是传给谁，不传给谁的差别。而博客，是不能不写个人的事情，不能不写个人的态度、观点，这样就出现了博客中自己在他人面前的自我暴露问题。

一、　博客与自我暴露

1. 什么是自我暴露

自我暴露，有的也叫自我表露。这一概念最初是由人本主义心理学家西德尼·朱拉德于 1958 年提出，而罗杰斯和其他的一些心理方面的治疗家认为，展示个人信息的行为有重要的心理学意义。Archer 指出，所谓的自我表露就是将自己的诸如需要、价值观、态度、背景、焦虑和欲望这些私人事件向别人告知。Jourard 对自我表露下的定义为，个体把有关自己的个人信息告诉他人，与他人共享自己内心感受。Cozby 认为，可以将自我表露定义为 A 向 B 在口头交流中传达任何有关自我的信息，Derlega 和 Chaikin 则把自我表露定义为"交换自我的任何信息，包括个人的地位、性情、过去的事情以及过去的计划"。①

从目前存在的观点来看，研究者对于自我表露的界定主要分为两种观点，一种认为自

---

① 佘瑞琴. 自我表露的研究现状及启示. 山东师范大学硕士论文. 2006-10-16.

我暴露的行为是一种静态。认为自我暴露是个体的、关系特质或者行为事件,朱拉德认为自我表露是不仅仅向对方呈现真实自我,而且同时也是作为人们表达和创造亲密的方式;另一种就是把自我暴露看成是一种动态的交互作用。Yalom 则认为,自我暴露算一种人际关系交互的过程,这个过程并不是表露给对方什么,而只是在一个关系情境下进行表露,这个过程是一个双向和持续的过程。而在本书中,则将这两种观点相结合来进行阐述。

而总结一下之前所有的自我暴露的研究方面,可以看出,自我暴露至少具有以下三个特点:第一,自我暴露必须是个体自愿倾诉,不能是被人所强迫;第二,他表达的自我是真实的,并不是杜撰或者编造,类似于小说的文章则不属于自我暴露之中;第三,他要传达的是关于个体自身的信息,包括具体信息和抽象的想法等各类信息。因此,从这些特点来看,如果从这些特点出发的话,人人都在进行不同层次的自我暴露,所不同的是自我暴露的多少和层次的深浅。

2. 博客的自我暴露问卷调查设计

博客这种新型媒体出现之后,人们的自我暴露和倾诉也就多了一个新的平台,而人们的这种活动也就从网上扩大到了现实生活。前面也提到,在中国互联网信息中心发表的新数据中可以看出,在使用者注册动机分析中,前四位都是与自我有关的,其中记录自己的心情所占比例最多,达 64%,[①]从前面例举的许多个案中也可以看出,自我倾诉与暴露已经成为博客作者写作的一个重要特征,而博主的自我倾诉与自我暴露有何特点? 他们更多的会选择对谁倾诉? 他们的倾诉的底线是什么? 对此,我们选择了新浪博客来进行了一系列的调查。

从互联网信息中心公布的数据来看,新浪博客在目前所有博客服务商中居于首位,占比约 50%,因此,从新浪博客来做调查对象,具有一定的代表性。同时,为了剔除带有功利性的写作目的,我们剔除了明星和较知名的草根名博这一类型,因为这部分博客的写作大部分带有策划和炒作的意味。因此,而为了保证数据的准确性以及典型性,新浪在2010 年 6 月新上线了一个板块称为校园名博,笔者选择了博客群体中的校园博客群体来进行问卷调查,需要说明的是,新浪的校园博客的写作者包括国内外在校学生,包括高中以上的学生,其中也有不少年龄较大的博士,因此年龄大部分分布在 19～26 岁。

我们的问卷调查是通过滚雪球的方式进行,即通过博友间的互相传播再回收来进行。同时,在进行问卷调查的同时,我们又对于校园博客这一群体中的一些比较有名的博主的博客进行了跟踪,并且在取得博主同意的情况下,用 QQ 聊天和发邮件的方式与其进行了一对一地交流,将问卷的细节进一步细化。

---

① 中国互联网信息中心.2008—2009 年中国博客市场及博客行为研究报告.27.

3. 博客自我暴露的问卷调查初步结论

我们的调查问卷从 2010 年 3 月一直延续到 2010 年 4 月底,并没有采用网络问卷的做法,而是通过一对一的传播方法。我们通过博友的传播收回了 96 份问卷,对于调查中并不符合我们要求的选项的问卷进行了剔除,共剔除了 10 份问卷,剩下了 86 份有效问卷。

调查问卷共设置为三个部分,第一部分是基本资料,即写作博客的时长以及博客的昵称等内容的调查;第二部分是对于自己博客的定位,即如何通过博客来初步体现自己某一部分个性,具体是对于博客的模板、书签和自我介绍等内容的调查;第三部分是对自己博客的主体部分的调查,即如何通过文字和互动进行博客的自我暴露和倾诉,具体而言是对博客的开放人群、博客记录的内容、博客的评论互动以及博主对博客的想法等内容。

在调查中,我们发现被调查的博主有 69％ 的人写博客达一年以上,同时 58％ 的博主经常更新,在这些博主中,有 50％ 的人认为自己会在博客中进行自我倾诉,通过博客的昵称设置、博客的地址相应的处理、博客的模板的选择与设计进行自我暴露,仅有 16％ 的博主表示自己的博客名称是随手取的,没有特别的意义。我们可以看到一是一眼能够看到的印象,即通过昵称、地址、模板、书签等透露个人信息,这是自我暴露的第一个层次。第二层是通过博文和分享进行自我信息的暴露。第三层是动态的过程,也就是博主在与博友进行私信、纸条等活动的互动中进行的自我信息袒露。

而从整体的情况来看,博主的自我暴露也分为四个方面,第一是最浅层次的暴露,即说明自己的兴趣爱好,或者自己经历的某件事情;第二即说明自己对于某件事情的态度,也就是对身边某件事情或者热点新闻的评论,这一点在校园的有名一点的博客中,关于热点新闻的博客进行得更多;第三就是直接涉入自己的人际关系等,第四就是涉及了隐私层面的自我暴露,而在这四个方面中,第二和第三个方面所占比例最大。

在进行问卷调查的同时,也有一些校园的名人博客加了我们的 QQ,经过他们的允许,我们也与他们进行了更加深入的交流,而在这些博友中,大部分博友都表示,在博客中进行自我暴露是一件正常的事情,甚至一部分博友进行自我暴露之后会让他们觉得更加轻松。在与他们的访谈中,多数博友都认为,博客的环境是安全的,因此,在博客中自我暴露往往会比现实中跟人袒露心胸感到更自然。

博友们具体是如何在博客中进行自我暴露,而博客中的自我暴露到底与现实中有何不同呢?我们将在下面进行详细的阐述。

4. 博客中的自我暴露的形式

博客从其名字来看是写在网络上的日志,但是现实生活中,日志通常的对象是写给自己的,但是在网络上却有所不同。从网友的调查问卷的回答情况来看,博客是一个给自己和陌生人的空间。

在回收的调查问卷中,大约79%的博主表示,自己未对博客进行任何的设置,任何人都可以随意访问,同时,当问到是否会主动告知朋友或家人自己博客的地址的时候,仅19%的人表示会主动告知,其余是表示不会或者顺其自然。同时,也有博主在聊天中告诉我们,即使是朋友知道的话,也会叮嘱不要到处传播,"因为网络这个空间很大,所以自己不说,陌生人看到,也不会觉得是自己的秘密被传播了,而如果是朋友知道的话,就会有所顾忌,有的时候反而并不好敞开心扉"。

同时在这些博客中,大约有72%的博主表示,对自己博客的点击量并不是非常在意,他们表示,并不会为了去吸引点击量而故意制造话题等,而更期待是写出自己想写的东西。也有博主告知我们,在另外一部分博客中,表示自己的博客会让朋友看到,但是这部分博客会故意写一些给朋友看的文章,比如北京大学计算机系的博主"legnive"在与自己的男友吵架后,会写在博客上,希望男友能够注意到博客上自己的不开心,从而在现实生活中更关注自己。

在调查中,除开那些指定特定的访问者的博客外(这类人群大约有30%),多数博主认为,在博客的世界里,存在着两种默认的"客人"(也就是他们所期待的阅读者),一个是自我;一个是未知的陌生人。在我们的调查中,这两部分人所占的比例分别为35%和38%,而对朋友和家人开放的博客大约占20%左右。而在这些博客中,有32.5%的博友认为博客与自己的匹配度达90%以上,此外有30%的博主认为匹配度为70%~90%,只有0.03%的博主认为博客与自己的匹配度不足50%。

而这些博主对于自我信息的表露通常是怎样进行的呢?如果我们把博客看成一个页面,那么新浪的博客组件可以分为以下组成部分,博客的名称、博客的地址、博客的昵称、博客的页面风格和装饰、博客正文页和博客的评论,而通过对于这些组件的分析,我们可以把博主的表现分为三种途径:

(1)博客初始印象的符号解读

在博客的组件中,有很多是读者可以用第一眼就可以看见的,这样的表达方式是直白的,并不拐弯抹角。能够帮助博客实现这个的博客组件主要有:博客的名称、昵称、地址、自我的资料。在我们的调查与跟踪中,大部分的博主从开始接触博客时就是用的这种组件。

我们在调查中通过统计发现,博主在设置自己的博客名称的时候,分成几种类型,一种是用原有的数字,不去改动,这部分大约占42%左右,剩余的博主的博客地址名称或者用自己的英文名、或者是自己的名字拼音缩写,还有的是自己的博客昵称的拼音,这部分所占比例为58%。

在"博客的昵称"这一选项中,有21%的博主表示会用自己的真实姓名做自己的博客名称,比如上海戏剧学院的"蒋劲夫",安徽大学的"金锦"等;在自己的昵称的选择上,

34%的博主会用自己喜欢的某种事物作为自己的博客昵称,而30%和25%的博主则表示会用自己名字的缩写或者用自己的某个特征作为博客的昵称。山东大学的校园名博侯文婷是这样解释自己的博客昵称的:"文 & 婷院深深:我的名字里有文婷两个字,觉得自己内心有点复杂想得太多不容易被人洞穿,喜欢'庭院深深深几许'这句词;婷蝎:借用'停歇'的谐音,自己名字是文婷,信星座,是天蝎,把博客当作自己驻足休憩的地方",这样的博客昵称就暴露了自己为人处世价值,自己的名字、个性以及生日等各方面内容。

页面风格即模板是博客自我暴露的第二个重要方式,新浪的博客给博主们提供了各种色系的模板,同时也提供了自我设计的平台。在调查中,有81%的博主表示并没有用博客原有的空白模板,而自己主动选择模板或者自己设计。

博客自我暴露的第三个重要方式则更加直白,即自我的简介。在我们进行的调查中,仅17%的博友表示在博客中并没有自己的任何简介,62%的博主表示博客首页显示了自己的相关资料,59%的博主表达了对于人生的各种看法;43%的博主贴上了自己的头像,25%的博友透露了自己的 MSN 等联系方式,而在这些信息中,90%的博主表示透露的信息都是自己的真实信息。比如博主"古渡木船"的自己介绍中是这样写的,"1990 年出生,一直生活在 80 中间,并不习惯所谓的'90 后'称谓,认为这只不过一个符号,没什么特别的意义。成长(放弃该放弃的)中,经历了好多无奈(放弃不该放弃的),做了一些无知(不放弃该放弃的)的举动,但还会毅然执著(不放弃不该放弃的)地走下去,路,一直在脚下。我的联系方式:MSN:bzhaq_1990@163.Com; Email:bzhaq_1990@sina.Com; QQ:845428969"。

当然,这样的信息并不是一成不变的,有 30%的博主表示自己会更换昵称。在这其中,40%的博主表示自己用过 2~5 个昵称,同时,63%的博主表示自己博客的模板和风格会经常更换。北京邮电大学的博主"顶楼爷们"在与笔者交谈时表示,在自己与女朋友分手之后,首先删掉所有关于恋爱的博客,并且把从前绿色的模板改成了灰黑色的模板,博客首页的 BANNER 也从丘比特的卡通画换成了非主流风格的"我爱你,就让你悄悄远去"。

可以说,这是一种开门见山的方式,你初次见到某个博客的时候,来不及去品尝文风,但是可以从这样的组件中对博主了解一二。

(2) 博客文本传播中的自我暴露

除去细枝末节,博客的主体部分就在于博文,博文的品位就并不那么开门见山,而是需要通过长期的动态过程才能形成较完整的看法。而在博文中的自我暴露也随着文字和更新的周期分为几个不同的层次。

社会心理学的研究通常把自我暴露分为几个层次,最浅的层次是跟别人说说自己的兴趣、爱好;第二层次主要就是自己对于某件事物的态度;而第三层次就需要直接暴露自己的人际关系和自我概念的状况了。当然,从这个层次往下,也就是暴露自己不能为社会一般观念所接受的经验、念头、行为等。与现实生活中无异,博客的自我暴露也分为这样几种层次。[①]

在我们的调查中,博文的记录大约分为几类,首先是对涉及自己的某件事情的阐述,而这一种类型在博文的类型中比重排名第三,大部分的博主都表示自己曾经在博文中表现过自己的兴趣和爱好,比如,校园博客中的寰宇周天和李舒岩,几乎所有的文章都是游记,再比如"太阳滚雪球"的博客中,可以记录自己的生活琐事,比如做得不像样的炒饭,全寝室人的辣椒酱集锦或者是周末的宅女生活等。对着陌生人说着自己的一举一动,比如买了花之后的奇思妙想等。"而在现实生活中,可能我顶多告诉别人我买了一盆花,做了一锅饭,但是我不会去告诉他们,我为什么要买这盆花,除了喜欢是不是还有别的原因,或者做完饭后我到底在想什么,为什么要这么做。"而这一层次的博主通常对于自己的描写是流于表面。

自我暴露的第二层次也就是告诉别人自己的某些看法和观点,在博文中体现为对身边的事实或者某些新闻事件的一些评论,虽然在严格意义上,这种博文与平常的评论没什么两样。但是,从心理学的角度来看,从潜意识上都有对自己的思维的一种体现,但是这种体现往往并不太明显。比如在博客"依然在路上"的《退学,选择很愚蠢》中就写道,"知识的匮乏阻碍着拼下去的希望,现实是不能重新回到校园滋养有些缺陷的心灵,只得努力适应这个社会。平淡地向前迈,早早组织家庭,成为生活的奴隶。不敢想象这样的人生将是什么样……",这段文字中也表现出自己的一种心理,表示自己对退学这种行为的不赞同和自己在潜意识的立场。在调查中,我们发现,在对自己的博文进行分类并排序的过程中,这一类型的博文的比重排行第二。

而自我暴露的第三层次则是自己的人际关系和自我概念的状况,反映在博客中,我们可以理解为博文中对自己的感情等进行记录,比如校园名博"襄依"在自己的博客中以化名的方式纪念自己的初恋,用一种意识流的口吻写道:"我也深知,他为我付出的太多,他已经成为我生命中的一部分。现在还偶尔想,他是否会在下班之余,读我给他的信?他是否会经常回忆我们的过往?他过得好吗?我知道,当时他的决绝是因为他心底的自卑,还有对我深深的爱。"这只是其中的一个例子,在我们进行的调查中,这一类型的博客比重排行第一,有47%的博友表示在自己的博文中,对于情感的写作至少占到一半,同时也有38%的博友表示自己写作会涉及一些情感。

当然,在现实生活中的隐私也是博客中的重要内容。在调查中,52%的博友表示自己曾经在博客中暴露过自己的隐私;47%的博友表示自己在博客中记录的50%以上的内容不会在现实生活中跟人家进行交流。在我们跟踪的校园博客中,也有这方面的典型,比如

---

① 邱蕾.人际关系中的自我暴露.社会心理科学,2009(03).

博主"冰海凌峰"在博文《女友》中写道"深夜中,突然手机振动了一下,一看是一条短信,是她发来的。看完短信让我非常吃惊,一下子我都不知如何是好。短信内容就简单的几个字:峰,对不起,我的第一次没了……看着短信让我许久的发呆,我无言以对,但我清楚知道为什么刚刚发生的一切,为什么女友约我出去。但我该如何面对我的女友呢?"在博文中记录了自己女友对自己坦白背叛的过程;博主"成凯"和"小猴子 & 小草莓 LOvêblog"更是在博客中公布了自己是同性恋的事实,并且写道:"关于我们,我看大家还搞不清楚谁是小草莓,谁是小猴子,对,我们是 GAY,是 GAY 又怎么样! 谁说 GAY 没真爱! 谁说 GAY 的爱不能长久呢!";成凯则写道,"请允许我最后叫你一声:爸爸! 也许儿子没有错,追求属于儿子的幸福,何错之有? 为什么如此残忍地对待儿子,他们可以鄙视儿子为异类,为什么你也瞧不起儿子啊。是的,儿子爱上了他,爱上了伦理中不应该爱的人,难道爱一个人就错啦?"

(3) 博客互动传播中的自我暴露

博客并不是一个静态的空间,相反,在博客这个空间里,是可以用各种方式能够跟对方取得联系作进一步交流的。新浪博客设置了发私信、留言和评论的组件,这样的设置就把自我暴露从一个静态的过程推向了动态。比如校园名博"Ann 大侠"发布了《飘荡在大餐里的英伦情结》的文章后,一位网友留言"我第一次看清 S 的清晰地全貌,看来你平日把他埋得太深了,我也是土豆的忠实粉丝,吃过各种做法的土豆,算小半个吃土豆专家了",博主"Ann 大侠"回答,"哎呦,冤枉我,以前的日记里面全是他,比如去爱丁堡去尼斯湖,还有好多好多～就是最近没出去玩,他也没怎么照相。"无形就就把自己的平时生活和男友的一些爱好也顺带地暴露出来。在我们的调查的第一批对象中,有不少就是通过留言和发私信要来的联系方式,从而将这种线上的活动推到了线下。在调查中,有 74% 的博主表示,对于在评论中博友们问自己的问题,都会以真实情况作答,仅 0.03% 的博主选择不会以真实情况作答,而且在调查中,没有博主表示,会用屏蔽评论这种方式,"除非是被骂得太狠了"。

当然,在这个互动过程中,最典型的是 2008 年开始流行的点名游戏,即由一个博友发起一部分问答,然后向另外的人进行提问,被提问的人必须诚实地回答问题,然后再加上几个问题,进行下一拨的点名,被点名的博友再继续这个循环,而在这个问答中,通常会有很多关于私人的问题,由于传播人数的增多,通常问答会越问越细致,问题数目也会越来越多,从而个人也就在这样的问答中不知不觉地主动暴露出自己的心里所想。在我们调查的博友中,几乎有 89% 的人表示自己在这种点名游戏中,一般都是填写自己的真实答案,而这些问题中,也会带有"你谈过几次恋爱"、"初吻发生在什么时间"这种问题。

二、博客与约旦曲线的位移

1. 拓扑心理学与约旦曲线

（1）勒温与他的拓扑心理学

拓扑心理学是社会心理学的重要组成部分，一开始提出来的是心理学家勒温。勒温的提法受到了格式塔心理学的影响，但是他所强调的是人的知觉而不是动力。他认为，人是一个复杂的能量系统，它在外部环境的包围与影响下存在着一个由 E（包括准物理、准社会和准概念的事实所组成的心理环境）和 P（包括需要、欲望与意图等内部个人区域作为知觉运动区域构成的人）构成的心理生活空间，总体意思是人的各种行为是外部环境通过人的自我状态和心理环境两种力量相互使用所构成的心理动力场而发生的。勒温将这个理论概括成了预测人的行为的经典理论 $B=f(P, E)$。[①]

在网络出现之前，人们的心理空间包括现实生活以及由现实生活延伸出的一些心理环境，而随着网络的发展，人的生活空间由现实空间扩展到了虚拟空间，而线上线下活动的交织也就打破了原本平衡的区域。在勒温的理论中指出，能够影响人们心理的空间，不仅仅包括人生活的物理空间，而且包括人能够意识到的非物理空间，因此，当网络传入的时候，人们的生活空间就有所扩大，从网下扩大到了网上，人们心理上的一些延伸虚拟环境也要算在其中。[②]

不可否认，网上的生活空间与网下的生活空间是不同的，网上的生活空间可以允许你装扮、随意变化，少了很多现实生活中的限制。因此，当一个生活空间少了很多限制的时候，人们在其中的行为自然与现实生活中会产生差异，而在博客这个更自由的表达环境中，人们的自我暴露的倾向就显得更加明显。而这则直接造成了人们心中约旦曲线的移动。

（2）什么是约旦曲线

约旦曲线原本属于数学领域的用词。在数学上是这样表示约旦曲线的，设 C 为平面 R_2 上的一条简单闭曲线。那么 C 的像的补集由两个不同的连通分支组成。其中一个分支是有界的（内部），另外一个是无界的（外部）。C 的像就是任何一个分支的边界。

之后约旦曲线被引用到拓扑心理学中，在拓扑心理学上是这样定义约旦曲线的，所谓约旦曲线，也就是连通有限区域的疆界（边界），是内域与外域的疆界，而路线则是以约旦曲线的一部分来维系。在人们的心理空间中，有时候并没有明显的约旦曲线，只有一个疆带。而这个疆界地带可能是非常模糊的。

① 勒温.拓扑心理学原理.中译本译作《形势心理学原理》,21.
② 勒温.拓扑心理学原理.中译本译作《形势心理学原理》,30.

在勒温的拓扑心理学一书中写道,疆界是多种多样的,而人生中不乏多种多样的疆界,疆界中也存在着各种约束性的内容,这种疆界把人的行为分开成两个区域,一个内部空间,一个外部空间,由于这种疆界具有各种各样的约束性,因此在疆界内的行为和疆界外的行为可能就会因为受到约束的不同而不同,因此就导致了人的行为的虚伪性、掩盖性、选择性和认知性的所在。[①]

为了更直观地表现,我们可以用这样的一个图来表示约旦曲线。

图 7-1　约旦曲线

这个图例显示的即约旦曲线,我们可以看这个图分成两个部分,一个是用白色表示的外部区域,一个是用黑色表示的内部区域,而将两个区域分开来的那个条线也就是约旦曲线,在心理学中,通常外部区域(白色)能够对外部观众所展示,而要想进入内部区域(黑色部分),则必须跨过黑色的约旦曲线,因此内部区域很少对自己以外的人开放,或者有选择地开放。

2. 博主心中的约旦曲线移动

上文提到约旦曲线把人们的心理空间分成了两个区域,而在勒温的拓扑心理学中也提到,这条约旦曲线并不是一成不变,而是会随着环境和人的自身心理因素而进行调整。勒温表示,当人们意识到跨越一定的疆界则必须调整自己的行为,就会造成区域的减小或者扩大,而勒温把这种区域性的扩大称之为"移动"。而博客的出现则打破了现实生活中的一系列自我暴露的次序和程度。[②]

(1)博客的出现打乱了自我暴露的次序

在之前的阐述讲到现实生活中的社会交往中,自我暴露的层次是从浅到深的,一般都

①　Patricia Wallace.勒温的社会心理学评述.心理科学进展,2001.

②　勒温.拓扑心理学原理.中译本译作《形势心理学原理》,60.

是先从聊自己的兴趣爱好,然后聊到自己的态度。等关系好到一定程度之后,才会聊自己的人际关系等。在确定对对方的信任之后,才会透露自己的部分隐私。

而博客的出现则打破了这样的一种次序,在之前的阐述中我们看到,在博文的分类所占的比例中,对于感情等自我的人际关系态势的内容所占比重最大,而排位第一;对于身边事物的态度所占的比重所占比例居中;对于自己的爱好与兴趣的表露所占比例居于第三,排位也是第三。在我们的调查中,41%的人认为在博客透露自己的隐私是十分正常的,也有51%的博主认为这要视情况而定,仅仅只有8%的博友认为这是不正常的。可以这样说,在博客的世界里,并没有现实生活中暴露的先后次序。

(2)博客的出现使人们的心理约旦曲线出现位移

从我们进行的调查来看,从博客的出现开始,人们的约旦曲线也出现了一定位移。我们用一个图来表示这个位移。

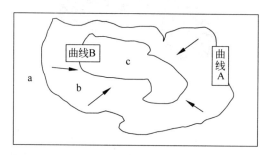

图 7-2 博客的心理约旦曲线位移模型图

我们用曲线 A 来表示在现实生活中的约旦曲线,在现实生活约旦曲线 A 把人的内心分为区域 a 和区域 bc,区域 a 也就是人们的外部区域,也就是能够和人们进行交流的区域;而 b 和 c 则是人们心中的内部区域,这个区域是人们自己的私密空间,很少会与人交流。如果从层次来看的话,b 和 c 的区域也就是涉及人的人际关系和隐私等的层次。

当博客出现之后,约旦曲线就出现了位移,从图上表示也就是从曲线 A 位移到了曲线 B,于是,人的外部区域就变成了区域 a 和区域 b,即能够展示给人的空间逐渐增大,而人的内部区域则收缩到了 c,也就是说,在博客中原本属于自己的秘密和隐私越来越少,平时在现实生活中难以倾诉的话在博客中也可以被发现,如果用著名的冰山理论来看的话,也就是说藏在冰下的部位开始慢慢展现。在调查中,52%的博友表示自己曾经在博客中暴露过自己的隐私。换句话说,以前在现实生活中所不能讲的话可以依靠博客平台进行倾诉。

此外,勒温在他的拓扑心理学中表示,约旦曲线的外移并不是由单一因素而造成,而是由于人和环境的合力所造成的。

三、博主被网络推动着进行自我暴露

网络是个特殊的环境,在这个环境中,撤去了从前所有的人—人对话方式,而更多的是实现于一种人—机对话的方式,在这个环境中,貌似每个人都可以成为互联网的中心,你的一句发言或者可以成为众人讨论的焦点。而博客就是这个大广场中的一个小小角落。勒温说,人们总是根据外部环境的变化来决定自己的行动,而从博客本身的特殊性来分析的话,我们可以把博客中人们的自我暴露、内部空间区域的缩小的推动力初步分为这四种。为了直观起见,我们先用一个图来直观地表示。

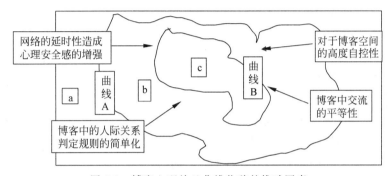

图 7-3　博客心理约旦曲线位移的推动因素

在我们进行具体分析之前,我们有必要对现实生活中的自我暴露的制约因素进行一下简单的解读。

1. 现实生活中的自我暴露程度与制约因素

根据社会渗透理论的思想,人们对于陌生人,对熟人和亲密朋友,在自我表露的广度和深度上是明显不同的。对于陌生的人,自我表露的深度和广度都极为有限,沟通的内容通常只限于非亲密性的话题。对于熟悉的人,自我表露的深度和广度会增加,但对于有亲密性的话题涉及的范围很小。亲密朋友是人们通常交流最为广泛、最为充分的对象,沟通的内容在亲密话题和非亲密话题上都会有很广泛的涉及。同样,社会渗透理论思想也表达了一个重要概念,即无论对什么人,也无论关系多么亲密,人们在心理上都会有不愿意暴露的领域。社会心理学也指出,在人们密切的人际关系形成中,又存在着交互原则和社会情境控制的原则,这些原则决定着自我暴露的多少和自我暴露的程度等。而在现实生活中,由于环境和内心世界的印象,人与人之间的深入交流往往受到了一定阻碍。比如以下的几种制约因素:

(1)距离与一定的心理安全

距离感与安全感是人们进行自我暴露的一个重要影响因素,通常在生活中人们会发现这样的现象,当一个你不太熟悉的人渐渐地向你靠拢的时候,你会感觉到压力非常大。同样,你渐渐靠拢一个你不太熟悉的人时,对方也会突然后退几步。这个现象就是由于个人的安全领空——心理安全距离被侵犯的原因,不过这种心理安全距离也随着人之间的关系的不同而不同。在著名的社会学家戈夫曼的拟剧主义理论中,表示人把生活当成一个大舞台,人们在其中进行表演,并称之为自我呈现,而自我呈现分为防卫性和开放性两种方式,但是在现实生活中,人们通常倾向于采取防卫措施来保持呈现的自我或自我形象。[①]

可以说,人是一种极没有安全感的动物,正因为这样的心理安全距离的存在,因此,在人与人的现实交往中,人通常戴上了一层面具,用于保持自己的安全感,尤其是对于陌生人,当自己对他人并无了解时,通常这种心理距离会增大,相互之间的交流自然就不能再深入,只能停留在表面,即使是在非常熟悉的人之间,人们也会刻意去创造一些未知点,从而保证自己的心理安全,比如博主"霜落"表示,自己并不是一个喜欢倾诉的人,要是倾诉得太多,反而会把自己陷入一种尴尬的境地。

（2）交流者之间的交往层次

有一个成语叫亲密无间,意思就是说亲密到一点间隙都没有,而从人际关系的层面上来看,也就是一个交往的程度。通常,人们的自我暴露的多少也与这个方面有关。当两个人越亲密,那么暴露的东西就越多,而陌生人之间,则谈论的只是表层的东西而已。

但是交流的层次又与人们之间的相互了解有关,在西方的心理学中学者通常将两个人相互了解的程度称为吝啬的认知,这种认知需要考虑各种因素。在西方心理学家的眼中,这种吝啬的认知喜欢先撇开人们的行为,而使用类型和陈规形成对别人的印象。[②] 一般而言,这种印象都是个人由自己的事先感觉的偏差和陈规所引起的,而在现实生活中,这种认知包括对人的第一印象、所处的文化阶层、家庭环境、个人的交往圈子,以及个人的思想等一系列的过程。这种综合的认知也并不仅仅是通过问答的形式进行,"有的时候知己可能就是一个眼神",或者一种朋友的心理默契。而要形成这样的认知过程会非常艰难,并且并不是一蹴而就的,这就是为什么人们感叹知己少,闺密少的原因。

（3）交谈的情境与心理安全感

交谈情境也是影响人自我暴露程度的一个重要因素。一般而言,人们可以看到很多情感节目都把时间设置成半夜,因为在午夜的情境人们更容易敞开心扉,这就是情境对于自我暴露的影响。

一般而言,人们需要一个让自己感觉安全的交谈情境,而这样的心理安全感往往来源

① 时蓉华.社会心理学.上海：上海人民出版社,1986.

② Patricia Wallace.互联网心理学.北京：中国轻工业出版社,2001.

于对于交谈情境的控制性，当对于交谈情境处于主动控制，可以随时结束对话或者对对话的结果本身有把握的时候，人们更容易进行自我暴露。①

但是在现实生活中，所有的情境都带有不安定性，而且人与人之间的交流处于长期和持续的过程，一个交谈情境被打断后可以再继续循环，而且每个人都只是谈话的一部分。因此，对于这种由大家主导的情境和随时可能再继续的情境，人们往往感觉不安，因此，在现实生活中，人们很少对自己的感情和隐私主动的倾诉。博友"心非"称，现实生活中总会有一些谣言的出现，你并不能保证每个人都能够理解你的意思，说不定就像快乐大本营一样，传着传着就变味了。

（4）现实生活中的规范和约束

勒温在自己的疆域的理论中提到，约旦曲线也可以看作是社会规范。而在现实生活中，存在着不同的规范，比如不能随意指责别人，不能随地吐痰等。人们的从众心理在社会规范的实施中也起到了很重要的作用。

关于从众心理，社会心理学家所罗门阿施曾经做过一个实验，得出了著名的阿施情境，这就是之后著名的从众理论。在社会心理学中，从众指的是在没有直接提出与群体保持一致的要求的情况下，一个人对群体压力的屈从。而表现在现实生活中的时候，当这种压力多次出现，并使多数人服从时，就有了社会规范的意味。比如社会规范"非礼勿视、非礼勿听、非礼勿言"，因此，人们在平时的交往中便不知不觉以这个社会规范为一个框架，将自我的意识隐藏于这个框中。②

而在社会规范中，对于同性恋、个人的出轨恋情都是所不允许的，因此，人们为了维护自己的形象，在这个方面，鉴于社会规范的压力和维护自己的形象，在与人们的交流中，往往会进行自我保留，对于不好的或者不合乎规矩的往往会进行弱化或者隐藏。

2. 博客场对自我暴露制约因素的弱化分析

当然，当网络出现之后，人们的生活范围出现了不同层次的扩张，而在博客的世界里，由于网络这个大环境的去中心化和沟通交流的便利性，这些制约因素都出现了不同层次的弱化趋势。

（1）博客的匿名传播与延时将人们之间的实际距离拉远

著名学者约瑟夫·沃尔瑟在他的著作中这样写道："在进入网络时代后，人们更倾向于向一台电脑倾诉，虽然他们知道电脑只是一个没有生命、冷若冰霜的媒体工具，但是在人们的眼里，它还是可以成为超人性的东西，而且使你感到安全。"③

博客作为网络的一个组成部分，它也具有网络的一些普遍特征。首先博客大部分是

---

①　淑娟. 心理学视野中的所有权探析. 心理学研究，2005(6).

②　时蓉华. 社会心理学. 上海：上海人民出版社，1986.

③　黄少华. 重塑自我的游戏——网络空间的人际交往. 兰州：兰州大学出版社，2002.104～105.

匿名传播,在我们对新浪的校园博客这个页面中列举出的名博的统计与分析中,虽然不到30%的博客用的是实名传播,但是很多人都是用的是自己的照片。在访谈中不少博主仍然觉得即使是表露了自我,仍然是一个安全的距离。"一般我不知道看我博客的人是谁,就把他当成陌生人,看看热闹,我和陌生人之间并不会有怎样的交际",博友金锦是这样说的。同时,也有博主表示,即使别人知道自己的名字和照片,但是由于是在网络中,博客中的朋友却是相隔万里,所以即使他们知道,也没那么容易找到我。

而在匿名的博客中,这种神秘性使得博主与博主之间的距离感更加拉远。一些博主表示,本来博主就是分隔的,比如他的博友可能在天津、海南,而且加上匿名性,即使看他博客的人就在身边,所以我写什么,他们也不太可能对号入座,更加不可能找到他,这种身体的缺席给予他们一定的心理安全。在调查中,有23%的人认为这是安全的,同时,62%的博主认为这是介于两者之间的。

同时,博客的互动也是延时性进行传播的,网友进行留言后,一般不可能马上能收到博主的回答,而且博主在进行评论与回复的同时也要留有更多的时间去思考回复的内容,这种延时性,同时也在一定程度上拉开了博友之间的实际距离,实际距离的拉开消灭了博友之间的内容造成的不安全感和不安定性,因此,即使是在谈论一些私密的东西,博主们也并不会有被侵犯的感觉。在这种安全的心理距离中,博主在博客中进行倾诉与自我暴露就有了存在的可能性。

(2)博客中的人际关系深浅判定的单一性

与现实生活中不同的是,在博客中我们对于人际关系的深浅的判断比较单一化。社会心理学家苏珊、菲斯克和萨利泰勒用"认知吝啬"形容人们保留精力、减少认知负担的行为。[1] 在现实生活中判断一个人或者人际关系需要综合印象、家庭等各方面信息,才能形成我们对他人的全面印象,这恐怕太浪费时间了,而在网络中,对于人和人际关系的认知都是简化的。心理学家苏珊说,我们的社会温度计使我们能迅速衡量一个陌生人的热情和冷漠,我们只需其他少量的敏感信息,就能不费吹灰之力形成第一印象,我们在网络社会里就依赖最主要的线索。[2] 在网络社会里,一旦确定了一个人是热情的,或者是冷漠的,于是就会形成主要的印象图画,而其他的个性特点则会从这里被发掘出来。在博客中,有很多工具可供人们利用来简化判断人际的标准。

首先,博客给人贴了各种各样的标签。现实生活中,除了人们最为依赖的核心特质,所有人都根据自己与人交往的经验,形成了特有的分类依据。虽然每个人很少具有明显的语言标签,但是他们可以反映出属于不同的群体,比如军人、学生、哲学家、独裁者、农

---

① Patricia Wallace.互联网心理学.北京:中国轻工业出版社,2001.
② Patricia Wallace.互联网心理学.北京:中国轻工业出版社,2001.

民、教授和管理者等。把一个人划到以上类别中,需要投入很大的认知精力,因为这样的迅速分类,要远远超越于年龄、性别、种族、热情或冷淡的特征,不仅仅如此,只有当我们在不依赖社会分类标准而收集到对一个独立个体印象的充足信息时,我们才可能长期保留这样的判断。但是在博客中,我们就可以参考给个人定义的标签,比如博主"赵韵之"给自己贴了"文学"、"草原"、"校园名博"、"大学生"等标签,在他的好友分类中,也有各种标签的存在,比如给博主"姑苏沧浪"标志为"诗词大师"、博主"曾峥"定义为"80后作家"、博主"文一刀"定义为"文章比刀,才华超海"等。而在我们的调查中,有59%的人为自己添置了各种标签,在搜索博客的时候,人们自然会受到这些标签的影响。在我们的调查中,有78.5%的博主表示,在阅读博客的时候会参考博主设置的标签,然后再决定是否继续阅读。

博客中认知标准单一化的结果就是,人们交流的节奏变快,层次变浅。从前在现实生活中需要几个月时间建立起来的信任可能在博客中所需的时间比较少,而且在博客中的深度交流如果在现实生活中来说,其实只是浅层次的交流。在我们对一些博主进行访谈的时候,不少博主表示,对于博主的认识可能就在于对博主的标签、照片、文采或者是昵称的判定中。在调查的87位博友中有71个博友表示,如果在同一件事情有与自己有相同感触的话,更容易与对方产生亲近感。同时,文风类似和使用同样的标签这两个选项居于其次。与我们进行详谈的博主表示,如果其他的博友能够与自己进行互动,就更容易产生信任感,从而将自己的内心和盘托出。

博客中的交流大部分是通过博客的评论和私信进行。通过博客的评论和私信,可以拉近博客中人们的距离。可以这样说,在博客中,亲昵和熟悉也可以解释为"交叉频率",这就是与界定实际生活中亲近的地理距离有很明显的不同的特点,这反映出互联网上你与别人相见的频率,如果经常讨论同样的问题或者有着共同的话题,则会显得更加亲昵。

发私信也是另外一种交流方式,而这种方式对网上活动延伸到网下是一种有效的交流。我们采访过新浪校园博客的编辑,其第一批博客都是用发送私信的方式,再通过一两次的聊天,从而建立起比较固定的关系,而博主在与其进行了几次私信之后,关系显得非常亲密,有的时候也会向他倾诉自己遇到的麻烦事,或者衷心地告诉他自己的博客更新了甚至更加私密的信息,或者会跟他表示一下对于身边某些人的愤怒。正是因为博客世界里这种人和人际管理中判断的单一性,博客中人们的交往节奏快于现实生活。

当然博客所处的网络环境在其中起了推波助澜的作用,由于通信的快捷,用户可以和世界上任何一个角落的网友进行通话,因此,现实生活中所存在的时空三维中就失了空间的维度,成为了二维的角度。

由于这样的迷幻性,因此,快速而且较浅的交往就能够让博主更快的认同陌生人,并且有勇气去表述和暴露自我。

（3）博客空间高度的可控性和随时间断性

戈夫曼说过，每个人都会在表达自己的过程中，通过控制来塑造自己想要的形象。因此，在现实生活中，每个人都希望能够控制自己所在的情境，从而传达出最有利于自己的信息，环境的可控性越高，人们敢于暴露的欲望就越强烈。

社会心理学理论认为很多因素能够增加我们对控制的信心。一般来说，一种纯粹凭机遇的情境越是显得像一种真正凭技能的情境，我们就越是可能相信自己控制结果的能力。比如，比赛这种东西能够使我们更相信控制，因为这项比赛需要各种各样的技巧，而这种技巧是可控的。同样的，对于一项活动的卷入，对有关程序的了解，以及进行这项活动的熟练程度都会使我们认为自己拥有比实际更多的控制，而且在一项活动中的成功也会产生对控制的错觉。

在博客空间中，这样的因素表现得特别明显。在博客的世界里，人们对于情境的控制就在于对博客的页面设计、昵称以及自我介绍、博文等几个方面。博主对于博客的页面设置、博文是否有文采，博客的昵称是否有吸引力是判断一个博客好坏的重要内容，而且对于博客的操作性与自己的创意就成为了一切。在博客的世界里，所有的事情都是可以由博主自由掌控的，当你熟悉了博客的操作方法和电脑的基本使用方法后，博客便成为自己的个人空间，可以根据自己的喜好或心情随意改变。对新浪博客而言，也在"个人设置"的面板中设置了屏蔽评论的选项，因此博主可以选择发表文章后让他人回馈或者不允许别的博友进行评论。在我们的调查中，有 80% 的博友表示，曾经根据自己的心情改变了博客的页面风格，有 67% 的博友表示会定期更新页面风格。有 92.6% 的博友表示，自己曾经删除过自己的博文。接受采访的新浪校园博客的编辑也曾经告诉我们，在他们的工作中，也需要不断地去检查页面，因为很多的博友由于不愿意自己的博客被太多人找到，因此，在自己的博文被推广后，会将自己的所有博文删除，或者重新注册博客，然后用新的博客进行日记。同时也有不少的博主会在自己的博文中写道，"发表言论是个人看法，如有不同的看法，请看看就罢，不要拍砖"，然后放心谈论自己的想法。

在博客这种以操作技术和手段作为评论的世界里，人们通过技术能够实现对于这个小小空间的高度自主和把握。因此，在确认自己能够控制整个情境之后，人们的心理防线会后退，这样心理上的约旦曲线自然会进行移动，之前觉得讲出来会让自己无法控制后果的话语就能更多的出现在博文上，从而造成自己的自我暴露的增多。

在博客的空间里，与博友的交流其实更像是陌生人之间的互动，任何一个博客的见面都是随机的，你或者可以和其中的一个建立联系，但是看起来你又和任何人都没有建立任何联系，因为人们的见面非常随机。因此，在这样随机的情境中，人们丝毫不用担心自己的秘密被外泄，因为所有人只把对方当成匆匆过客，而且你随时可以删除或者停止评论来自己决定是否继续这次"交谈"，因此这样的传播情境便给予了人们自我暴露一个非常安全的心理环境。

(4)博客去中心化的传播给予博主充分的自我意识

著名学者戴维·艾金德曾经说,一般青少年容易沉浸于自我的想象中,而且,这样的自我中心的特点是充满了假想的观众,而且在生命的这个时期,很多人都高估了别人对自己的评价和关注。这样的结果是,认为自己是最重要的,对于自己的自我意识非常重视。而博客的世界里恰恰可以满足博主的这样一种充满了假想观众的愿望。

在博客的世界里,大部分博主都表示,并不知道自己的读者是哪些人,也不知道自己有多少读者,但是,当自己的博客获得点击量的时候,在他人在博客中看到自己的文字时,就会觉得或许将来会有很多人看自己的东西,这样的想法很容易提升一种自我意识。

从博客的特点来看,博客打破了传统媒体时代的那种权威的一对多的传播模式,而相反成为了一种多对多的模式,因此,在这样的传播模式下,通常博主们会突破了身份、性别、年龄等各种约束,站在一个平等的交流平台上。比如博友"金锦"这样说,他从来不认为在博客的写作上比排行前几的博主有什么区别,甚至他也可以去留言批驳他们的观点,或者发表与他们不同的观点,这样的观点甚至也会有很多人关注。

因此,博客是一个平等而且是自我的世界,在博客的世界里,你无论说什么,总是可以找到赞同者和支持者。比如在同性恋博主成凯的博客中,每篇文章的点击率也过千,有的甚至高达上万,不少的留言者都是对于他的支持,表示希望他能够坚持自己的理想。此前,在"蜜桃"博客中,也有类似人群表示赞同者,因此,在并不缺乏观众的博客中,人们的自我意识的发展通常能够受到鼓励,甚至突破了在现实生活中的羁绊。一位博友表示,"每一个人都不过是一个节点而已,这些节点中没有等级,没有高下,没有谁拥有特权地位"。因此,在这个世界里,人们摆脱了现实社会中的附加成分,可以扮演自己想要扮演的人,充分地流露出自我,"因为不管你是什么人,都能够找到支持者",而且在网络的世界里,并没有那么多的对错之分。

四、 博客传播中自我暴露的得失

可以毫不夸张地说,博客中的自我传播已经成为了目前的一个趋势,但是我们并不能武断地表示博主的这种自我暴露所带来的影响是有害无益,错误或者正确,而应该进行客观的分析。从我们的调查中来看,博客中进行自我暴露和倾诉对于博主这位信息的传播者来说应该是有得有失。

1. 在博客中进行自我暴露并非洪水猛兽

(1)博客传播者的人格互动与发展建构

虚拟世界与现实世界是相对应的,同时又是现实世界的忠实反映。虚拟空间高度的开放自由使得人们体会到现实生活中无法体会的精神释放,由于在这个世界里不用顾及,毫无掩饰,因此,恰恰能够在互联网中体现真实全面的人格。① 在博客的世界里,由于博客的匿名性保护,人们能够用一种更为开放、大胆的姿态进行自我剖析,不会像现实交往中那样因为身体在场产生羞涩心理,因此,使得人们能够从现实中彻底地解脱出来,根据自己的兴趣、爱好或者动机,在网络空间通过展示甚至重塑部分自己来完成个人的自我塑造。在调查中,有25%的博主认为博客中的自己更像自己。比如博友"老丑",现实生活中只是安徽某个高校传播系的一名普通学生,但是在自己的博客中就扮演了各种不同的角色。比如评论社会时事的评论员、或者温柔的恋人,同时他还有一个重要的身份,他在博客中为各类人群解答情感上的各种问题,扮演了"知心姐姐"的角色,而通过这样的方式,他发现了自己的另一面,对于自己的文笔和观察力都有了一定的提高,"可能是在之前的那种懵懂中逐步成熟的过程",这就是人格发展的一个方面。

而另一个方面,博友的人格会在不断地互动中进行发展和完善,人们写博客进行自我诉说的同时也在不断的进行自我审视和自我校正。通常在博客中,为了点击率,博主们会希望给来往的博友塑造一个完美的形象,因此,在精心设计和打造自己博客页面的同时,不少博主同时也十分注意网友与自己的互动,对于博友在自己博客中的评论或者留言、建议,有80%的人会很在意。

在自我重塑的过程中,每个参与者投入的最主要的因素就是自己的想象。许多人在博客中精心设计,并且在与他人的互动中经营自己的形象,努力将自己所呈现出来的自我与他人所感知的自我相贴近。比如博主"花子"表示,当博友说,其实你的文章可以更加细腻的时候,自己会受到鼓舞,下次写博文的时候会情不自禁地朝这方面努力。而在这样的潜移默化中,博主在不断地与博友交流的同时,一边不断暴露自我,一边不断地进行自我的人格完善。

（2）博客传播者获得了人际资源

著名学者史华慈说过,网民进入互联网最主要的目的,并不仅仅是为了寻找信息,更重要的是寻找符合自己想象中的他人,以便与之进行互动。

作为网络空间的一部分,博客也提供了一个比现实生活中的交流方式更为广阔的对话界面。在博客中,人们不仅可以利用博客本身来延伸人际关系,使得人际关系超越地域的限制,而且可以利用网络认识各种各样的人,接触更多的陌生人,与之进行交流和互动。因此,这样的一种方式,使得原本没有机会认识的或者没有条件保持联系的人们,得以沟通和交往,进而相互了解。比如一个新浪财经的编辑说,她负责博客的推广,通过博客认识了很多香港的券商,而这些券商如果是在现实生活中,是根本无法认识的,这就是扩大

---

① 黄少华.重塑自我的游戏——网络空间的人际交往.兰州:兰州大学出版社,2002.104~105.

人脉资源的一个例子。

同时，网络的虚拟化让人们看到了现实生活之外的理想化世界，而博客则给予人们证明自己存在并生活于网络空间的理由和动力。博客群体角色和社会关系的简单化，使人们之间的互动和彼此的人际交流减少了某些障碍，尤其是现实生活中等级观念身份的属性在网上较少考虑，这就提高了人们之间交往互动的便捷度，"减少了交往延迟和过多考虑的因素，从而提高了沟通效率和双向获益的强度"。

自我暴露的博客用户用文字和图片通过网络融入彼此的精神世界，在获得反馈和共鸣的同时，也证明了自身精神理念的存在意义。因此，有人在博客上感叹："我可以证明，我和其他数千万网虫们都知道我们所要寻找的东西并不仅仅是信息，而是立即就能进入另一大批人正在形成的交往关系。这一发现让我们自己也感到吃惊。"

通过调查表明，写得多的博客一般访问率也比较高，而通常访问率最高的除去那些对热点新闻的评论之外，访问率最高的博客一般都涉及对于自我的感情等人际关系或者是隐私的倾诉和暴露。

2. 博客传播者过度自我暴露之失

凡事适可而止，因此，博主在进行自我暴露时，虽然能在自我暴露的同时审视自己，健全人格，而且同时以牺牲一部分自我隐私来换取一定的人脉资源，但是在过度的自我倾诉之后，不少的博主也感觉到会给自己带来某些不利。

（1）去抑制化的自我暴露导致隐私大量泄露

2007 年的家庭杂志曾经讲述了这样一个故事，一对夫妻因为丈夫将自己的情趣内衣的照片发在网络上，引发争议，后来导致婚姻的失败。同时，最早的最大胆的博主"木子美"公布了自己的遗情书之后，受到媒体的大肆曝光，并引发极大讨论，最终对木子美的生活也造成了不必要的干扰。

在访谈中，我们发现，通常在第一次进行了自我暴露之后，以后的暴露频率会越来越高。比如博主"老丑"的博文，在他发出自己对自己的恋人"丫头"的第一封心情之后，之后更新的频率越来越高，从两天一篇最后到了甚至一天两篇。一开始写的是自己的心情，最后写的是自己对于恋人的爱恋。同时，在校园博客的群体中，大部分博客都会贴上自己的真实照片，自己的真实资料，在网络这个监管不能说非常严格的环境中，对于自己的个人信息的过度暴露会不经意流露出的个人信息造成了隐私的大量泄露，也为网络犯罪打开了方便之门。

（2）过度自我暴露会造成人格扭曲甚至产生迷乱

在博客中，对于个人的认识是通过一系列的符号进行的。文本、图像、页面等各种符号编织在一起，提供给人认知的基本线索。在博客中，我们认识和塑造一个人，并不是通过现实生活中的表情、肢体语言等方面来进行，而是以文字、图片即各种符号来表示，符号的抽象性可给予人极大的想象空间和运用空间,由于网络的自由性,博主可以在博客中塑造自我人格的过程中自由加入自我的主观欲望,很容易满足自我的精神需求。可是如果人们长期处于这种博客的充分自由所带来的幻觉之中,就可能形成自我虚拟人格,带来网上与网下的矛盾:比如在网上我是一个精英,但是在网下,我却只是一个普通人,需要面对现实,这样的角色转换一旦失败,或者是博客中形成的虚拟人格固定下来,并且对现实的人格进行排斥的话,就会导致人格的互相排斥与分裂,造成博主人格角色的混乱,甚至是人格分裂。

　　因此,一位学者这样写道,在人们开始不断反思博客生活的状态时,却在"自我"和"超我"的矛盾中渐渐迷失方向。人们禁不住扪心自问:"博客上的我是谁? 是我吗? 我为什么要开博客? 我是真正的博客吗? 我到底是谁……"殊不知,他们正在用后现代的思维方式进行自我和超我的重新建构,尽管这是一个痛苦而漫长的过程,而且还有可能在"超我"的建构中迷失了方向。而在调查中,也有 62% 的博主表示,对于博客中和现实中哪一个更像自己,无法进行分辨。①

---

　　① 张璐.博客,满足了谁的欲望——博客时代的自恋和窥视行为探讨,四川大学博士学位论文,2008.

网络检索型传播心理

第一节　网络检索及其心理

一、网络信息检索及其特点

作为一种便捷有效的信息获取方式,网络检索成为网民行为中不可或缺的一部分。第 31 次中国互联网络发展状况统计报告显示,2012 年年底,搜索引擎在网民中的使用达 80％；搜索引擎用户规模已达 4.5 亿人 [①]。搜索引擎是网民在互联网中获取所需信息的最基本应用方式之一,在各互联网应用中位列第三。早先的报告还显示,网民对于"遇到问题,我会首先去网上找答案"的认同度更是达到 64.6％。[②]

我们在与网络检索用户的访谈中发现,相比于网下检索,网络检索有诸多特点:

1. 效率高。"复制粘贴要比摘抄省事儿多了",一位法学专业本科生受访者认为。无论是从信息搜集的效率,还是信息转移的效率,网络检索相对于网下检索都有极大的优势。在学习工作更加讲求效率的今天,网络检索能够有效地加快学习与工作的进程。

2. 成本低。主要包括两个方面,一方面,网络检索只需付出很少的时间便能搜集到大量信息,检索的经济成本小到可以忽略不计。另一方面,网上检索易于快速获得想要的信息,节省了大量精力,这也是网络检索更为高效的一个原因。

---

① 中国互联网络信息中心.第 31 次中国互联网络发展状况统计报告,2013(1).
② 中国互联网络信息中心.第 23 次中国互联网络发展状况统计报告,2009(1).

3. 效果好。由于网络检索所能获取的信息范围广、途径多,围绕某个信息需求做网络检索,检索结果"有时会有意想不到的收获",拓展了对所需信息的理解,能取得很好的效果。

4. 易于实现。网下检索的实现需要依存特定资源,如图书馆、期刊实物,以及特定的人脉资源等,这些条件的满足往往受的制约较多。网络平台则是一个巨大的信息检索集散地,只需要接入网络,便能获取丰厚的信息资源,相比网下检索,条件要求简单易行。

5. 灵活。随着网络检索技术的成熟和进步,相关网络检索服务也变得愈发灵活和个性化,如 Google 提供的专门化的个人定制的 igoogle 等服务。

相比于网下检索,网络检索的优势是十分明显的。当然它也有缺点,缺点表现在两个方面上:一是面对搜索到的海量信息,对搜索结果取舍变得更有难度;二是检索资讯的可靠性、科学性的鉴别,比较困难。然而,网下检索亦有网下检索的相对优势,不能简单地说网络检索将完全取代网下检索方式。事实上,对于一些网民而言,很多情况下都是网络检索和网下检索同时并用,通过互补来更好地满足信息需求。

二、 网络检索心理结构

从心理学的角度来看,网络检索的过程实际上是一个心理过程。整个网络检索过程中发生的全部行为,都是受检索者即网民个人的心理活动支配的。这种心理过程,可以被认为个体心理结构的动态系统,由心理输入系统、心理执行系统和心理输出系统三部分构成。网络检索行为的心理结构某种角度上也是遵循这样一个动态过程。网络检索的心理结构有其特殊性,其心理输入系统是目的性很强的意志过程,其心理执行系统是基于思维判断与选择的认知过程,而其输出系统则是通过反馈而做出评价的情绪过程,而且整个过程又是主动性得到充分表达的一个过程。

网络检索的心理结构如图 8-1 所示:

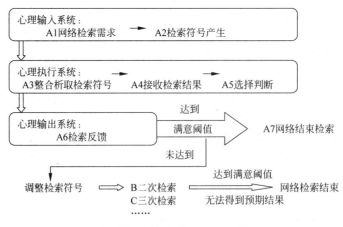

图 8-1　网络检索心理结构图

网络检索心理结构分析：在心理输入系统中，信息需求 A1 使得网民产生网络检索动机，通过对需求动机的简单分析即可得到零散的检索符号 A2，这个过程中的心理结构是链式的意志过程。进入心理执行系统后其突出的是认知过程，首先是对于现有检索符号进行整合，并析取最有价值的检索符号 A3，即以关键词的形式呈现。利用检索工具获取检索结果 A4，对检索结果进行一系列的选择和判断 A5，以期吻合检索预期。接下来的心理输出系统，强调的是情绪过程，对现有检索结果进行反馈 A6，看所得到结果能否满足预期，满足最开始的信息需求。具体的满足程度由于受到众多因素的制约，难以简单量化，但是一旦满足特定因素下的网民对于结果满意的某一个阈值，检索行为就会结束 A7。当检索反馈的结果不能达到某个满意的阈值，网民将开始调整检索符号，优化策略，进行第二次检索、第三次检索……检索结束的原因可能是达到了满意阈值，但也有可能网络检索无法满足需求，从而放弃网络检索行为。

总的来说，网民网络检索心理是链式循环结构，循环不是无止境的循环，而是在一定条件满足后将结束网络检索，同时认知行为不是简单的重复过程，而是不断调整"不断变化"向前发展的过程。

三、　网络检索心理特点

与网下检索行为相比，网络检索的心理活动有它自己的一些特点。主要体现：

1. 目的的多样性

主要指其检索目的的多样性与随意性。网络检索行为的心理活动往往是带有明显的目的性。一位受访的大学四年级男生的网络检索行为具有一定代表性，他认为："自己上网检索信息主要是为了去学术资源库为毕业论文查找论文资料，或者是找一些招聘信息。再有就是电脑出现问题，去网上搜搜看怎么解决。"对于他而言，网络检索行为的目的主要有三个方面：学术、电脑知识和就业信息，其网络检索行为具有很强的针对性。根据访谈，我们发现网民的网络检索需求还包括获得新闻信息、生活健康常识、专业知识、购物信息、娱乐信息等，可谓包罗万象，内容复杂多样。与此同时，网络检索也存在一时兴起、信手拈来等十分随意的情况，这种行为的心理活动的目的性并不明显。这种随意性也体现了网络检索目的的复杂性。

2. 流畅的反馈性

俄国生物学家巴甫洛夫认为："人的一切心理活动都是由外界影响所引起，都是为客观世界的因果关系所制约。"[①]检索结果作为"外界影响"在网民心理中形成反馈，影响网

---

① 宋原放.简明社会科学词典.上海：上海辞书出版社,1982.

络检索的行为过程。反馈结果是以情绪的形式表现,即对检索结果的满意与否的评判。在未达到心理预期的情况下,网民根据检索结果会适时调整策略。网络检索的这种反馈相较于网下检索更为有效和迅速,提供的反馈周期更短,适应反馈调整策略所耗的时间也更为短暂。此外,检索结果往往具有丰富性,大量关联性的信息经常给网民以启发,进而更好地调整策略。总之,网络检索行为过程中,网民既是处于传播的起点也是传播的终点,反馈机制在网络检索行为中得到了充分的发挥。

3. 过程即时性

过程即时性指网络检索行为的心理过程时间短暂,是即时的思维活动。主要表现在几个方面,首先,网络检索需求产生后,从需求中迅速提取检索符号,亦即捕捉关键词的过程,它是即时的。"根据我的经验,是不假思索就上来检索。"一位受访的男士说。其实并非就是真的不假思索,只是思维抽象出关键词的过程极为短暂,不留心就不易察觉。其次,网络检索过程中心理的即时性还表现在对于检索结果的迅速反馈上,这个过程比之网下检索,实现的频率更高。此外,部分网络检索动机上的随意性也让网络检索行为的心理特征表现出即时性的特征。

4. 行为主动性

网络检索心理活动的主动性贯穿检索行为的各环节。网络检索行为不是一个被动的信息接受过程,其在信息行为的表现上不是强制的、被动的和消极的,而是自觉自愿的,积极主动的。信息需求产生之后,网民便开始主动寻求满足的方式方法,行为动机带有主动性,并有意识地析取检索符号,充分调动思维中的各种能力,以创造条件,获取想要得到的信息,促成检索行为的完成。另外,"心理的主动性的最基本表现是反映的选择性……反映好像是被动的其实是主动的"。[①] 网络检索中频频出现信息反馈,在对信息的处理与选择上同样也反映出其心理活动的主动性特征。

第二节　网络检索的心理过程

一、 网络检索行为解析

本课题在这一部分的研究中,重点解析了一个大学生的个案,对他的检索行为进行了全程式的跟踪,并在每一步骤上对他进行访谈,也相应地跟踪了其他一些学生的检索过程。这位重点跟踪的学生我们隐去他的姓名,简称小 Z。他是一位对《红楼梦》非常感兴趣的同学。对旧版《红楼梦》电视剧(1986 年版)也非常熟悉,最近他又看了新版《红楼梦》

① 张述祖、沈德立.基础心理学.北京:教育科学出版社,1987.

电视剧(2010 年版)。事实上在他看来旧版《红楼梦》演员班底都是具有一定修养的人,新版《红楼梦》则更忠实原著,画面唯美。为什么网上网下却对新版《红楼梦》骂声一片？小Z 想要求证一下,大家的指责到底是有依据的呢,还是仅仅是感情上的好恶,先入为主,人云亦云而已。(需求心理)

小Z 进一步分析自己的检索需求,首先想要了解网络上对新版《红楼梦》的评价究竟是怎样一种情形,其次想要了解大家对新版《红楼梦》的批评主要围绕哪些方面。要完成这些任务,Google 和百度是比较易于实现的。他以"新版红楼梦 评价"一词作为检索表达式输入检索栏,选定一般检索,按下检索执行键。对他而言现在的检索路径取向还不明确,一开始只是尝试性检索。(实现心理)

搜索引擎经过运算匹配,分别给小Z 同学呈现了 18 万(Google)条、25 万(百度)条检索结果。他知道这么大的信息量是没有意义的,真正有价值的只有前面几页。首先注意到题目有红色标记的文章,并有选择地点击查看,经过简单相关判断以及分析归纳,形成自己的观点。小Z 同学有意识地记下了吻合程度最高的文章,有必要的时候还会选择回访查看检索的过程。随着信息了解的越来越多,小Z 对自己的检索路径也更加清晰,会细化出更多的检索小问题去解决,目的更为明确。(选择心理)

根据刚才的检索结果,再看过不多页后,就已经达到预期目的了。对于现有的信息量足够用来回答自己一开始的疑问。而且小Z 发现,如果在一定检索程度后再往下检索,效用会降低,因为后面很多都是重复的信息和无价值的信息了。(反馈心理)

这是一次典型的简单的网络检索行为,事实上,绝大部分网络检索行为的发生都是基于"需求心理→实现心理→选择心理→反馈心理"这样一个基本过程。本书尝试将单次检索行为的心理过程描绘如图 8-2 所示:

图 8-2　网络检索行为心理过程

在这样一个链式的心理过程流程中,需求动机的运作,实现过程和选择过程中主观能动性的发挥,以及具有特性的反馈心理,体现了网络检索传播方式相比于一般意义上的网下检索最大的两个特点:主动性的充分实现,反馈机制的充分体现。接下来本文将就网络检索行为中各具体环节心理过程(需求、实现、选择、反馈心理)如何实现,以及如何表达这两个特征做具体分析。

二、 网络检索环节与心理

1. 需求心理的激发模式

"当需要转化为动机以前,人不可能有所活动;只有当需要转化为动机后,人才能开始活动;而当动机转化为目的后,人就能使自己的活动起到满足自己的需要的作用。"[1]网络检索行为的发生首先也是现有信息需求被激发之后成为心理动机,进而被赋予现实的目的,促成网络检索行为的实现。其图示如图 8-3 所示:

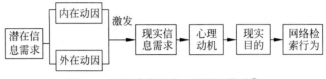

图 8-3　网络检索需求心理激发模式[2]

① 潜在信息需求的激发。信息是现代人类生存不可或缺的资源,人的信息需求可分为现实信息需求和潜在信息需求。"潜在信息需求是用户或潜在用户客观上具有的但未被认识或未被明确表达出来的信息需求。激发用户的潜在信息需求并使其转化为现实信息需求,可以更好地满足用户的信息需求,提升信息服务的价值。"[3]潜在需求可以由内因和外因共同激发。在网络检索中这些客观需要是激发潜在需求的内在动因;外在特定的情境下会产生具体的外在动因,如某一刻的求知、求新等需求。小 Z 之所以有对新版《红楼梦》相关主题进行检索的需求,也在于其之前的对《红楼梦》的爱好,以及看过新版、旧版电视剧这样的经验结构决定。加之现实中,舆论给人以一种印象,新版《红楼梦》遭遇骂声一片。这又构成小 Z 检索需求激发的外因。内外和动因的共同作用激发潜在信息需求转变为现实的信息需求。

② 需求、动机与目的。小 Z 同学要了解人们对新版《红楼梦》的评价,则需要收集相关信息,他便有了检索需求;他根据现有条件和网络搜索引擎的方便性,他就有了网络检索的动机;可供检索的新版《红楼梦》相关主题很多,他将网络检索的动机细化为:"我要求证一下,大家的指责到底有没有依据,还是仅仅是感情上的好恶,先入为主,人云亦云。"这便是其检索的目的。当需要未转化为动机以前,小 Z 没有行为活动;只有当需要转化为动机后,才开始行为活动;而当动机转化为目的后,网民就能使自己的网络检索活动起到满足自己需求的作用。

③ 网络检索中需求、动机与目的的关系。在同样需求之下可以有不同的动机;同样动机之下可以有不同的目的。其中,"动机是个人为了推动从事某项活动的意图、愿望、理想、信念等"。[4]传播学中的动机具有四个维度:强度、深度、亮度、广度,依据这四个维度的

① 张述祖、沈德立.基础心理学.北京:教育科学出版社,1987.

② 该图参考了"激发网络用户潜在信息需求的动因分析图",张俊娜、贺娜.用户信息需求的网络激发与检索行为引导.情报杂志,2008(10).

③ 张俊娜、贺娜.用户信息需求的网络激发与检索行为引导.情报杂志,2008(10).

④ 邵培仁.传播学.北京:高等教育出版社,2004.

正向变化,动机在激活、指向、强化功能方面也得到加强。至于网络检索,则能进一步提高检索效果。一方面,用户的动机和信息需求的重要性会影响信息检索的持续时间和用户所作的检索努力[1]。另一方面,"动机所趋向的目的,可随活动结果而提高或降低"[2]。也就意味着网络检索的结果会同样反过来影响用户的动机和信息需求。

概而言之,"需求与行为密切联系,是人的行为积极性的心理源泉,动机是需求的表现形式,需求激发人去行动,朝一定方向,追寻一定的对象目标直到需求得到满足。因此,用户检索行为不可避免地受到需求的影响,需求越强烈,检索行为也就越有力,成功率也越大"[3]。信息需求诱发网络检索动机,作为行为主体的网民主动追逐信息,这是网络检索主动性实现的核心表现之一。"人类具有不同层次、不同指向、不同强度的需要,无论是物质的、精神的、生理的,还是心理的,都将作为一种驱动力调节主体自身的状态形成对信息客体接受的欲求倾向,即接受动机,并激活思维,引起接受行为的发生。"[4]对于网络检索,需求将转化为动机,作为一种驱动力调节自身状态,形成对信息主动寻找与接受的欲求倾向,并激活思维引起网络检索行为的发生。

2. 实现心理的表达模式

网络检索行为的实现首先要解决两个问题:一是如何表达我的需求;二是选择怎样的检索策略。解决了这两个问题,网络检索行为的实现也就水到渠成了。

围绕这两个问题,网络检索的实现心理如图8-4所示:

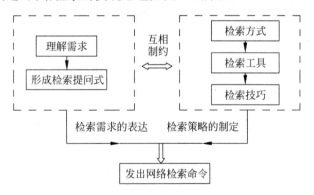

图 8-4　网络检索实现心理表达模式

---

①　Liawa S S, Huangb HM. An Investigation of User Attitudes toward Search Engines as an Information Retrieval Tool. Computers in Human Behavior,2003(19):751~765.

②　张述祖、沈德立.基础心理学.北京:教育科学出版社,1987.

③　严慧英.影响网络信息检索行为的主体因素. Journal of Information,No. 4,2004.

④　姚学刚.人类信息接受行为的动因、过程及影响因素研究.北京大学硕士研究生学位论文,2008(6).

即使是所谓的"信手拈来"式的网络检索行为,它在检索执行前的那一刻也要对某一个具体的检索需求做思维上的分析和表达。这里首先是准确理解自己的需求的问题,这需要充分调动自己各种思维能力,如分析能力、归纳总结能力等,将自己的需求具体化、明确化。在准确理解自己的检索需求之后,便要形成相关检索的提问式[1]。

小 Z 把需求以关键词形式提交给检索系统,诸如"新版红楼梦 评价"、"新版红楼梦 穿帮"、"红楼梦中的雷人镜头"等,这些提问式是检索系统理解用户信息需求的主要途径[2]。形成检索提问式是网络检索需求表达极为重要的一环,也是关系到整个网络检索行为的效率乃至成功与否的关键因素。而形成检索提问式也是将抽象的概念性需求表达为语言——关键词的过程。

根据关键词的使用,一些研究发现网民形成提问式时多倾向于采用单一的检索词汇。《现代信息检索》中提到在使用搜索引擎时,有 25% 的用户仅使用一个关键词检索[3];国外对 Excite 的 300 位用户调查,发现提问式的检索词平均数为 3.34 个[4];对使用中国期刊网和 Google 的检索行为研究,发现用 2 个词者达 58%[5]。从频率上看,绝大多数用户每次检索不使用过多的提问,且网络检索提问词有限而稳定。平均每个用户使用 2.8 个提问,约 2/3 的用户只提交 1 个提问,6/7 的用户不超过 2 个提问[6]。

在检索策略的制定方面,检索方式主要是指网络检索还是网下检索策略的选择,检索工具是指选择哪一类检索引擎,检索技巧是指采用简单提问还是采取复杂技巧进行检索。网络检索和网下检索各有利弊,需要根据具体的信息需求区别对待。检索工具本身功能上的差异也导致了针对具体信息需求的选择差异,如"内事问百度,外事问谷歌"这样一句流行语提及百度与谷歌在检索功能上的差异——一个擅长中文检索一个擅长外文检索。但是调查发现在检索技巧上,网民倾向于使用简单的检索提问式,拒绝使用复杂检索技巧。一些调查发现有 80% 左右的用户不能正确运用高级检索。与此同时,网民很少使用布尔操作符。一项针对 Excite 的调查发现 1/18 的用户使用过布尔功能,其中 1/2 的用户不能按照 Excite 的规则使用;约 1/190 的提问使用嵌套逻辑运算;约 1/11 的提问同时使用"+"号和"-"号功能,但有 2/3 的用户不能正确使用。事实上要获得更高的检准率,用

---

① 检索提问式是计算机信息检索中用来表达用户检索提问的逻辑表达式,由检索词和各种布尔逻辑算符、位置算符、截词符以及系统规定的其他组配连接符号组成。检索提问式构建得是否合理,将直接影响查全率和查准率.

② 王淑群.影响网络信息检索的因素与对策.图书馆论坛,2006(4),26(2).

③ [智利]巴伊赞-耶茨.现代信息检索.王知津译.北京:机械工业出版社,2004.

④ Spink A,et al. Searching the Web: A Survey of Excite Users. In-ternet Research. Electronic Networking Applications and Policy,1999(9):117~128.

⑤ 邓小昭.因特网用户信息检索与浏览行为研究.情报学报,2003(12).

⑥ Jasen B J,et al. Real Life, Real Users, Real Needs: A Study and Analysis of User Queries on the Web. Information Processing and Management,2000(36).

户应尽可能多地使用搜索引擎的高级检索。

　　检索需求的表达与检索策略的制定并非是两个孤立的心理处理系统,两者的完成是一个相互制约的过程。一方面,检索需求的表达决定了信息检索是通过网上还是网下检索更利于实现,决定了选择哪一种检索工具,决定了使用复杂检索技巧的必要性。例如如果希望查找日本现任首相,则网络更容易实现,而且也不必要使用专业的复杂的检索策略。另一方面,当选择了一定的检索策略,条件的限制也制约了检索需求的表达程度或者表达方式。有时候,检索需求的表达需要为检索策略付出代价。概而言之,网络检索实现心理过程是网民主观能动性与客观条件相互制约、相互促进的一个过程。

　　3. 选择心理的执行模式

　　选择心理是指面对反馈来的网络检索结果,网民处理检索结果所形成的一系列心理过程,它主要以选择的行为方式表现出来。网民对其检索结果的选择心理的执行模式主要包括选择性注意、选择性理解、选择性记忆,图示如图 8-5 所示:

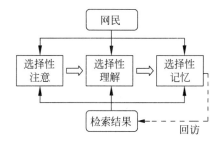

图 8-5　网络检索选择心理的执行模式

　　注意是"心理活动对一定对象的指向和集中。指向是指每一瞬间,心理活动有选择地朝向一定事物,而离开其余事物。集中是指心理活动反映事物达到一定清晰和完善程度"①。网络检索中,对于检索结果的指向和集中就是一个取舍和选择的过程。网络检索中的选择性注意,是依据一定的接受目的,找到吻合自己需求的信息,从而避免不必要的时间和精力浪费。

　　以小 Z 的检索为例,"新版红楼梦 评价"的检索结果在态度上,主要分为三种:冷嘲热讽、标榜客观、称赞为其辩护。对小 Z 来说,其实新版《红楼梦》已经不是先前自己所认为的"在网上遭遇骂声一片"的状况,用"颇具争议"则能更好地概括。对小 Z 的选择性注意过程进行总结发现:

　　导致选择性注意主要包括网民的接受定向、接受期待、接受需要、接受个性诸多因素。具体而言:

　　———————————

　　①　北京师范大学等四院校编写.普通心理学.西安:陕西人民教育出版社,1982.254.

（1）比如根据小 Z 的经验，每一次检索的结果都不超过 10 页，所以前 3 页基本都被查看，而是否继续往下查看，则要根据对前 3 页检索结果的总体评估。这样的接收定向的定式思维往往影响整个信息接受过程。

（2）期待是一种"知觉预态"，网民在检索结果出来之前已经对信息的风格和品质有了一定预期假设，当网民意识到自己倾向于接受什么，这种意识也会引导他的选择注意，对中肯客观的意见关注较多。这和他一开始希望获得客观的评价新版《红楼梦》这样的期待密不可分。

（3）对于同一检索结果的信息对象，在不同的需求倾向条件下，其所受的关注程度会有区别，反映结果各不相同，这是选择性注意的重要制约因素。小 Z 看多了对于新版《红楼梦》的批评，对肯定新版《红楼梦》的信息则予以特别关注。可见当看见很多相同的声音，一个不同的声音会引起注意，同时他需要在信息获取上获得一种平衡。

（4）接受个性不同必然导致对于注意力资源的分配不均。对 T 同学的观察尤能说明问题，T 和小 Z 不同，他不了解《红楼梦》，在他的检索过程中，基本上都是围绕"梨花头"、"穿帮"等恶搞性质的信息获取，在与小 Z 不同的检索中，获得娱乐性满足的成分更多。

选择性理解则是对网络检索结果更为细致的考察。贝雷尔森和斯坦纳（B. Berelson and G. Steiner）指出：理解是一个复杂的过程，人在此过程中对感受到的刺激加以选择、组织并解释，使之成为一幅现实世界的富有含义的同一的图画。在网络检索中对于同一需求、同一检索结果的处理方式会出现差异，很大一部分原因是基于这种选择性理解的不同，也即网络检索过程中，网民对于检索结果进行合意性解释出现差异。小 Z 在检索过程中，对"朋友们，喜欢看恐怖片吗？隆重推荐今年以来最好的一部国产恐怖片：新版《红楼梦》"这类缺乏根据的指责，基本予以拒绝。而对"豆瓣"网中的评论则细细体会，比如一篇"蚤子（山中有直树，世上无直人）"写的评论是从影视剧对古典小说的表现手法——"旁白"及其表现进行的具体论述，是整个检索过程中小 Z 阅读费时最久的一项。事实上，对于这样的检索结果有的网民则予以保留，有的则予以舍弃。这很大程度上是由于对于信息理解差异的不同——对于同一检索结果选择性理解导致网民关注不同的方面。

网民的选择性记忆一般被认为常常只是记忆那些有意义的、符合需要的对自己有利的信息，同时忽略或抑制那些无意义的、附加的、不利的信息。事实上，在选择性记忆的过程中，有意义、符合需要的信息得到优先记忆，但并非有利的信息更容易得到记忆。就算是在小 Z 检索结束之后，让小 Z 对检索结果进行总结发现，那些经过长时间阅读的、有依据的观点得到更好的复述。而且并非是有利于小 Z 一开始对新版《红楼梦》的好感的信息得到更多的记忆。相反，有理有据的批评意见则更多。

与此同时，与网下检索相比，网络检索选择性记忆的实现也不尽相同，"人基本是单信道的信息处理机。他必须连贯地吸收输送给他的信息，并借助某种扫描过程，才能把观测到的众多刺激转换成一系列有次序的操作"①。网络检索的结果是以网络为载体的形式呈现给网民,其带来的选择性记忆的实现与网下检索(如档案检索等所带来的信息)的记忆效果又有区别。同样的信息,来自纸质载体往往比来自互联网更让网民觉得安全可信。当然,网络这种形式的好处之一是对于记住的结果进行回访变得更容易实现。网民对检索结果的回访,是对信息进行深度处理的开始。

选择性注意、选择性理解、选择性记忆是网民在网络检索过程中,对于检索结果处理的基本心理操作过程,其发生和实现往往在不知不觉中,几乎是同时的,却又受多方面的因素的制约。网络检索行为的一系列选择心理过程,是作为网民充分发挥其主观能动性,调动各种心理等因素作用的过程,体现了网络检索中,作为受众的网民其主动性得到了充分实现的特征。

4. 反馈心理的互动模式

网络检索行为的人机交互过程是信息传播与反馈②的过程,也是一种心理反射机制作用的过程。网络检索的反馈心理过程又是复杂的,不仅仅是外反馈的作用,其内反馈也有效地发挥着作用,内外反馈相互统一。本研究将网络检索反馈心理的互动模式描述如图 8-6 所示:

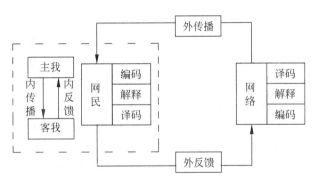

图 8-6 网络检索反馈心理互动模式

由图 8-6 可见,网络检索遵循一般的信息反馈模式。一方面,互联网作为一种媒介形式,网络起着传者的角色,与作为受众的网民完成外在的传播与反馈。另一方面,在自我传播中,人的"主我(自然我)"是传者,而"客我(社会我)"是受者③。"主我执行自我传播

① [荷]Denis McQuail. 受众分析. 刘燕南、李颖、杨振荣译,北京:中国人民大学出版社,2006.

② 反馈(Feedback):是美国麻省理工学院罗伯特·维纳(R. Wiener)在其《控制论》(1948)中首次提出,是指"送出去的点拨或信息的回流".

③ 主我:具有判断力思维力的自然我;客我:被赋予执行某个行为的社会我,在网络检索中,社会我承担着找到信息的使命.

的功能,主导信息传播;客我发挥反馈的作用,向主我表达客我的态度和见解。"①这种自我反馈是一种隐蔽的私下的外人不易知察的传者自身的内反馈。网络检索行为的内反馈具有自为性、内在性、隐蔽性和私下性特点,它通过这种形式对输出信息做出调节和纠正。

一方面,与网下检索相比,网络检索的反馈心理具有及时性特征。"在传播者的传播活动进行当中或结束之后,受传者立即对其做出反应和评价,此为及时反馈。"及时反馈的优点是,传播与反馈之间的时距很短,在网络检索行为过程中,网民可以迅速地在大脑中将刚刚进行的活动和刚刚得到的反馈进行对照分析,从而做出判断,找到症结。这既是对检索策略的及时反馈调整也是对检索结果及时反应。网下检索,其及时性往往相对较差,但这种缓慢的反馈心理,可以在较长的时间内对信息检索行为进行检查、总结,提高反馈的理性分析成效。

另一方面,"在空间上,信息的反馈与信息的传播一样,都反映了信息循环往复的沟通过程⋯⋯但是,这种传播双向往返关系并不意味着信息的简单重复和等量交换,也不能说传播者和受传者是一种对等的同位关系"(王淑群,2006)。网络检索过程的反馈,不同于大众传媒的反馈,由于网民主动性的充分实现,从某些程度上讲,网民作为受众与媒介对等地位趋于同位。

网络检索行为过程是一个反馈心理得到充分表达的一个过程。理解这种反馈心理过程需要注意三个方面:

(1)流畅的反馈心理的表达有助于网民改进和优化下一步检索策略以及筛选检索结果。比如小Z在一开始的尝试性检索中,检索指向比较模糊,随着对信息的进一步掌握,小Z有意识地从新版《红楼梦》人物形象如服装、发饰、影视表现手法等更具体的争议进行检索。可见,网民通过内反馈的心理过程表达自己的愿望、需求、态度和意见,希望做出相应的调节和改变;这种反馈对于网络搜索本身而言,网络后台一旦通过反馈了解到网民检索的思维特点,从而进一步改进网络检索技术,缩小网民的表达与真实需求之间的距离,对信息提供也就更有针对性。

(2)网络检索中反馈心理能够激发和提高网民的检索热情。当网民获得的反馈信息具有针对性,符合预期的程度高,对自己有利的话,他就会受到激发和鼓励,进一步增强编码与检索的信心,这种情形下,需求与满足形成良性互动。反之,网民则会失去进一步检索的兴趣。小Z对他的整个检索结果进行评价时说"在我看来,网络信息的确从量上来说是海量,感觉很多,但是稍微浏览到一定程度就会发现,绝大多数是重复,最终从质上讲很多时候还会觉得信息匮乏"。

(3)反馈心理过程是一个情绪参与评价的过程,这个情绪是对于需求满足程度满意

---

① 邵培仁.传播学.北京:高等教育出版社,2004.

与否的评价。值得注意的是,网络检索的满足并不是一定要达到最佳信息效果。受到诸多条件制约,对于信息需求满意的程度要求并不一致,有的需求只要有六七分便能满足,有的则需八九分以上网民才会结束检索。比如小 Z 同学和 T 同学花费在对新版《红楼梦》评价的主题检索中,时间一个为 15 分钟,一个则为 5 分钟。满意度阈值和其主要制约变量因素的关系可以表述如下:

满意度阈值＝f{信息需求的强烈程度,检索结果的匹配度,检索费力程度}

其中,满意度阈值与信息需求的强烈程度、检索结果的匹配度成正比,与检索费力程度成反比。每一个检索需求都有一个相对的满意度阈值,一旦达到,网络检索行为也将告一段落。

第三节　网络检索认知过程分析

一、网络检索的三重属性

对于网络检索过程中心理的考察,主要侧重基础心理学视角,讨论这一过程与目标实现、行为的心理动力及过程纠偏因素。从认知心理学视角进一步考察网络检索过程,主要侧重考察网络检索的认知与一般认知活动的同异之处。本章首先对网络检索的认知属性进行界定,仍以小 Z 检索新版《红楼梦》等为例进行分析。

1. 作为信息加工的网络检索

"行为主义与认知心理学派的折中主义者"(施良方,1992)加涅在《学习的条件》(*The Conditions of Learning*)中提出了被广泛接受的,学习认知过程中信息加工过程的一般结构——"加涅模式"①,如图 8-7 所示。

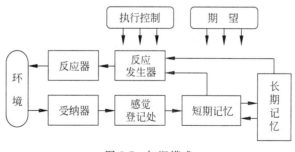

图 8-7　加涅模式

---

① ［美］罗伯特·R.加涅著.学习的条件.傅统先、陆游铨译.北京:人民教育出版社,1985.

从图 8-7 中可以看清这种人的认知加工系统的基本过程。需要补充的是,信息流的加工并非机械式的处理,这中间控制过程是非常重要的。控制过程包括期望(也称期望事项,即动机)和执行控制(加涅也谓之认知策略,即决定哪些信息从感觉登记进入短时记忆、如何进行编码、采取何种提取策略等)①。这种控制过程为人类在学习发生时,所表现出的超出基本功能的丰富性与复杂性,提供了一种解释。

网络检索首先是一种信息行为,在人机交互②的互动中,人脑对信息的加工也遵循这种一般性的人对信息进行加工的基本认知结构。所以说网络检索具有信息加工行为的一般属性。

2. 作为"学习"的网络检索

网络检索本身又是一种学习行为,具有学习行为的属性,遵循着一般的学习过程。在加涅看来,学习过程是由一系列事件构成,他将单个学习活动分解为八个阶段,如下图:

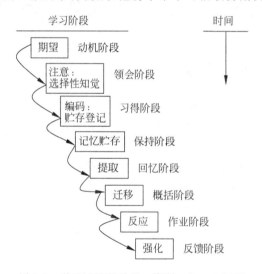

图 8-8　学习过程的阶段　资料：Gagné,1979

人利用网络检索进行学习的过程即可以看做是由这一系列学习事件组成的。将网络检索视为信息加工侧重考察的是前四个阶段。将网络检索视为学习过程,是将人离开人机交互环境之后,知识的内化过程也纳入考察范畴,事实上这也是网络检索的后续效用。

---

①　加涅之所以不把这两者与学习模式中其他的结构链接起来,主要是由于:①控制过程"能够影响一切信息流的阶段";②它们之间的相互联系目前还没有完全找出来(加涅,1985)。

②　可参见"黄丽红.影响网络信息检索的用户因素.情报理论与实践,2005,(2)";此外,关于一般性搜索引擎提供的可视界面背后是运行着一套复杂的运算系统结构可参见"刘承启等.基于用户行为分析的搜索引擎研究.计算机与现代化,2008(9)".

3. 作为“问题解决”的网络检索

作为一种认知活动，网络检索本质上是一个“问题解决(Problem Solving)”的过程。所谓问题解决是指由一定情境引起，按照一定目标，应用一定认知操作或技能活动，使问题得以解决的过程。即梅耶(Mayer)认为的“将给定情境转化为目标情境的认知过程”。对于网络检索而言，就是将一种特定的信息匮乏的状态转化为信息需求一定程度上满足的情境状态。

斯特恩(B. Stein)把问题解决的过程用“IDEAL”一词来说明，如图 8-9 所示：

I＝辨认所面临的问题(Identify the problem)
D＝表征并解释该问题(Define and respresent the problem)
E＝搜索可能的问题解决的策略(Explore possible strategies)
A＝按所选定的策略进行认知操作(Act on the srategies)
L＝回顾并评价问题解决活动的结果(Lookback and evaluate the effect of your activities)

图 8-9　问题解决的 IDEAL 过程

将网络检索视为问题解决的过程，是将网络检索之前对自身信息需求的理解纳入到网络检索过程中进行考察。

4. 网路检索的三重属性之关系

将网络检索的信息加工属性、学习属性、问题解决属性综合起来考虑，则便于将网络检索行为做一个完整的、整体的考察。网络检索的三重属性所导致的三种过程有何内在联系，本书总结如图 8-10 所示：

I 学习阶段	II 问题解决阶段	
①动机阶段	I =辨认所面临的问题 D=表征并解释该问题 E=搜索可能的问题解决的策略	
②领会阶段 ③习得阶段 ④保持阶段	A=按所选定的策略进行认知操作 L=回顾并评价问题解决活动的结果	Ⅲ信息加工阶段
⑤回忆阶段 ⑥概括阶段 ⑦作业阶段 ⑧反馈阶段		

图 8-10　网络检索实现阶段的交互示意图

由图 8-10 可见,学习阶段中的"①"和问题解决中的"IDE"是人对给定情境的认知,将潜在的信息需求转换为现实的信息需求,并对自身所面临的问题进行理解和制定解决策略,进而从心理动机转化为现实目的。这是在人机交互之前的心理活动。

学习阶段中的"②③④"和问题解决阶段中的"AL"是某种程度的重合,只是在不同的属性与侧重中被概括成不同的阶段表述。本质上讲都是注意与编码、记忆与存储以及反馈等的信息加工过程。这一阶段是信息流集中地从计算机进入人的认知加工系统之中,在控制过程的能动支配下完成的信息加工过程。

作为一个学习行为,信息加工的完成并不意味着学习行为的完成。学习的实现还依赖信息加工完成之后的心理状态。人对所习得的知识的内化与运用强化完整完成,学习才算完成。"⑤⑥⑦⑧"阶段的完成往往是已经脱离了人机交互的情境,而转入了其他情境之中。

需要说明的是,此图所表示的时间关系,总体上是从上而下进行,下一个阶段的实现必须以前面阶段的实现为前提。但这种时间上的关系却并非是单向的,比如行至"L 阶段"依然有可能重新回到"E 阶段"对检索策略进行调整。

基于以上讨论,本章仍以小 Z 的新版《红楼梦》主题检索为例,进行详细分析。

二、 网络检索中的信息加工

网络检索无论被视作是学习还是问题解决,也即将信息转化为知识,或将实现给定情境向目标情境的转化,都依赖于信息加工。在信息加工过程中也即第Ⅲ阶段,信息流经过在人的认知系统,该阶段主要的实现机制即加涅模型所揭示的信息加工过程。本节的分析主要围绕网络检索"信息流的加工过程"与"控制的过程"两个方面展开。

1. 网络检索中的"信息流"

(1) 注意的过程

网络检索本质上是一个人机交互的信息过程:人在搜索引擎入口输入关键词,搜索引擎按照一定的算法自动匹配,提供可能合意的结果,并以可视的用户界面呈现。比如,在小 Z 的检索中,眼睛是最为依赖的受纳器,用视觉完成对信息流的接受采集,与此同时对视频音频的注意还须配合听觉系统。小 Z 将电子流信息的"物理刺激转化为生物电信号,并通过动作电位把外部事件的信息传递到大脑中枢特定的过程"(加涅,1983),也即信息进入一个被称为感觉登记处的结构。因之,网络检索中小 Z 的接受阶段实际上即受到人的生理特点的制约,同时也受到客观事物各种物理特性与属性的影响,在网络上主要是指以电子媒介形式呈现的信息。

感觉信息(Sensory Information)是一种广泛扫描的结果,实质上是尚未经过诠释与归类的信息；其在脑内直流的时间十分短暂，往往以秒或毫秒为单位[1]。能被"注意"到的信息则是非常有限的[2]。而检索中的选择性注意其核心在于对输入的刺激信息进行有选择地加工分析而忽略其他刺激信息的心理活动。比如，T同学在对"中山大学中文系系主任邮箱"的检索测试中，测试者滚动页面寻找有用信息过程中，面对充斥着密集文图符号的页面，往往会优先注意到红色字体如"中山大学"、"邮箱"等[3]，而这些标红字样中测试者往往只在能感觉到自己在"邮箱"这个标红关键词上停留；浏览的速度尽管很快，但在没有意识到其他各种刺激的同时，却几乎对绝大部分标红的"邮箱"符号刺激无所疏漏。就像即使是在一个嘈杂的环境中，人们很容易注意到别人说自己的名字。

概括起来，影响网络检索中选择性注意的主要因素有：界面符号呈现的物理特性；人的信息需要与兴趣以及以往的知识与经验。这一过程中，"注意完成一个转变，它形成了向短期记忆中输入的一种新型的东西"。[4]

（2）信息的加工与贮存

一个人的记忆总是需要学习来获得信息、知识和经验，而学习本身又意味着需要保持，即记忆这些信息、知识和经验。记忆在学习中起着核心的作用。[5] 然而在对网络检索的认知研究中，这种短时记忆的内在运行机制难以直接观察到，因此只能借助既有的信息加工理论予以解释。

不同于一般的认知活动，短时记忆在网络检索过程起着更为关键的作用。因为网络检索一般持续时间较短，信息流密集庞大，因而短时记忆内的信息加工发挥着核心作用。

对于短时记忆持续的时间并不一致[6]，但一般在1分钟以内。这也就解释了在网络检索完成之后，事实上能记住的东西却非常有限。按米勒（G. Miller）的研究，短时记忆的容

---

[1]　斯珀林（Sperling，1960）、克劳德和莫顿（Crowder and Morton，1969）的研究表明，从各个感官来的信息在百分之几秒的时间内以基本上完全的形式登记了下来.

[2]　注意是"心理活动对一定对象的指向和集中。指向是指每一瞬间，心理活动有选择地朝向一定事物，而离开其余事物。集中是指心理活动反映事物达到一定清晰和完善程度"（北京师范大学等四院校编写.《普通心理学》. 西安：陕西人民教育出版社，1982.254）；注意是个体信息加工的重要内部心理机制，它说明人具有主动加工刺激信息的本质特性.

[3]　Google和百度等搜索引擎在检索结果呈现时，每一条检索结果的内容主要包括：网址链接、内容概要，并对关键词进行标红处理等.

[4]　[美]罗伯特·R.加涅.学习的条件.傅统先、陆游铨译，北京：人民教育出版社，1985.60.

[5]　加涅模型所揭示的记忆系统内在机制是：从感觉存储器中把刺激信息转入到短时存储，则必须对输入刺激信息进行选择与注意，只有经过了有效的注意加工，刺激信息才会由感觉存储中进入短时记忆。而信息要进入长时记忆，则是进过精致性加工，即经历了对信息的复述的结果所致.

[6]　加涅在总结前人的研究成果的基础上，认为可以持续20秒钟；施良方援引Atkinson以及Zanden等人的观点认为短时记忆中的信息在"20～30秒内消失"；而当代认知心理学有些观点则认为短时记忆对信息保持时间为1分钟左右.

量大约为 7 加减 2 个组块(chunk),即短时记忆大约可以保存 5 至 9 个组块的有意义的信息单元。[①] 这一短时记忆的限制性应用于网络检索中的信息加工亦同样适用。一旦超过了这个能力,当新的项目加入这个贮存时,旧的项目就必然被"赶走"。这解释了,为什么小 Z、T 同学等能在不到 1 分钟的时间里,处理完成 10 页左右的 Google 或百度检索页,然而在对检索进行总结的时候,能回忆的信息却不多。

不过短期记忆还有另外的一个特点,这就是它能够进行静止的、心理上的信息重复,这个过程称为"复述"。"复述是一种不动声色地对刺激信息进行重复默诵的内部过程",一些有价值的信息很容易在短时记忆里衰退与遗忘,因而必须进行这种有意识的反复默诵。网络检索过程中对信息的选择过程中包括:选择性注意、选择性理解和选择性记忆。其中选择性理解借助于过去的知识与经验来实现,而选择性记忆则是借助于短时记忆的复述来实现。

和一般的认知信息加工一样,网络检索过程中的这种复述有两种基本形式:机械性复述(maintenance rehearsal)和精致性复述(elaborative rehearsal)[②]。然而,在网络检索过程中频繁而快速的切换加工着的信息,事实上并不利于复述机制的实现。而学习的主要任务则是把信息进行适当的加工处理,把它们整合并输入到长时记忆的认知结构存储起来,以备运用。在对小 Z、T 同学的检索观察中,频繁地切换网页是一种常态,对于我们一般检索来说也是如此。比如,iProspect 的分年龄段调查显示,60 岁及以上的被调查者中 49.4%的用户只查看完第一页搜索结果后就进行新的搜索,18 岁至 29 岁的被调查者中只有 32.2%的用户回答查看完第一页结果后就停止浏览。

网络检索这种信息方式使我们更快速、便利,也更丰富地获得了信息,然而这些信息留下的记忆痕迹往往是"广阔而稀薄"。我们也比任何时候总是觉得似乎知道什么,却在提取与运用记忆时发生了障碍,什么也说不具体。

长时记忆中所存储的信息,绝大部分来自短时记忆信息内容的精致性复述加工,也有一部分由于印象深刻而一次性存储的。然而当信息离开短期记忆进入长期记忆时,信息便发生了关键性的转变,即编码[③]。也即"在短期记忆中作为一定知觉性特征而得到的信息现在变成了一个概念的或有意义的模式"(加涅,1983)。由定义可见,转换或重新编码

---

① G. Miller(1956),原题目为"The Magical Number Seven,Plus or Minus Two: Some Limits on Our Capacity for Processing Information"。

② 机械性复述也称维持性复述,不是将短时记忆中的刺激信息建立在对它们的理解上,而是一味地通过不断地简单重复,力图将刺激信息保留在短时记忆中;精致性复述也称整合性复述,即将短时记忆中的刺激信息进行分析并努力把它们整合到长时记忆的认知结构中去.

③ 认知心理学把编码解释为是对刺激信息进行简约、转换,实质获得适合于认知结构的形式的加工过程;编码的许多种形式,比较有影响的观点有:佩维奥(A. Paivio)双重编码模式、图尔文(E. Tulving)情节与语义记忆区分,还有语义网络模式.

会增加以后回忆信息的可能性,但这是以失去某些细节为代价的。经过编码加工转换后并被记忆的材料便是知识了。在网络检索的信息加工阶段,长时记忆的主要作用往往在于服务于短时记忆。

以访谈 T 同学的例子说明:在检索"中山大学中文系系主任邮箱"时,一位被测试者先检索的是中山大学中文系的主页,直接进入主页寻找信息;当失败之后,该测试者又通过该学校的研究生院,试图找到招生信息发布中有无关于导师的联系方式。这位被测试者之所有这样的路径自觉,首先是由于他自己是在校研究生,对高校网页架构比较了解,而在之前的某个时候,他曾经有过在学院网站发现师资的联系方式这种经验。因此这种知识和经验虽然存储在长时记忆中,但是在一些问题情境下又循着一定的线索被激活。这也即是长时记忆中的提取机制在发生作用。这在网络检索过程中往往直接发挥着改变人的检索策略的作用。

在信息加工心理学看来,回忆很大程度上取决于提取线索。比如,T 同学在新版《红楼梦》的检索任务中,因为对它了解非常有限,一时不知该检索些什么,便只输入新版《红楼梦》检索一回,看到一篇文章的题目中有"雷人"二字,据他报告,这个线索使他就想起之前对新版《红楼梦》的了解多限于网络恶搞,于是便循着这个线索检索下去。而且长时记忆的提取机制作用的发挥比我们能意识到的要丰富得多,我们能意识到的对信息的检索和提取往往只是外显记忆①,而更多的内隐记忆的检索与提取则是在无意识中进行的。

网络检索过程中,被提取的长时记忆进入到短时记忆中,则与新进来的材料发生联系,即产生新的知识,也影响了旧的长时记忆。这表明知识的两个基本特征:人的知识是通过建构获得的,与此同时人类知识的获得也包含着重构的过程。小 Z 在检索新版《红楼梦》结束后,对检索前的观点进行了修正,并形成新的认识。

与此同时的是,网络检索的特殊性也以另一种方式影响着人类知识的方式。对于网络检索而言,其情境是单一的,人们获得的长时记忆往往是语义记忆。威勒(Wheeler)等人在 1997 年运用 PET(正电子放射成像)扫描技术,研究情境记忆和语义记忆对刺激信息的编码过程。结果表明,大脑皮层左前额叶设计的是语义记忆的信息编码,而大脑皮层中央前回在选择与执行复杂的心理操作能力方面起着关键性作用。当人们越来越多地依赖网络检索,更多地靠语义去记忆时,这种改变或许不仅是心理上的,更有可能是从生理上的改变。

事实上,弗洛伊德在探索人类长时记忆中取得了引人注目的成就之后,长时记忆对于人的认识而言,依然是复杂不清晰的。正如加涅所说,对于贮存在长期记忆中的学习得到

---

① 对外显记忆和内隐记忆给予定义的是格拉夫和沙可特(Graf and Schacter),他们认为"在任务的成绩需要有意识地回想已有经验时,表现的是外显记忆……在没有有意识的回想情况下,任务的成绩也能有所增进表现则是内隐记忆"。

的材料究竟发生了些什么特别的情况,人们很少知道。

2. 控制的过程

（1）执行控制

对于检索者而言,网络检索过程中的心智活动有着变化、伸缩与灵巧的特征。这些特征也展示了"信息流过程"的基本功能,有着丰富而复杂的运作机制。

小Z同学在新版《红楼梦》评价的检索,主要侧重于评价,在评价中侧重有理有据的信息。一旦当批评的意见发现得过多,则有意识地去关注肯定的意见,以获得评价上的平衡。与他相比,小T一开始并没有明显的检索指向,则整个检索过程中,随意性较多。执行控制与最初的检索需求有着紧密联系。总的来说,这种控制过程主动影响着：注意力是怎样引导的,信息是怎样编码的,信息是怎样检索的,知识如何被重构等。

在加涅看来,认知策略事实上就是执行的控制过程。在网络检索中,执行控制决定感觉等基础内容的哪些特点将进入短期记忆,从而影响着注意与选择的知觉。它们也许要决定在短期记忆中要复述的东西,因此也需要决定,为了长期贮存,应该保留些什么。此外,还会影响学习者搜寻与检索的计划,以及一个人选择反应的形式等。

（2）期望

而期望则是执行控制过程的另一种"附属的种类"。在人们的网络检索过程中,其酝酿与发生阶段并不属于"信息加工阶段",但却始终作为一种"心向"影响信息加工的各个环节。期望是继续不断的心向,它倾向于完成一个信息检索的目标,这种心向使学习者能够选择每次加工阶段的输出。

因此,如果小T有了解新版《红楼梦》演员情况的期望,他们可以有选择地拒绝剧情信息的知觉。他们把关于演员情况的信息加以编码而不顾新版《红楼梦》相关的其他信息。他们将选择一个反应组织,这个反应组织将绝大多数注意力资源用于关注演员情况,而忽视其他。换言之,他们的所有的内部加工将是检索者"在内心"的那些目标做出反应,这就是期望。

三、 网络检索的 "问题解决" 与 "学习"

1. 问题解决的开始

将网络检索作为一个问题解决的过程,是为了避免忽视网络检索中前期检索者发挥主观能动性进行"辨认出所面临的问题"、"表征并解释该问题"、"搜索可能的问题解决策略"这样一系列心智过程。问题的解决是一个组织严密的心理序列,自然不能忽视这一部分。

首先,"辨认出所面临的问题"也即发现问题阶段。是一个人对其给定情境的认知,主动认识到问题的存在或出现,是对潜在信息需求的激发,并产生解决这个问题的需要。

（可参见第二节网络检索中的需求心理的激发模式）一旦意识到这一点，也即进入到学习阶段中的"动机阶段"。

　　然而动机只是"个人为了推定从事某项活动的意图、愿望、理想、信念等"（邵培仁，2004）。将动机转化为现实的目的，依然需要进行"表征并解释该问题"，也即分析问题阶段。这一阶段是在问题识别的基础上，定义以及表征该问题。通过对所面临问题中的要求和条件进行分析，把握问题的实质，以确定解决问题的方向。总之即是将问题明确或加以具体化的过程。对于明确限定性问题（Well-defined Problem）[①]，这种分析相对简单，比如"中山大学中文系系主任邮箱"这样一个检索任务，目标状态有着明确的规定，即获得一个确切的邮箱地址。而对于非明确限定性问题（Ill-defined Problem），比如对新版《红楼梦》的评价，这个分析阶段就复杂得多，而且随机性也很强。

　　对问题得到有效的表征之后，就要寻找确定一个解决问题的策略，也即"搜索可能的问题解决策略"，这种策略构思则进入到心理操作层面，包括诸如提出问题解决的方案、途径等。以检索"中山大学中文系系主任邮箱"为例，T同学试着在实际检索之前心里已经酝酿出一套策略："先打算去中山大学中文系主页，然后找到系主任联系方式及相关信息；如果没有的话，就再通过网页直接检索中山大学系主任的邮箱。"尽管该测试者所制定的第一种检索策略的路径相对烦琐，而第二种方式则可以直接搜索，省时省力，他一方面出于对自己方案的自信；另一方面认为主页公布的邮箱具有权威性，基于此决定第一种策略应被优先尝试。

　　至此，网络检索作为一个问题解决的过程，完成了其实际行动前的预备阶段，接下来的"按所选定的策略进行认知操作"以及"回顾并评价问题解决活动的结果"则通过学习阶段所揭示的"注意"、"编码"、"记忆存储"机制实现，共同寓于信息加工阶段。

　　2. 学习的完成

　　网络检索过程中，问题解决在伴随着信息加工阶段即告结束，然而，问题解决的完成并不意味着学习的完成。[②] 故将网络检索视为学习过程，则不可割裂其在信息加工完成之后的效用。这种结果性体现在能够对整合后的信息或知识进行"提取"、"迁移"，并运用它进行作业，以及获得对知识经验的进一步强化的体验。

　　以小Z检索了解新版《红楼梦》的案例为例，测试者将检索而得的信息稍作整合而进入长时记忆中。待到过了一段时间之后，如果要求运用有关新版《红楼梦》的信息，则需要

　　① 所谓"问题"，其类型可以分为两种：明确限定性问题（Well-defined Problem），问题的起始状态和目标状态都有明确的规定，并最终会有一个明确答案；非明确限定性问题（Ill-defined Problem），问题的起始状态或目标状态以及可能的认知操作都不清楚，或没有说明，使问题具有不明确性.

　　② 尽管关于学习的定义从各个角度的解释众说纷纭，但就一般的结果而言，学习过程是信息及经验的积累，从而引起人的心理及行为倾向变化的过程，而且这种变化是持久的.

对这些长时记忆进行提取,也即"回忆阶段"。一些心理学家认为,记忆痕迹得到贮存后,提取或恢复这些记忆痕迹,主要取决于两个因素:一是记忆痕迹的强度;二是与提示线索的联系。比如在与小Z的隔天访谈中,他一开始只能记清楚新版《红楼梦》测试时留下印象最深的一些记忆,而随着我们和他的交谈与提示,他变得兴奋起来,记起了更多的信息。

回忆实际上也伴随着迁移,也即加涅所谓的"概括阶段"。当今几乎所有的认知心理学家都赞同,新的认知结构始终是受原有的结构影响的,所以学习的迁移极为重要。迁移的效应是广泛而生动的。比如在整合概括属于新版《红楼梦》信息的评价时,小Z迁移情境到看过旧版《红楼梦》时的感受,因为小Z的经验结构决定了这一联想的发生。而T同学则迁移到新版《三国演义》的评价中去,因为同是对经典的翻拍,所以情境上的相同点容易使人将现有的信息整合进原有的认知结构中去。

而且这种结果往往是出人意料的。比如与新版《三国演义》比较的一位测试者尽管接收了大量关于新版红楼梦的负面评价,但认为这一大规模的电视剧"被挑来挑去,也不过只有这么几个小错误",与新版《三国演义》漏洞百出,让人顿生"穿越时空的错觉"相比,却是非常难得。这种迁移使得其对新版《红楼梦》的评价不降反升。然而如果要是没有这样一个情境的迁移,恐怕事后的态度则是另一回事了。

至于"作业阶段"的反应则反映检索者是否习得所需知识及其程度。比如测试者被要求报告其所检索到的新版《红楼梦》的信息,报告的丰富程度不同,都是一种学习结果的展示。对学习结果的展示,也使检索者自身获得一种反馈(不同于作为问题解决的内反馈)。这种反馈是其最初的预期目标实现程度的评价,进而对学习效果进行强化,以影响下一次学习行为。

在埃斯蒂斯(Estes,1972)看来,"反馈效果之所以能影响学习与记忆,并不是因为它们是'报偿',而是因为它们给学习者传递了信息。告诉学习者他是否达到了他的目的或者离他的目的还有多远,这种信息有一种强化效果。换言之,反馈之所以有用,是因为它肯定了学习者的期望,而这就是强化的意义"(加涅,1983)。

检索的开始是因为小Z对新版《红楼梦》怀有好感,但遭遇"网上骂声一片"后产生认知失调。小Z希望能够获得一个中肯的评价。小Z的检索结束后,一系列经过检索得到的信息被组织起来。他发现网上所有指摘主要集中在几个穿帮和"不太合适"的镜头,而能挑出其他缺点的的确不多。"新版《红楼梦》中硬伤并不多,这么大规模的电视剧,这么多人来挑,却只有十几处让人指摘,很不容易了",所以他拒绝盲从那些流行的观点。通过小Z对新版《红楼梦》的检索可见,所谓新知识的获取就是新信息在旧知识系统上的整合,形成新的认识。

第四节　网民检索心理的影响因素与倾向

人的行为受诸多因素的影响和制约，心理学家托尔曼（Tolman）提出"中介变量"（intervening variable）的概念来说明行为的原因。他指出中介变量与实验变量（自变量）和行为变量（因变量）相关联，它是实验变量和行为变量之间的中介，是行动的决定者。行为变量与实验变量之间的函数关系是：$B = f(S, P, H, T, A)$。式中 B 代表行为变量，S, P, H, T, A 代表实验变量。S 代表环境刺激；P 代表生理内驱力；H 代表遗传；T 代表过去的经验或训练；A 代表年龄。按这一公式，行为是环境刺激、生理内驱力、遗传、过去的经验或训练以及年龄等的函数。也就是说，人的行为随着这些实验变量的变化而变化[1]。据此我们可以将网络检索行为的函数表示为：

$$B\text{ 检索行为} = f(S\text{ 环境因素}, PHTA\text{ 主体心理因素})$$

其中 $PHTA$ 主体心理因素 $= \{P, H, T, A\}$，事实上变量 P, H, T, A 都属于心理学范畴，具体到网络检索行为，其分别代表需求、个性特征、知识和经验（能力）、年龄。网络检索行为的实现随这些变量的变化而变化。本章第二节对于网络检索行为过程需求心理过程的分析中，已经就需求做了论述。按照心理学范畴划分，情绪、气质与性格、能力等内容属于人格心理部分，表象与想象、思维等内容属于认知心理部分，因而主体心理因素中的实验变量的 P, H, T, A 属于这些心理学范畴。接下来将以网民的个性特征因素、人格心理因素、认知心理因素以及网络检索的心理倾向几个方面分别分析影响网民检索行为的心理学因素。

一、个性特征因素的影响

1. 性别

第 23 次中国互联网络发展状况统计报告显示，中国网民的男女性别比为 51.5∶48.5。性别的差异是导致个体行为差异的重要因素之一，性别差异使人们在对同一对象的刺激做出反应时，其强度、速度、智力活动和情绪活动表现不同。分析网络检索行为自然不能忽视网民在性别上的差异性。加拿大麦吉尔（Mcglla）大学 Anderlaw Large 曾对小学的男生、女生网络行为做了对比测试[2]，发现男生和女生在网络检索中的行为差异。选取部

① 严慧英. 影响网络信息检索行为的主体因素. Journal of Information, No. 4, 2004.

② Large A, et al. Gender differences in Collaborative Web Searching Behavior: an Elementary School Study. Information Processing and Management, 2002: 38.

分数据统计如表 8-1 所示：

表 8-1　Anderlaw Large 对小学的男、女生网络行为统计

	男　孩	女　孩
a. 使用检索词数量	2.09 个	2.75 个
b. 使用一个词检索的频率	0.044	0.019
c. 使用自然语言	0.029	0.056
d. 浏览速度	22.4 秒	29.6 秒
e. 点击频率	0.744	0.556
f. 页面跳转	1.36 页/分钟	1.10 页/分钟
g. 使用"停止、检索"按钮	0.07 次/分钟	0.049 次/分钟

男孩输入检索式时使用更少的检索词，并且喜欢使用一个词检索，而女孩更多地使用自然语言。男孩比女孩更多地使用图像，对没有图像的页面缺乏耐心，喜欢动画和色彩丰富的页面。同时，在互联网中男孩比女孩更活跃，表现为浏览速度快、点击频率高、页面跳转快、使用"停止、检索"按钮比女孩频繁。男孩喜欢独立操作，女孩在网上更喜欢合作，要求得到家人和朋友的帮助，他们一开始乐观，到最后易在网络中迷路。

Nigel 和 Miller 在调查高中生与互联网的使用关系[1]也发现了这些差异，较男生而言，女生很难在网上找到正确路径，在她们看来互联网非常大且不具备结构化，自己常常会迷失在这茫茫的网络中无所适从。男生则正相反，他们乐于冲浪，喜欢在一大堆不相关的信息中发现相关信息。这种差异在网络检索过程中的影响不言而喻。

2. 年龄

美国田纳西大学诺克斯维尔分校（Tennessee-knoxville）的 Daniailal 等对 7～9 年级的中学生和大学生在 Yahooligans 获取信息的成功率、认知行为作对比实验[2]发现，大学生和中学生检索行为的相似点为：（1）采用关键词检索。（2）采取分级主题检索比关键词检索更成功。（3）对如何使用雅虎的知识不多。（4）尽管在找寻目标信息时遇到困难，仍不放弃使用引擎。另外，大学生和中学生检索行为的差异表现如表 8-2 所示：

---

① Nigel F, Miller D. Gender Differences in Internet Perceptions and Use. Aslib Proccedings, 1996 (48)：183～192.

② Bilal D & Kirby J. Difference and Similarities in Information Seeking：Children and Adults as Web Users. Information Processing and Management, 2002：38.

表 8-2　大学生和中学生在 Yahooligans 获取信息比较

	大　学　生	中　学　生
a. 取得信息的成功率	89％	50％
b. 分级主题检索	67％	36％
c. 关键词检索	33％	64％
d. 在输入检索式	73％检索使用单个概念 13.3％使用 2 个概念 13.3％使用多个概念	77％使用单个概念 7％使用 2 个概念 15％使用句子或自然语言
e. 平均每人检索查询	M＝1.66	M＝5.1
f. 使用高级检索语句结构	有	无
g. 完成时间	大学生比中学生快一半时间,大学生更加重视效能、效率和网络传送的质量	

　　对比可见,大学生比中学生更多使用分级主题检索而少使用关键词检索;在输入检索式时,中学生比大学生更多使用单个概念;大学生使用高级检索语句结构检索,中学生无人使用;相比较在取得信息的成功率方面,大学生优于中学生并能在更短的时间里有质量地完成,其差异直接反映年龄对检索行为的影响。iProspect 的调查也显示,年龄越大的用户越易于放弃查看第一页后面的结果,60 岁及以上的被调查者中 49.4％的用户只查看完第一页搜索结果后就进行新的搜索,18～29 岁的被调查者中只有 32.2％的用户回答查看完第一页结果后就停止浏览。年龄影响用户认知,导致不同年龄用户使用网络信息检索的差异性,这些对比情况直接反映出年龄对检索行为的影响。

二、 人格因素的影响

1. 情感状态

　　网络检索行为从某种意义上讲是为了寻找到信息需求满足的一个阈值,这是一个情感参与评价的过程。"情感是人对客观事物是否满足需要而产生的态度的体验。"[①]它是对客观事物抱有一定态度所伴随产生的主观体验,包括喜、怒、哀、惧以及在此基础上形成的其他心理表现。人们的情感和情绪状态会直接影响他们对某一信息的认识,并做出某种反应,甚至直接作用于检索过程,影响检索效率。因此在网络检索行为的研究中,情感状态须作为一个重要的考察维度。学者 Nahl 发现情感目标直接影响查询情况,查询行为直接依赖于情感为相关评价提供的标准。事实上,情感状态直接影响查询结果。用户使用搜索引擎时信心越足、心情越好,越觉得搜索引擎使用起来简单,用户能够比较顺利地

---

① 韩永昌主编. 心理学. 上海:华东师范大学出版社,1990.

完成检索任务；用户使用搜索引擎时心情越低落、情绪越不好，越觉得搜索引擎使用起来复杂，简直处处与自己作对。

从受众角度看，满足需要是人类一切认识活动和实践活动的出发点，没有需要就没有主动的信息行为的发生。人们处在信息环境中，是否接受信息、接受什么信息，以及在多大程度上接受信息，都与接受主体当时的心理状态有很大的关系①。Nahl 为了描述认知和情感因素对检索行为的影响，在大学生检索新手第一次使用搜索引擎的自我评测报告中将一个检索周期分成 4 个阶段：检索前提问式、检索语句构造、检索策略和检索结果的评价。Nahl 发现情感目标（如信息需求）影响检索的方向②。检索行为依赖于情感过滤器，情感过滤器提供了相关性判断的标准。

网络检索与网下检索类似，一般来说，需求的情感越强烈，动机越端正，主体的接受活动就越积极、越认真、越持久。反之，如果接受活动并非出自主体的内在需要，而是被动接受，则势必出现消极应付，表面接受甚至反面接受。已有研究者表明③，用户的动机和信息需求的重要性会影响信息检索的持续时间和用户所作的检索努力。每个人无论在任何时候、任何地点都受到情感、情绪的控制，情感状态在用户网络信息查找行为研究中是一个重要参数。

2. 气质与性格

在网络检索行为中不同网民情绪体验的快慢、强弱有差异，知觉的灵活度有差异，注意集中的时间长短，网络检索行为表现的隐显等都是有差别的。这些差异所表现的是网民气质与性格上的差异。"气质，是人的高级神经活动类型在人的行为和活动中的表现。它使人的性格的表现形式具有显著的个人色彩。主要表现在心理活动的速度和稳定性、心理活动的强度、心理活动的指向性等。"④差异性使网民的检索都以自己独有的方式行事，形成了自己独特的心理活动特点。表现在网络检索上，有的网民积极主动，有的消极被动，有的富于观察力，有的则粗心大意，对待检索结果的处理耐心不尽相同等。一般而言，多血质的网民反应敏锐，但注意力不集中，兴趣不稳定；胆汁质的网民精力旺盛，反应速度快，但情绪不稳定，抑制能力差；而黏液质的网民安静稳重，反应迟缓，但注意力集中；抑郁质的网民行动迟缓，却体验深刻，善于觉察到别人不易觉察到的细小信息痕迹。

性格是个体在现实态度和行为方式中表现出来的稳定的心理特征，是具有核心意义

①　姚学刚. 人类信息接受行为的动因、过程及影响因素研究. 北京大学硕士研究生学位论文,2008(6).

②　Nahl D. Ethnography of novices first use of Web search engines：Affective control in cognitive processing. Internet Reference Services Quarterly,1998(3).

③　Liawa S S, Huangb HM. An Investigation of User Attitudes toward Search Engines as an Information Retrieval Tool. Computers in Human Behavior,2003 (19)：751～765.

④　申凡. 采访心理学. 北京：人民日报出版社,1988.

的人格心理特征,是在现实社会生活中,由于客观事物对人的影响以及人对影响的反应而形成的一定态度体系和与之相应的行为方式。性格表征一个人的个性差异,因此它也能表征个体检索行为中的差异。A.培因和 T.查理按照理智、意志和情绪哪一种在性格结构中占优势来把性格分为理智型、意志型和情绪型三种。不同性格类型的人在检索活动中采取一系列不同的身体活动和心理活动,性格不同的人,在检索策略、检索词的长度、搜索引擎的使用次数、检索次数、网页浏览和导航工具及检索结果、效率等方面都有所不同[1]。性别、年龄和气质性格这些变量中所包含的个性特征因素也体现了以心理学"刺激-反应"模式为基础的受众的个人差异论[2]。

3．网络检索能力

网络检索行为实现的过程非常迅速,然而就在这短短的时间里,不知不觉中网民已经充分调动了各种能力来完成这一行为。能力是指顺利完成某项活动所必需的,并直接影响活动效率的个性心理特征[3],它包括一般能力(指观察力、记忆力、想象力、注意力和思维能力等,是人从事任何活动必须具备的能力)和特殊能力(指从事某一项或几项活动必须具备的能力)。相比于网下检索,网络信息检索是通过计算机互联网来进行,它要求信息用户必须具备一定的计算机知识和网络信息检索知识。然而,当前的信息用户的网络化素质还远远未能达到所需的要求。从能力上讲,网络检索对网络化信息意识、各种思维能力、知识经验水平等提出了更高的要求,缺乏必要的网络检索能力就会导致信息需求的表达及选择合适检索工具等方面出现随意性、不完整性和盲目性,这些都会影响到网络信息检索的效果。Hsieh-Yee 等采集了 59 名大学生的短期记忆能力、口头表述能力、空间能力和认知干预能力以考察认知能力对检索能力的影响[4]。研究人员通过测量检索周期、链接、所用引擎数量、成功率、否定性批评意见和检索时间,考察了这些变量与检索能力的关系。他们发现工作记忆能力和空间能力与检索能力无明显关系。但口头表述的流畅性以及在检索时段内的认知干预与检索行为的成功率有明显关系。

事实上,网络检索能力很大程度上寓于信息意识与信息能力之中。具体而言,至少包括以下几种能力:

(1) 分析能力。这种分析能力主要指用户对信息检索需求的理解。"在网络信息检索过程中……用户不一定能意识到自己真正的信息需求,他们不能正确认识、理解和准确描述、表达自己的信息需求,导致对信息需求表达的不完全性、不彻底性,甚至会有很大的

① 严慧英.影响网络信息检索行为的主体因素.Journal of Information,No.4,2004.
② 个人差异论由卡尔·霍夫兰于 1946 年最先提出,并由德弗勒(1975)具体表述为:心理结构、个人先天禀赋、心理构造、个人特性、思维方式五个方面.
③ 援引 CNKI 概念知识元库概念解释.
④ Hsieh-Yee I. Research on Web search behavior. Library & Information Research,2001(23).

片面性和不确定性,这也会影响到用户检索网络信息的效率。"①

（2）判断能力。网络检索提供的反馈是海量的信息,而这些信息的反馈则是根据相关算法匹配而来的。例如网民在 Google 中输入一个关键词"苹果",反馈的结果有 n 条之多,其中既有作为水果的"苹果"的相关信息,也有"苹果"系列的电子产品的相关信息。这就要求网民对检索结果进一步筛选,判断哪些是符合自己信息需求的。如果更精通一些网络检索的话,检索之前还需判断哪种检索工具更能满足自己的信息需求等。

（3）调整认知角度的能力。主要是指用户能否根据自己的检索需求或者检索结果反馈,制定或调整出最佳检索策略,这关系到信息检索的质量。

（4）总结归纳能力。这关系到网民能否正确构造检索提问式。"由于多方面原因,网民习惯于使用简单的检索提问式,由于用户不能正确构造检索提问式,造成搜索引擎对用户提问理解的偏差,使系统构造的查询表达式与用户的真正需求存在差距。"这样必然影响网络信息检索的结果,需要一定的总结归纳,进而改进检索提问式。网络检索的过程是分析、判断、调整认知角度以及总结归纳等诸多能力的综合发挥作用的一个过程。

三、 认知心理因素的影响

在心理学中,感觉与知觉、记忆、表象、思维等内容都属于认知心理学范畴。在网络检索行为中,思维的作用起着极为重要的作用。"感觉和知觉获得的印象,借助于词的作用,在人脑中进行进一步的整理和加工,抛开事物个别的、表面的现象,抓住事物普遍的、内部的本质,使人的认识由感性阶段进入高一级的理性阶段,这个过程称为思维。"人的感知觉、思维都具有自己特定的工作方式,它们影响着人们的行为方式和过程。在网络检索过程中,思维的状态有两种表现影响网络检索效率效果。

一是思维定式。惯性促使用户只使用首先接触或在多次比较后认为最好的一两个搜索引擎。中山大学黄丽红的随机调查发现参加与网络信息检索比赛的 50 名学生中,"除了个别使用新浪等熟悉的网站外,几乎清一色地使用 Google"。这些是相对擅长网络检索的用户,在他的另一项随机调查中也发现普通检索用户中发现 85.7% 的学生都是"中文查询用 Baidu,英文查询用 Google"②。思维定式造成用户只使用自己习惯的搜索引擎,虽然可以达到主观上更好的检索效率,但是也可能造成用户不接触、不学习、不使用其他更优秀的检索工具,从而限制了检索思路的开阔,限制了检索过程,最终也在客观上降低了检索效率。因为每一个搜索引擎都是有偏向的,都有它自己的优点和特点,而且覆盖率

① 王淑群.影响网络信息检索的因素与对策.图书馆论坛,2006(4),26(2).
② 黄丽红.影响网络信息检索的用户因素.情报理论与实践,2005(2).

对海量的网络信息资源来说都是微不足道的。

二是惰性思维。"人的惰性思维潜意识地影响着人们的每一个行为,网络检索当然也不例外。因而人们在进行信息检索时,总是在寻求一种'懒'的查询策略。"这种思维表现是:用户习惯用简单的查询式,甚至是自然语言语句;面对海量的结果反馈,用户只浏览其中极少的一部分。关于后者的调查研究颇为充分,美国最早的搜索引擎营销专业服务商 iProspect 的调查显示:互联网用户使用搜索引擎越来越懒,越来越多的互联网用户仅关注搜索结果第一页的内容,62%的搜索用户只点击搜索结果第一页链接,2004 年的这个比例是 60%,2002 年是 48%。此外,高达 90%的搜索者只查看搜索结果前三页,2004 年和 2002 年分别是 87%和 81%[1]。类似地,有研究者对"网络指南针"(一种专业搜索引擎)调查[2]发现 90%的用户只浏览查询结果的首页,用户每次查询平均只看 1.225 个结果页面。

此外,作为心理要素之一的意志,是人类自觉地确立目的、并据此目的支配和调节自己的行为,克服各种困难而实现预定目的的心理过程,它具有自觉性、坚强性、能动性等[3],在影响网络检索行为中亦不容忽视。在网络检索行为中内在需要是起主导作用的,而情绪和情感、意志则具有强化或者抑制的作用。

四、 网络检索的心理倾向

1. 倾向质疑——变化着的"不信任"

网民在网络检索过程中的质疑倾向主要表现在两个方面:对于信息的不信任,对于网络安全的防御心理。

(1) 网络媒体的公信力不足。受众的信任度不高似乎是一个共识。以网络新闻为例,"每一个网络媒体的消费者,既是内容的生产者,也是内容的消费者。新闻学的核心是新闻的公信度和新闻的核实。但是,在网络里,人们生活在一个使用假名、匿名的舆论环境中。由于无信源文章、匿名文章大量占据网络空间,人们越来越怀疑网络新闻和言论的准确性、诚实性和真实性"[4]。在网络上,一条重大的新闻能在短短的时间里传遍全世界,速度和时效往往是网络媒体成功的关键因素之一,但网络传播也为实效付出了代价。因为在这种时间压力下,无法完成信息发布的核实和平衡,"速度和时效是准确、公正、完整和平衡的敌人",这种情况下网络信息往往显得缺乏公信力。

---

① 邹永利、王春强.影响网络信息检索效率的用户因素.情报理论与实践,2008(3).
② 杨文峰、李星.网络搜索引擎的用户查询分析.计算机工程,2001(6).
③ 徐憬.人类行为与社会环境.北京:社会科学文献出版社,2003.
④ 周丹丹.网络受众心理行为研究.南都学坛(人文社会科学学报),2008(3),28(2).

（2）不安全因素防御心理。2007 年 1 月的中国互联网络发展状况统计报告显示：网民对互联网信任度较低，只有约三成（35.1%）网民对互联网表示信任。连续几次调查结果都显示网民对互联网最反感的两大方面是网络病毒和网络攻击[①]。网络的非安全因素导致网民的防御心理。"防御心理是当某种带有或可能带有伤害性或于己不利的刺激出现时，用户会本能地采取防御姿态……拒绝信息输入的一种心理"[②]；这种情况下可能导致网民采取主动防御措施或者回避选择相关信息，乃至改变或中止网络检索行为。

另外，值得关注的是，这种对网络的"不信任"是处于变化之中的。第 23 次中国互联网络发展状况统计报告亦显示，网民对"信任与安全"认可度都不高，但报告还显示随着网民对互联网的使用程度加深，对互联网的信任程度与安全感有所提高（报告中不同上网时长网民对"信任与安全"认同度变化的调查统计显示，上网时长从 2 小时以下到达到 40 小时以上，网民的认同度的多项指标都提升了近 14%）。事实上，网络检索中，老资历的网民对互联网使用越来越熟练，对互联网上信息识别与判断能力也越来越强。这样一来熟练网民能够相对冷静、有效地理解网络信息，因而他们对网络的信任度、认同度就比较高。一般的网民则缺乏经验，在一些网络负面案例宣传的影响下，对网络信息的信任度就偏低了。

2. 倾向"省力原则"——被原谅的惰性

情报学"穆斯（Mooers）定律"认为："一个情报检索系统，如果对顾客来说，他取得情报要比他不取得情报更伤脑筋和麻烦的话，这个系统就不会得到利用。"[③]就网络检索而言，网民倾向于使用最易于使用的检索工具、采用易操作的检索策略、选择易于获得的检索结果，林林总总的表现正是"省力原则"[④]在网络检索中的具体体现。以信息的选择为例，施拉姆（W. Schramm, 1994）曾提出一个公式：

$$选择的或然率＝报偿的保证/费力的程度[⑤]$$

也即预期报偿（满足需求）的可能性越大，而费力程度越低，信息被选择的或然率往往越高。相反，预期的报偿很小，而费力的程度越低，信息被选择的或然率就很低。网民在网络检索行为中"费力的程度"都是有意无意要考虑的因素。选择所遵循的"省力原则"反映的是网络检索过程中的易用心理[⑥]，大量的研究都发现网民倾向于费力程度更小的"省

---

①　http://www.cnnic.net.cn/uploadfiles/pdf/2007/2/13/95522.pdf,[2007-02-13/2007-10-29]中国互联网络信息中心.中国互联网络发展状况统计报告[EB].

②　张燕.网络信息服务中用户的心理分析.图书情报工作,2004(3).

③　邹永利、王春强.影响网络信息检索效率的用户因素.情报理论与实践,2008(3).

④　有研究认为是"最省力法则"，笔者认为表述不够严谨，应该是相对省力而已，故表述为"省力原则".

⑤　邵培仁.传播学.北京：高等教育出版社,2004.

⑥　易用心理是用户在查找信息时，总是有一种以最小努力去获取最大收益的心理趋向；参见：张俊娜,贺娜.用户信息需求的网络激发与检索行为引导.情报杂志,2008(10).

力原则"，如使用简单的检索策略[①]、粗略浏览检索结果等。对 Excite 搜索引擎的研究发现[②]，仅有 5.24% 的检索表达式中包含有布尔逻辑检索算符；另外，58% 的用户只查看检索结果的首页[③]。对用户使用 CNKI 的研究表明[④]，80% 左右的用户不能正确使用高级检索功能，且大多数用户希望信息系统能够自动为他们构造有效的检索式。

事实上，这种"省力原则"本身是无可厚非的，作为一种选择，其都是依据了一定的理性考量。一方面在网络检索行为过程中那些微妙的心理考量有的我们能意识到，而有的则是在不知不觉中发生了作用；另一方面对于检索结果并非追求一个最佳状态，而是一旦达到一个满意的阈值，就停止检索，看似"惰性"，实际上这种选择符合边际效应原理，而继续检索下去的效用就比较低了。所以说遵循的这种"省力原则"在这个意义上是可以被原谅的惰性。

3. 倾向定式思维——惯性的选择

网络检索倾向于定式思维，前文"情感思维因素分析"中就"思维状态"已有部分表述。"定式心理是用户习惯选择和使用自己肯定了的、已经习惯的、非常熟悉的某种有形或无形服务的心理。"[⑤]

网民惯于用极少数搜索引擎。除前文提及的统计数据外证实这一倾向外，网络上有一类人群被成为"G 粉"，即是 Google 的忠实粉丝和用户，这种现象在一定程度上也说明了思维惯性在网络检索中的体现。网民还习惯于选择搜索引擎提供的检索结果的第一页等现象，这种惰性心理久而久之也会在一定程度上形成定式思维。根据 2006 年的一份中国搜索引擎市场调查报告显示，网民选择搜索引擎最为关键的三个因素之一就有"使用习惯"，其余两个是"结果准确全面"、"速度快"。与此同时其他因素，如别人推荐、搜索音乐较好、常去访问的网站提供等对用户选择搜索引擎则影响较小[⑥]。

在检索策略上，网民也是在经验的基础上形成一定的定式思维。根据访谈，一位网民介绍自己的检索策略说，"对于比较难找的信息，一般自己先使用普通的搜索引擎，如果结果不好的话，再进入相关专业的网上数据库或网站找信息"。除此以外，我们的访谈还发现其对特定的资源库形成一种思维定式养成依赖，比如他"经常使用中国期刊，就是没有

---

① 也即较少使用高级检索如布尔逻辑检索、加权检索等.

② Amanda S,Judy B,Bernard J. Jansen. Searching Hetero-geneous Collections on the Web：Behaviour of Excite Users. Information Research [EB/OL]. http://informationr. net/ir/4-2/paper53. html,2007-09-12/2007-11-16.

③ Bernard J. Jansen,Amanda Spink,Tefko Saracevic. Real life,realuser,and real needs：a study and analysis of user queries on the Web. Information Processing and Management,2000,36(2)：207～227.

④ 邓小昭. 因特网用户信息检索与浏览行为研究. 情报学报,2003(12).

⑤ 张俊娜、贺娜. 用户信息需求的网络激发与检索行为引导,情报杂志,2008(10).

⑥ http://www. cnnic. net. cn/uploadfiles/pdf/2007/7/18/113918. pdf[2007-07-18/2007-11-02]中国互联网络信息中心.2006 中国搜索引擎市场调查报告[EB].

找到想要的结果,也不大会考虑再去万方等数据库搜索"。另一位受访者则在检索技巧上比较有心得,他谈到自己会习惯性地总结检索经验,比如想要搜索 word 文档,在策略上,多使用一个关键词"doc",这样就能更容易得到想要的检索结果。这些检索技巧大都非网民自己主动刻意的习得,但这种检索经验丰富的基础上积累成为一定的思维定式,从而在网络检索行为中作出惯性思考、惯性选择。

4. 倾向"新快奇"——信息的追逐者

网络检索中的网络受众颠覆了传统的大众传播模式,他们天生是信息的追逐者,平坦的信息世界每个人都有条件自由追逐需要的信息。传统的网下检索往往信息需求比较强烈,为满足信息需求须为之付出相对更多的时间和精力。与之相比,成本低廉且更有效率的网络检索让信息获取变得空前的容易。一旦满足了最基本的信息需求,"信息追逐者"便开始对网络检索提出更高的需求——更新、更快,也即网民希望能在最短时间里获取时间上较接近的所需信息的心理趋向。而猎奇心理是人的共性,网络检索则成全了这种心理。其具体表现有:

检索最新信息。"文献情报领域基本原理之一对数透视原理的直接体现之一就是科学文献的老化。文献老化的心理机制就是用户的喜新厌旧心理。求新心理决定了越老的文献被利用和受重视(重要评估度)的程度越低。"传统文献检索所体现的喜新厌旧心理,在网络检索中亦同样适用,且变得更加明显,这种求新心理是网民在获取信息时的选择的一种心理偏向。第 19 次中国互联网络发展状况统计报告(2007 年 1 月)显示:网民对互联网最满意的方面,排在第一位的是内容丰富和方便查询,排在第二位的是信息更新快和及时。一方面,这说明了网络服务较好地满足了用户对较新信息的需求;另一方面,这也说明了新颖性是用户对信息的一个重要要求。因此,用户在检索信息时,尤疑会有意识地选择时间较近的信息。

使用响应速度快的检索系统。当前用户常用的搜索引擎如 Google、百度等除了在检全率和检准率上下工夫,同时都努力地提高响应速度来满足用户的求快心理。例如输入检索词"网络检索",Google 的检索时间为 0.21 秒,查询到相关网页 358 000 篇;百度的检索时间仅为 0.036 秒,查询到相关网页 1 010 000 篇。事实上,如果搜索引擎工具反应迟钝,网民很快会产生不耐烦、不满的心理,检索时间作为网民评价和选择搜索引擎的一个重要指标,这就要求网络检索系统须具备高效的搜索算法和极快的响应速度。

选择更具刺激性的信息。例如在大量检索结果里出现一条信息——"大量腾讯员工在海滩上裸体集会",其被选择的可能性就极高,结果点开一看原来是南极企鹅在海滩散步——和网民一开始的预期大相径庭,却又在内容上合情合理。"标题党"制作出的标题其暗示的要素无非是性、暴力、新闻热点人或物等几个方面,打打"擦边球"。其实,网络上盛行的"标题党"现象很大程度上是利用了受众这种猎奇心理。网络检索的过程中,信息的追逐者必然面临很多"诱惑"。

第五节　网络检索对认知的潜在影响

一、网络检索与人的认知系统

　　认知心理学认为人的认知系统涉及个体获取知识和经验的内部心理操作过程,以及个体学习与运用知识的过程。其中认知系统由四个彼此联系的部分组成,即有限的信息传递与处理系统、认知策略系统、知识经验系统和元认知系统,如图 8-11 所示(郑绍明,1993):

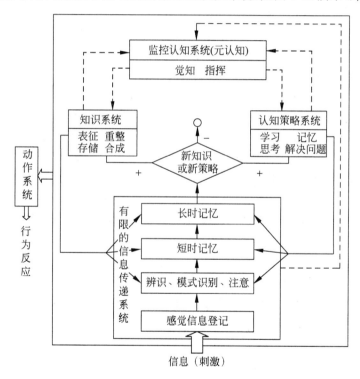

图 8-11　人类的认知系统模型

　　可见人类的认知系统是一个多阶段、多层次的信息传递系统,只有经过感觉、注意、短时记忆和长时记忆等信息加工阶段之后,才有可能把信息转换为个人知识与经验的一部分而存储起来,以备使用。本书前面对网络检索信息加工的内部认知过程进行过分析,尽管其中涉及知识系统以及认知策略系统对信息加工的影响,但主要是围绕即时的"有限的信息传递系统"这一人类认知系统的子系统进行分析,并概括网络检索信息行为所特有的特征。然而这些网络检索信息行为的特殊性对人类认知系统中的其他结构模块可能有着怎样的影响?这是需要进一步分析的。

1. 网络检索与知识系统

知识是理论化的、系统化的信息,信息则是建构和形成知识的一种"信息流"。[①] 网络检索技术的快速发展带来知识获取方式的转变,要求变更传统的学习环境和学习方式,建构新的知识系统。人开始面临新的学习环境:直面知识共同体,然而这个知识共同体(符号)传递给我们更多的是显性知识。[②]

显性知识的特点使得网络检索客观上促进了这种知识在网络上广泛传播和复制,并且成本相对较为低廉。而隐性知识的主要特点是:难以被编码,是尚未文献化的零散的非结构化的不系统知识,它主要根植于个人经历以及个人的行动与经验中,高度个人化,不容易方便地交流和传播,包含个人的信息、经验和价值等无形的因素在内。[③] 隐性知识的这种特征导致其在网络上进行传播的程度比较低。

人是一个新旧图示整合、建构、重构而获得知识的系统。当越发便宜地从各种网络信息资源上获取最精确的、最新的信息,我们是否能够比前人更有创造性地使用知识?

"信息的加速度一定会带来内容的肤浅化,很多时候,更多的交流意味着更少的意义。"正如马克·鲍尔莱在《最愚蠢的一代》一书中质问过度依赖互联网获取信息的年轻人:"毛泽东只是一个名字吗?'二战'只是一个标注了时间和地点的事件吗?梭罗在瓦尔登湖边想了些什么?哈姆雷特关于生命意义的冥想,真的与你无关吗?不,这些都是构建一个正在发展中的思维和人格的原材料。你必须意识到,它不只是信息,而是包含着深层的道德、心理和哲学的价值,它从内部塑造你的精神,而不是你需要的时候调用一下的外部材料……不是从网上迅速浏览就能立刻得到的。"

网络是去语境化的,它使得所传递的信息失去大量内容。人机互动过程中,失去了传统式知识传播中的在"场"感。个人信仰、观点、本能和价值观,非正式的、难以表达的技能、技巧、经验和诀窍等,以及个人的直觉、灵感、洞察力和心智模式等无法有效传播;而正是这些隐性知识深藏于个人的价值观念与心智模式之中,会极大地影响到个人的行为方式。

---

① Nonaka, I. A Dynamic Theory of Organizational Knowledge Creation. Organization science, 1994, Vol. 30(2): 15~27.

② 波拉尼(1958)曾把知识分为可表达的显性知识和隐性知识。所谓显性知识是指以文字、图像、符号等规范语言表达,能被系统地传达,是明确、规范、有形的和结构化的知识;而隐性知识是指很难用数字、公式和科学法则以及文字、语言来精确表述的知识.

③ Shan Lpan, Harry Scarbrouch, "Knowledge Management in Practice: An Exploratory Case Study", Technology Analysis & Strategic Management. 1999. Vol. 11, No. 3: 362.

从某种程度上讲,互联网及网络检索技术引发了人类历史上一次学习的革命。它"不仅改变了人类的知识积累方式,同时也改变了人类知识聚合的方式"。^① 然而,基于互联网的海量信息和网络检索技术的信息易得性,所提供的知识库,有着其不可避免的缺失。网络信息方式和我们时代的思潮互相形塑。虽然我们依然在认知层面,继续完成着表征、重整、存储、合成等一系列构建知识系统的活动,然而网络媒介的性质和获取信息的技术方式已经参与到这一过程。

2. 网络检索与认知策略系统

信息获取能力是媒介认知能力的重要组成部分。媒介认知能力定义为"获取、分析、评价和传播各种形式的信息"^②的能力。在信息社会中,获取信息是人们行动的基础,作为信息主要来源的媒介也因此体现出其重要性。

正如第三节论述到的,一般网民的网络检索认知策略,比如检索技巧大都非网民自己主动刻意地习得,而专门的检索性技巧训练则普遍缺失。所以发展网络检索认知策略,提升人的信息获取能力乃至媒介认知能力显得尤为必要。

在现代社会中,几乎没有人在生活中不依赖于媒介所提供的信息。然而,每个人并不是天生就具备从媒介获取信息的能力,它依然是一个后天习得的结果。为了更好地获取信息,我们必须对媒介有所了解,知道在特定的媒介上获取相关的信息。尤其是对于较为复杂和较为专业化的信息的获取更是需要专门的知识。

在认知心理学看来,"人是一个具有习得与发展有效认知策略的系统"(施良方,1992)。人们必须去习得与发展有效的认知策略,借以提高自己的学习与记忆能力、思考与解决问题的效率,从而获得知识经验。因此,"媒介教育首先要培养的就是人们对信息的获取能力,这一能力从基本方面说当然包括能够看书识字从而了解信息内容,但它更多的是指人们发现信息、组织信息与保存信息的种种技能"。^③

当然,媒介认知能力不仅仅是简单地发展某种技能来解读媒介所提供的内容,不是简单地通过提高诸如网络检索技巧等能够完全实现的。它还包括对媒介机构的生产活动及受众的接受过程的了解,以及对整个媒介传播活动的社会历史语境的认识。

3. 网络检索元认知系统

元认知(监控认知)是由美国心理学家弗拉威尔(Flavell)于 1976 年首次提出的,"是指个体对自己认识活动的认知"。巴克(Barker,1994)进一步阐释,元认知具体指个体对于影响认知活动和认知结果的各种因素的认识与自我调节。这要求行为主体要具备关于

---

① 东鸟.网络战争.北京:九州出版社,2009.25～30.

② Aufderheide, P. ,(ed.) National Leadership Conference on Media Literacy:Conference Report, Aspen Institute,1993.

③ 蔡骐.论媒介认知能力的建构与发展.国际新闻界,2001(5).

认知主体的知识,包括对认知相似性的认识,是指个体通过观察和内省自己和认知情境,获得对认知过程中某些规律性特征的认识。对于网络检索而言,它则包括一个人对于有哪些因素影响人的网络认知活动的过程与结果,这些因素是如何起作用的,它们之间又是怎样相互作用的认识和自我反思。

一方面,网络时代快速的信息传播方式,提升了人的认知能力。网络传播打破了以往信息发送的时间和地域性限制。网民主体可以自选信息,不再像从前那样只是被动地接受传统媒体的信息套餐,其主动性得到充分实现和反馈机制的充分表达。从这个角度讲,网络的所有上网者都是以自己为中心,独立、平行地发布信息,有助于主体创造性思维的发挥。

另一方面,网络检索为我们提供无与伦比的效率与便宜的同时,也伴随着它的潜在风险——人的主体性衰落。因为实现搜索引擎功能的软件与硬件,是由技术专家提供。而以 Google 这样的公司为例,用克莱夫·汤普森的话来说,"Google 的野心勃勃表明了一种理念智力是机械过程的产物,是一系列可以被分解、度量和优化的步骤。在 Google 的世界,我们上网时步入的世界,并未给思考的模糊性留有空间。含混并不是通往洞见的开始,而是要被修理的 bug。人类的大脑只是过时的电脑,它需要更快的处理器,和更大的硬盘"。[①] 网络检索可爱的界面渗透着技术专家们的意志和观念,技术已经做好安排,行为主体自身的创造力受到限制,"长此以往,思维能力、判断能力、辨别能力等主体能力"[②] 将面临不断退化的威胁。

当人的大部分工作被工具代理以后,主体则面临着沦落成一个有缺陷的无能的人的机体的危险。或者是强大系统面前的一个微不足道的终端。人通过工具代理自己的活动,克服了自己身体的局限性,获得了前所未有的自由;然而,工具代理者的出现恰恰是对人自身的否定,随着庞大工具世界的日益进步和完善,主体与工具客体的地位开始颠倒了。

有人问"到底是人创造了搜索引擎还是搜索引擎再造了人?"而这个回答,也不必然是所谓的非此即彼。事实上两者在互相形塑,而这一结果却并不明朗。人越来越习惯于类似网络检索这样的技术便利,这些技术和工具也参与到人的日常认知活动中,而元认知的发展是从不自觉经自觉再到自动化的过程,无论我们意识到或没有意识到,"工具和技术本身也参与了思考",渐渐内化在我们的认知的深层结构里。

---

① 《连线》杂志的克莱夫·汤普森,http://book.163.com/09/0911/19/5IV1EO2E00923IP6.html.
② 李雪梅.信息网络时代人的主体性研究.西南师范大学学位论文,2005(5).

二、 作为一种信息方式的反思

波斯特(M. Poster)提出信息方式(the mode of information)这一概念是借用了马克思生产方式(the mode of production)理论。[①] 他将信息方式诸阶段划分为三阶段：第一阶段即口头传播阶段，通过面对面的口头媒介的交换，其特点是符号的互应(symbolic correspondences)，自我(the self)由于被包嵌在面对面的总体性之中，因而被构成为语音交流中的一个位置。第二阶段即印刷传播阶段，通过印刷书写媒介进行交换，其特点是意符的再现(representation of signs)，自我被构建成一个行为者(agent)，处于理想/想象的自律性中心。在第三阶段即电子传播阶段，电子媒介的交换成为主导，其特点是信息的模拟(informational simulations)，其影响是，"持续的不稳定性，使自我去中心化、分散化和多元化"(马克·波斯特，2000)。

网络检索作为一种信息方式，属于电子传播阶段的最近形态，所谓"持续的不稳定性，使自我去中心化、分散化和多元化"表现得尤为显著。

网络检索到的文本，阅读更快，思考的时间更短，意义与意义之间的间隙是知识主体的存在空间、想象空间、感受空间。然而网络阅读的间隙太小，没有了深度思考，剥夺了人的主体性空间。比如，使用网络检索一首海子的诗中的一个句子，有多少条检索结果，诗歌变成资讯的一部分，被抽离了意义，没有海子这个人，没有他的热爱、他的人生。因为，网络复制的介入，改变了信息传播的情境。人们越来越关注信息商品而非信息所表达的意义本身。例如，人们在电视中看到关于洪灾的报道时，大家关注的仅仅是这条信息所带来的刺激性以及营救工作所带来的挑战性，而并非对洪灾现场或受灾人本身的关注。这种差异深刻地影响了人感知自我和现实的方式。在网络检索中，人"这一主体被电脑化的信息传递及意义协商所消散"，被网络廉价的复制去语境化(decontextualized)，"在符号的电子化传输中被持续分解和物质化"(马克·波斯特，2000)。

与此同时，媒介及其技术的智能化，剥离出人脑活动的功能。网络检索其实就是一种对记忆功能的进一步剥夺。在云端有一个数据库，我们可以任何时候随意调出想要的知识，尽管我们不知道或者没有记住。于是有了——"我们被信息所淹没，但却渴求知识"——这种奈斯比特在其享有盛名的《大趋势——改变我们生活的十个新方向》一书中描述的信息与知识的困境。[②]

网络复制时代，信息集中化的同时，又不可避免地零散化和碎片化。将越来越多的人

---

① 马克思赋予生产方式两方面的含义：(1)作为一个历史范畴，它按照生产方式的变化对过去进行分期；(2)作为对资本主义时期的隐喻，它强调经济活动，把它看作是阿尔都塞所说的"终极决定因素"。

② [美]约翰·奈斯比特.大趋势——改变我们生活的十个新方向.北京：中国社会科学出版社，1984.23.

卷入一种匮乏的境地，它挤压了主体性介入的空间，暗中萎缩和削弱潜在的批判空间。正如麦克卢汉所说的那样："我们自我加速到每一个超出我们生存本能的速度"，人的大脑被赋予了能够浮出肉体、进入电子虚空的能力，而人的信息生产和处理能力之间形成了一个巨大的鸿沟，信息处理能力永远处于亏空，从而给人类造成了巨大的精神压力。

我们的担忧是否是多余，历史上有无相似的焦虑？

在柏拉图的《斐多篇》里，苏格拉底哀叹了书写的发展。他担心当人们会逐渐依赖书写下来的文字，取代此前存于脑中的知识，他们将会"停止记忆，变得容易遗忘"。而且，由于他们将会"接受大量信息却没有得到适当的引导"，所以他们将"被认为知识丰富，实际上非常无知"。他们将会"自负智慧，却不拥有真正的智慧"。[①] 苏格拉底没有错，但同时他也没有预见到书写和阅读将在很多个方向拓展信息、激发新想法，扩展人类的知识。

印刷机发明后，大众传播兴起，意大利人文主义者 Hieronimo Squarciafico 担忧书本太容易获得，将会导致智力上的懒散，使得人们"怠惰"，使得大脑不再强健。另一些人则说，便宜的书籍和纸张将会破坏宗教的威信，贬低学者和抄写员的工作，散布煽动性的言论和放荡行为。例如纽约大学教授克雷·舍奇(Clay Shirky)所指出的，"大多数反对印刷术的说法是正确的，甚至是有预见性的"，但是，预言家们没有想象到印刷文字将传播出多少福音。

进入电子传播的最近阶段，网络信息和信息技术的无边扩张，再一次冲击人们的观念。网络在信息传播中的应用，尤其是在效率上，表现出无可替代的优势，这一看法基本上得到普遍的认同。从乐观意义上讲，"虽然网络组织的主要目标是共享信息，它可以由单纯的转移资料变成创造与交换知识。由于网络中的每一个人都接触到新的信息，因此他们可以进行综合，然后得到其他新的观念。网络组织就可以共享这种新出现的思想和观念"，[②]网络复制时代突破了印刷时代的思维局限性。然而网络复制时代本身是有局限的，是否更多的人在做的一件事因网络废弃印刷，用一种缺憾去代替另一种缺憾？

人们更多的是观望诸如网络检索等技术的进一步臻于完善，当然这样一种乐观的期待无疑是符合网络社会的趋势的。然而这个过程中我们心安理得地享用着技术的便捷的同时，技术本身也在某种程度上损害人的完整性、创造性。然而这方面的声音实在太少，而且缺乏相对系统深入的研究。苏格拉底有句名言，不加反思的生活是不值得过的；那么不加反思的技术生活也是危险的。

这种后结构主义式的解读，看似耸人听闻。但需要肯定的是，信息方式这一后结构主义的反思性视角，其价值便在于揭示一种信息方式现象的破坏性潜能能被人所认识，就在

---

① ［古希腊］柏拉图.柏拉图全集(第一卷).王晓朝译.北京：人民出版社，2003.73.

② ［古希腊］柏拉图.柏拉图全集(第一卷).王晓朝译.北京：人民出版社，2003.200.

于提供另一种批判的思路,去反思网络媒介环境下,有效率的学习途径是否比以前更为完美。如果不完美,我们未加反思地抛却传统知识传播方式中,失去了什么?

反思的价值不在于实际地解决一个问题,却在于明确自身的"洞穴性",当我们认识到自身的"洞穴性",才能深刻地去体验它,才会有走出洞穴的可能性。每一个人都应该是一个自明的、创造性的、反思的个体。

主要参考文献

1. [英]乔伊森(Adm N. Joinson).网络行为心理学.任衍具、魏玲,译,北京:商务印书馆,2010.
2. 程乐华.网络心理行为公开报告.广州:广东经济出版社,2002.
3. 覃征.网络应用心理学.北京:科学出版社,2007.
4. [美]帕特·华莱士.互联网心理学.谢影、苟建新,译,北京:中国轻工业出版社,2001.
5. 刘京林.大众传播心理学——从现代心理学视角看大众传播.北京:北京广播学院出版社,1997.
6. 刘晓新、毕爱萍.人际交往心理学.北京:首都师范大学出版社,2005.
7. [美]Elliot Aronson,Timothy D. Wilson,Robin M. Akert.社会心理学.侯玉波,等,译,北京:中国轻工业出版社,2007.
8. 王怡红.人与人的相遇——人际传播论.北京:人民出版社,2003.
9. 黄希庭.人格心理学.杭州:浙江教育出版社,2002.
10. 鲁曙明.沟通交际学.北京:人民大学出版社,2008.
11. 彭兰.网络传播概论.北京:中国人民大学出版社,2001.
12. 崔丽娟、才源源.社会心理学——解读生活 诠释社会.上海:华东师范大学出版社,2008.
13. [英]Rupert Brown.群体过程.胡鑫、庆小飞,译,北京:中国轻工业出版社,2007.
14. 郑全全、俞国良.人际关系心理学.北京:人民教育出版社,1999.
15. 谢新洲.网络传播理论与实践.北京:北京大学出版社,2004.
16. 雷跃捷、辛欣.网络新闻传播概论.北京:北京广播学院出版社,2001.
17. 董天策.网络新闻传播学.福州:福建人民出版社,2004.
18. 张虎生,等.互联网新闻编辑实务.北京:新华出版社,2002.
19. 刘京林.新闻心理学概论.北京:中国传媒大学出版社,2007.
20. 金盛华.社会心理学.北京:高等教育出版社,2005.
21. [美]尼古拉·尼葛洛庞蒂.数字化生存.胡泳、范海燕,译,海口:海南出版社,1996.
22. 刘津.博客传播.北京:清华大学出版社,2008.
23. 赵雅文.博客:生性·生存·生态.北京:中国社会科学出版社,2008.
24. [美]戴维·迈尔斯.社会心理学(第8版).北京:人民邮电出版社,2006.
25. [美]马斯洛著.人的潜能和价值.林方,等,编译,北京:华夏出版社,1987.
26. 徐春玉.好奇心理学.杭州:浙江教育出版社,2008.
27. 时蓉华.社会心理学.上海:上海人民出版社,1986.
28. [美]罗伯特·R.加涅著.学习的条件.傅统先、陆游铨,译,北京:人民教育出版社,1985.
29. 申凡.采访心理学.北京:人民日报出版社,1988.
30. [美]约翰·奈斯比特.大趋势——改变我们生活的十个新方向.北京:中国社会科学出版社,1984.
31. [古希腊]柏拉图.柏拉图全集(第一卷),王晓朝,译,北京:人民出版社,2003.
32. 吉登斯.现代性的后果.北京:译林出版社,2000.

33. 屠忠俊.网络广告教程.北京：北京大学出版社,2004.

34. 杨坚争、李大鹏、周杨.网络广告学.北京：电子工业出版社,2007.

35. 林升梁.网络广告原理与实务.厦门：厦门大学出版社,2007.

36. 余小梅.广告心理学.杭州：浙江大学出版社,2008.

37. 周琳、夏永林.网络广告.西安：西安交通大学出版社,2008.

38. 姜智彬.广告心理学.上海：上海人民美术出版社,2008.

39. 舒咏平.广告心理学教程.北京：北京大学出版社,2010.

40. 江波.广告心理新论.广州：暨南大学出版社,2002.

41. 陈刚.新媒体与广告.北京：中国轻工业出版社,2002.

42. 王怀明、王咏编.广告心理学.长沙：中南大学出版社,2003.

43. [南非]埃里克·杜·普来西斯.广告新思维.北京：中国人民大学出版社,2007.

44. 孟昭兰.人类情绪.上海：上海人民出版社,1989.

45. 郭玉锦、王欢.网络社会学.北京：中国人民大学出版社,2005.

46. 胡河宁.组织传播.北京：科学出版社,2006.

47. 于显洋.组织社会学.北京：中国人民大学出版社,2000.

48. 邵燕燕.人际关系的测试和调整.上海：上海文化出版社,1988.

49. [美]埃弗雷特·M.罗杰斯.组织传播.台湾：台湾编译馆,1983.

50. [美]马克·波斯特.信息方式——后结构主义与社会语境.范静哗,译,北京：商务印书馆,2000.

51. [美]约翰·桑切克.教育心理学.周冠英,等,译,北京：世界图书出版公司,2007.

52. [德]阿诺德·盖伦.技术时代的人类心灵.何兆武、何冰,译,上海：上海科技教育出版社,2008.

53. [美]马克·波斯特.第二媒介时代.范静哗,译,南京：南京大学出版社,2000.

54. [美]保罗·莱文森.数字麦克卢汉.何道宽,译,北京：社会科学文献出版社,2001.

55. [美]格兰·斯帕克斯.媒介效果研究(第二版).何朝阳、王宗华,译,北京：北京大学出版社,2008.

56. [美]Richard Jackson Harris.媒介心理学(第四版).相德宝,译,北京：中国轻工业出版社,2007.

57. [美]Manuel Castells.网络星河.郑波、武蔚,译,北京：社会科学文献出版社,2007.

58. [美]约翰·波洛克、乔·克拉兹.当代知识论.陈真,译,上海：复旦大学出版社,2008.

59. [美]罗伯特·L.索尔索.认知心理学(第六版).何华,主译,南京：江苏教育出版社,2006.

60. 魏屹东,等.认知科学哲学问题研究.北京：科学出版社,2008.

61. 申凡,等.传播媒介与社会发展.北京：人民出版社,2008.

62. 延年.知识传播学.南京：南京师范大学出版社,1999.

63. 苏蘅.传播研究调查法.台北：三民书局,1993.

64. 彭聃龄、张必隐.认知心理学.杭州：浙江教育出版社,2004.

65. 鲍宗豪.网络与当代社会文化.上海：上海三联书店,2001.

66. 樊葵.媒介崇拜论.北京：中国传媒大学出版社,2008.

67. 汪圣安.思维心理学.上海：华东师范大学出版社,1992.

68. 焦玉英、符绍宏,等.信息检索.武汉：武汉大学出版社,2001.

69. 卢小宾、李景峰.信息检索.北京：科学出版社,2003.

70. 刘建明,等.西方媒介批评史.福州：福建人民出版社,2007.

71. 程德林.西欧中世纪后期的知识传播.北京：北京大学出版社,2009.

72. 周谦.学习心理学.北京：科学出版社,1992.

73. 张奇.学习理论.武汉：湖北教育出版社,1999.

74. 施良方.学习论——学习心理学的理论与原理.北京：人民教育出版社,1992.

75. 祈红梅.知识的吸收与创造.北京：中国经济出版社,2007.

76. 陈洪澜.知识分类与知识资源认识论.北京：人民出版社,2008.

77. 何明升、白淑英.网络互动——从技术幻境到生活世界.北京：中国社会科学出版社,2008.

78. 常晋芳.网络哲学引论.广州：广东人民出版社,2005.

79. 刘丹鹤.赛博空间与网际互动——从网络技术到人的生活世界.长沙：湖南人民出版社,2007.

80. ［加］马歇尔·麦克卢汉.理解媒介——论人的延伸.何道宽,译,北京：商务印书馆,2000.